液压与气动技术

主　编　牛得学
副主编　孙荣荣　赵新学　窦海斌
　　　　李　辉
参　编　章　健　黄爱芹　孙鲁青
　　　　王世利　蔺　明
主　审　祝凤金

北京理工大学出版社
BEIJING INSTITUTE OF TECHNOLOGY PRESS

内 容 简 介

本书为适应教材改革和高等教育的要求，以机电类、航空类专业为背景，在编写理念上力求以应用为目的，以必需、够用为度，贯彻理论联系实际的原则，注重基本概念和原理的阐述，突出理论知识的应用，加强针对性和实用性，注重引入新技术。

本书共 9 章，主要介绍液压与气压传动技术基础知识，液压流体力学基础，各类液压和气压传动元件的功用、结构、工作原理、特性、应用、常见故障及其排除方法，液压与气压传动基本回路，典型液压与气压传动系统的功用、组成、原理、特点、常见故障及其排除方法。此外，每章后附有习题，以便于学生巩固提高。本书以航空液压与气压传动为特色，内容全面实用，取材较新、通俗易懂，并配有大量的工业应用图例，有利于提高学生分析问题和解决问题的能力。

本书既可作为高等院校机电类、航空类专业的教材，也可作为高职高专院校、成人教育专业的教材，还可供相关专业的工程技术人员参考。

图书在版编目（CIP）数据

液压与气动技术／牛得学主编. --北京:北京理工大学出版社，2023.11

ISBN 978-7-5763-3209-4

Ⅰ.①液… Ⅱ.①牛… Ⅲ.①液压传动 ②气压传动

Ⅳ.①TH137 ②TH138

中国国家版本馆 CIP 数据核字（2023）第 241658 号

责任编辑：陆世立		**文案编辑**：李　硕	
责任校对：刘亚男		**责任印制**：李志强	

出版发行／北京理工大学出版社有限责任公司

社　　址／北京市丰台区四合庄路 6 号

邮　　编／100070

电　　话／(010) 68914026（教材售后服务热线）

　　　　　　(010) 68944437（课件资源服务热线）

网　　址／http://www.bitpress.com.cn

版 印 次／2023 年 11 月第 1 版第 1 次印刷

印　　刷／唐山富达印务有限公司

开　　本／787 mm×1092 mm　1/16

印　　张／16.25

字　　数／378 千字

定　　价／75.00 元

随着科技革命和产业变革的加速，中国的高等教育开始向内涵式高质量方向发展。国家推动创新驱动发展，实施"一带一路""中国制造 2025""互联网+"等重大战略，这对推动新工科人才培养模式及机制提出了更高要求。"液压与气动技术"是普通高等院校机械类、航空航天类专业一门重要的主修课程。本书为贯彻落实党的二十大精神及《教育部高等教育司2023 年工作要点》，结合新工科应用型人才培养及工程教育认证的要求，积极探索新时代大学生课程思政教育，在编写理念上力求教学内容以航空为背景，以应用为目的，以必需、够用为度，贯彻理论联系实际的原则，着重基本概念和原理的阐述，突出理论知识的应用，加强针对性和实用性，注重引入新技术。本书具有以下特色：

（1）以航空为背景，结合课程思政元素，以培养造就大批爱党报国、敬业奉献、德才兼备的高素质高技能人才、大国工匠为目标；压缩过繁过深的理论推导、分析和计算内容，删除偏离专业要求的内容，突出应用型内容，增加必要的实用知识；减少元件的性能分析而加强对元件的认识、拆装、正确使用和维护方面的知识。

（2）重点介绍液压与气压传动技术概述、液压流体力学基础，各类液压和气压传动元件的功用、结构、工作原理、特性、应用、常见故障及其排除方法，液压与气压传动基本回路、典型应用案例等；每章后附有习题，以便于学生巩固提高；配有大量在机械、航空等领域的应用案例，有利于提高学生分析问题和解决问题的能力。

（3）大量采用航空液压与气压传动最新理论与技术，在不同环境、不同条件下的具体应用，引导学生思考实际中的问题，激发学生对相关理论、案例的研究兴趣，实用性较强；在编写方法上大量运用图表、案例等灵活形式，以加强学生对抽象知识的理解和对液压与气压传动技术最新动态的把握；注重适度性，在内容的深度、广度上符合本科层次的教学要求；强化学生工程伦理教育，培养学生精益求精的大国工匠精神，激发学生科技报国的家国情怀和使命担当。

本书由牛得学任主编，孙荣荣、赵新学、窦海斌、李辉任副主编，章健、黄爱芹、孙鲁青、渤海活塞有限公司王世利研究员、滨州永鑫机械有限公司蔺明高工参编。具体编写分工如下：牛得学负责第一、五章；孙荣荣负责第三、八章；赵新学、李辉负责第七章；窦海斌负责第四章；章健、黄爱芹负责第二章；孙鲁青负责第六章；王世利、蔺明负责第九章。全书由牛得学统稿，祝凤金教授主审。

由于编者水平有限，书中不免存在疏漏和不妥之处，恳请广大读者批评指正。

编 者

目 录

第一章
绪 论

以液体为工作介质，利用液体的压力能来传递能量的传动方式称为液压传动；以气体为工作介质，利用气体的压力能来传递能量的传动方式称为气压传动。本章主要结合液压与气压传动特点，介绍其工作原理、组成结构、图形符号、优缺点、发展及应用等。

1.1 液压与气压传动的研究对象

在能量传递的过程中，根据传递的方式和传动的种类不同，传动机构通常分为机械传动、电气传动和流体传动。流体传动是以流体为工作介质进行能量转换、传递和控制的传动，包括液压与气压传动、液力传动和液体黏性传动(Hydro-viscous Drive，HVD)技术。液压与气压传动主要是利用液体的压力能来传递能量，液力传动主要是利用液体的动能来传递能量，液体黏性传动则是利用液体分子之间的内摩擦力(即油膜的剪切力)来传递能量。流体传动有许多突出的优点，广泛应用于机械制造、航天航空、工程建筑、石油化工、交通运输、军事器械、矿山冶金、轻工、农机、渔业、林业等各方面，同时也被应用到海洋开发、核能工程和地震预测等各个工程技术领域。

液压与气压传动是研究以有压流体为能源介质，来实现各种机械的传动和自动控制的学科。液压传动与气压传动的工作原理基本相同，它们都是利用各种控制元件组成所需要的各种控制回路，再由若干控制回路有机组合成能完成一定控制功能的传动系统来进行能量的传递、转换与控制。因此，如果要研究液压与气压传动及其控制技术，就要了解传动介质的基本物理性能及其静力学、运动学和动力学特性；要了解组成系统的各类液压与气压传动元件的结构、工作原理、工作性能，以及由这些元件所组成的各种控制回路的性能和特点，并在此基础上进行液压与气压传动控制系统的设计。

1.2 液压与气压传动的工作原理

液压千斤顶是机械行业常用的工具，一般用来顶起较重的物体。下面以液压千斤顶为例简述液压传动的工作原理。图1-1为液压千斤顶的工作原理示意图。大液压缸6和其内的大活塞组成举升液压缸。杠杆手柄、小液压缸1和其内小活塞、排油单向阀2和吸油单向阀3

组成手动液压泵。活塞和缸体之间保持良好的配合关系，不仅使活塞能在缸内滑动，而且配合面之间能实现可靠的密封。当向上抬起杠杆手柄时，小液压缸内的小活塞向上运动，下腔容积增大形成局部真空，排油单向阀关闭，油箱4的油液在大气压作用下经吸油管顶开吸油单向阀进入小液压缸下腔，完成一次吸油动作。当向下压杠杆手柄时，小液压缸内的小活塞下移，下腔容积减小，油液受挤压，压力升高，关闭吸油单向阀，小液压缸下腔的压力油顶开排油单向阀，油液经排油管进入大液压缸的下腔，推动大活塞上移顶起重物。如此不断上下扳动杠杆手柄就可以使重物不断升起，达到起重的目的。如杠杆手柄停止动作，大液压缸下腔油液压力将使排油单向阀关闭，大液压缸内的大活塞连同重物一起被自锁不动，停止在举升位置。如打开截止阀5，大液压缸下腔通油箱，大液压缸内的大活塞将在自重作用下向下移，迅速回复到原始位置。

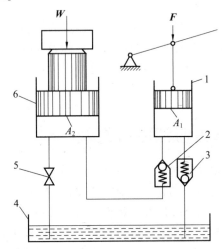

1—小液压缸；2—排油单向阀；3—吸油单向阀；4—油箱；5—截止阀；6—大液压缸。

图1-1 液压千斤顶的工作原理示意图

设小液压缸和大液压缸的面积分别为 A_1 和 A_2，则小液压缸单位面积上受到的压力 $p_1 = F/A_1$，大液压缸单位面积上受到的压力 $p_2 = W/A_2$。根据流体力学的帕斯卡定律"在密闭容器内，施加于静止液体上的压力将以等值同时传到液体各点"，则有

$$p_1 = p_2 = \frac{F}{A_1} = \frac{W}{A_2} \tag{1-1}$$

由液压千斤顶的工作原理得知，小液压缸与排油单向阀、吸油单向阀一起完成吸油与排油，将杠杆手柄的机械能转换为油液的压力能输出。大液压缸将油液的压力能转换为机械能输出，抬起重物。有了负载作用力，才产生液体压力。因此就负载和液体压力两者来说，负载是第一性的，压力是第二性的。液压传动装置本质是一种能量转换装置。在这里大液压缸、小液压缸组成了最简单的液压传动系统，实现了力和运动的传递。

从液压千斤顶的工作过程，可以归纳出液压传动具有以下特点：

（1）以液体（液压油）为传动介质来传递运动和动力；

（2）液压传动经过两次能量转换，先把机械能转换为便于输送的液体压力能，然后把液体压力能转换为机械能对外做功；

（3）液压传动必须在密闭的容器内进行，依靠密封容器（或密封系统）内容积的变化来传

递运动，依靠液体的静压力来传递动力。

　　工程机械中的起重机、推土机，汽车起重机，注塑机，机床行业的组合机床的滑台、数控车床工件的夹紧、加工中心主轴的松刀和拉刀等都应用了液压传动。

1.3　液压与气压传动系统的组成

1.3.1　液压传动系统的组成

以图1-2所示组合机床工作台液压传动系统(以下简称为液压系统)为例说明其组成。

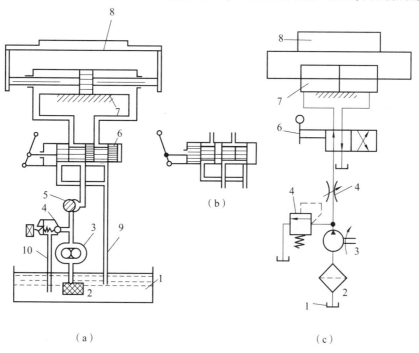

1—油箱；2—过滤器；3—液压泵；4—溢流阀；5—流量控制阀；6—换向阀；7—液压缸；8—工作台；9、10—管道。

图1-2　组合机床工作台液压系统

(a)系统结构示意图；(b)换向阀6阀芯位置的改变；(c)系统图形符号

　　机床工作台的液压系统由油箱1、过滤器2、液压泵3、溢流阀4、节流阀5、换向阀6、液压缸7、工作台8，以及连接这些元件的油管、接头等组成。该系统的工作原理：液压泵由电动机带动旋转后，从油箱中吸油，油液经过滤器进入液压泵的吸油腔，被液压泵输出进入压力油路后，通过节流阀、换向阀进入液压缸的左腔，此时液压缸右腔的油液经换向阀和回油管排回油箱，液压缸中的活塞推动工作台向右移动。如果将换向阀的手柄移动成图1-2(b)所示的状态，则经节流阀的压力油将由换向阀进入液压缸的右腔，此时液压缸左腔的油经换向阀和回油管排回到油箱，液压缸中的活塞将推动工作台向左移动。因而换向阀的主要功用就是控制液压缸及工作台的运动方向。

　　工作台的移动速度是通过节流阀来调节的。阀口开大时，进入缸的流量较大，工作台的速度较快；反之，工作台的速度较慢。因而节流阀的主要功用是控制进入液压缸的流量，从而控制液压缸活塞的运动速度。

为适应克服大小不同的阻力的需要，泵输出油液的压力应当能够调整。在液压缸活塞面积一定的情况下，要克服的阻力越大，液压缸中的油液压力就越高；反之，压力就越低。系统中输入液压缸的油液的流量由节流阀调节，液压泵所输出的多余的油液须经溢流阀和回油管回到油箱。因为在压力管路中的油液压力对溢流阀的阀芯的作用力等于或略大于溢流阀中弹簧的预压力时，油液才能顶开溢流阀中的钢球流回油箱，所以在图示系统中液压泵出口处的油液压力是由溢流阀决定的，它和液压缸中的压力不一样大。一般情况下，液压泵出口处的压力值应略大于液压缸中的油液压力，因而溢流阀在液压系统中的主要功用是控制和调节系统的工作压力。

从上面的例子可以看出，液压系统主要由以下 5 部分组成。

(1)动力元件：将机械能转换成流体压力能的装置。常见的是液压泵，为系统提供压力油液，如图 1-1 中的小液压缸。

(2)执行元件：将流体的压力能转换成机械能输出的装置。它可以是做直线运动的液压缸，也可以是做回转运动的液压马达、摆动缸，如图 1-1 中的大液压缸和图 1-2 中的液压缸。

(3)控制元件：对系统中流体的压力、流量及流动方向进行控制和调节的装置，以及进行信号转换、逻辑运算和放大等功能的信号控制元件，如图 1-2 中的溢流阀、流量控制阀和换向阀。

(4)辅助元件：保证系统正常工作所需的上述 3 种以外的装置，如图 1-2 中的过滤器、油箱和管件。

(5)工作介质：用来进行能量和信号的传递。液压系统以液压油作为工作介质。

图 1-2(a)和图 1-2(b)中的各个元件是用半结构式图形画出来的，具有直观性强、容易理解等优点。当系统发生故障时，根据原理图检查故障的原因十分方便。但这种图难于绘制，元件多时更是如此。我国制定了一种用规定的图形符号来表示液压原理图中的各元件和连接管路的国家标准，即 GB/T 786.1—2021《流体传动系统及元件 图形符号和回路图 第 1 部分：图形符号》。在工程实际中，除某些特殊情况外，一般用简单的图形符号绘制，如图 1-2(c)所示。后面章节每介绍一类元件，都会介绍其图形符号，要求学生熟记。对于这些图形符号有以下基本规定：

(1)符号只表示元件的职能，连接系统的通路，不表示元件的具体结构和参数，也不表示元件在机器中的实际安装位置；

(2)元件符号内的油液流动方向用箭头表示，线段两端都有箭头的，表示流动方向是可逆的；

(3)符号均以液压元件的静止位置或中间位置表示，如各类阀的符号是未通电或未触动时的状态，当系统的动作另有说明时，可作例外。

1.3.2 气压传动系统的组成

图 1-3 所示为可完成某程序动作的气压传动系统，其中的控制装置是由若干气动元件组成的气动逻辑回路。它可以根据气缸活塞杆的始末位置，由行程开关等传递信号，在进行

逻辑判断后指示气缸下一步的动作，从而实现规定的自动工作循环。由此可以看出，气压传动系统主要由以下5部分组成。

（1）气源发生装置：获得压缩空气的装置和设备，如各种空气压缩机。它将原动机供给的机械能转变为气体的压力能，还包括储气罐等辅助设备。

（2）执行元件：将压缩空气的压力能转变为机械能的装置，如做直线运动的气缸，做回转运动的气马达等。

（3）控制元件：控制压缩空气的流量、压力、方向以及执行元件工作程序的元件，如各种压力阀、流量阀、方向阀、逻辑阀元件等。

（4）辅助元件：使压缩空气净化、润滑、消声和用于元件连接等所需的装置和元件，如各种空气过滤器、干燥器、油雾器、消声器、管件等。

（5）工作介质：在气压传动中起传递运动、动力及信号的作用。气压传动的工作介质为压缩空气。

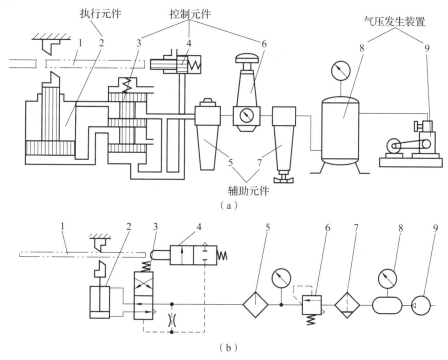

1—工料；2—气缸；3—气控换向阀；4—机动阀；5—油雾器；6—减压阀；7—空气过滤器；8—储气罐；9—空气压缩机。

图1-3　可完成某程序动作的气压传动系统

（a）工作原理；（b）图形符号

1.4　液压与气压传动的优缺点

1.4.1　液压传动的优缺点

与机械传动和电气传动相比，液压传动具有以下优点。

（1）由于液压传动是油管连接，所以借助油管的连接可以方便灵活地布置传动机构，这是比机械传动优越的地方。例如，在井下抽取石油的泵可采用液压传动来驱动，以克服长驱动轴效率低的缺点。由于液压缸的推力很大，又加之极易布置，在挖掘机等重型工程机械上，已基本取代了老式的机械传动，不仅操作方便，而且外形美观大方。

（2）在同等的体积下，液压装置能比电气装置产生更大的动力。在相等的功率下，液压装置的体积和质量较小，即其功率密度大、结构紧凑。例如，相同功率液压马达的体积为电动机的12%～13%。

（3）可在大范围内实现无级调速。液压传动借助阀或变量泵、变量马达，可以实现无级调速，调速范围可达1∶2000，并可在液压装置运行的过程中进行调速。

（4）传递运动均匀平稳，负载变化时速度较稳定。正因为此特点，金属切削机床中的磨床传动现在几乎都采用液压传动。

（5）液压装置易于实现过载保护。液压装置借助于溢流阀可实现安全过载保护，同时液压件能自行润滑，因此使用寿命长。

（6）液压传动容易实现自动化。液压传动借助于各种控制阀，特别是液压控制和电气控制结合使用时，能很容易地实现复杂的自动工作循环，而且可以实现遥控。

（7）液压元件已实现了标准化、系列化和通用化，便于设计、制造和推广使用。

除此之外，液压传动突出的优点还有单位质量输出功率大。因为液压传动的动力元件可采用很高的压力（一般可达32 MPa，个别场合更高），因此，在同等输出功率下具有体积小、质量小、运动惯性小、动态性能好的特点。

液压传动的缺点如下。

（1）在传动过程中，能量需经两次转换，传动效率偏低。

（2）由于传动介质的可压缩性和泄漏等因素的影响，不能严格保证定比传动。

（3）液压传动性能对温度比较敏感，不能在高温下工作，采用石油基液压油作传动介质时还需注意防火问题。

（4）液压元件制造精度高，系统工作过程中发生故障不易诊断。

总的来说，液压传动的优点更多，其缺点将随着科学技术的发展会不断得到克服。例如，将液压传动与气压传动、电气传动、机械传动合理地联合使用，构成气液、电液（气）、机液（气）等联合传动，以进一步发挥各自的优点，相互补充，弥补某些不足之处。

1.4.2　气压传动的优点与缺点

气压传动具有以下的优点。

（1）气压传动的工作介质是空气，它随处可取，取之不尽，节省了购买、储存、运输介质的费用和麻烦；用后的空气直接排入大气，对环境无污染，处理方便，不必设置回收管路，因而也不存在介质变质、补充和更换等问题。

（2）因工作介质空气黏度小（约为液压油的1/10 000），在管内流动阻力小，压力损失小，便于集中供气和远距离输送。即使有泄漏，也不会像液压油一样污染环境。

（3）与液压传动相比，气压传动反应快，动作迅速，维护简单，管路不易堵塞。

（4）气压传动元件结构简单，制造容易，适于标准化、系列化、通用化。

（5）气压传动系统对工作环境适应性好，特别在易燃、易爆、多尘埃、强磁、辐射、振动等恶劣工作环境中工作时，安全可靠性优于液压、电气传动系统。

（6）空气具有可压缩性，使气压传动系统能够实现过载自动保护，也便于储气罐贮存能量，以备急需。

（7）排气时气体因膨胀而温度降低，因而气压传动设备可以自动降温，长期运行也不会发生过热现象。

气压传动具有以下缺点。

（1）空气具有可压缩性，当载荷变化时，气压传动系统的动作稳定性差，但可以采用气液联动装置解决此问题。

（2）工作压力较低（一般为 0.4~0.8 MPa），又因结构尺寸不宜过大，故输出功率较小。

（3）气信号传递的速度比光、电子速度慢，故不宜用于要求高传递速度的复杂回路中，但对一般机械设备，气压传动信号的传递速度是能够满足要求的。

（4）排气噪声大，需加消声器。

1.5　液压与气压传动技术的发展及应用

液压与气压传动相对于机械传动来说是一门新兴技术。从 1795 年世界上第一台水压机诞生起，已有几百年的历史，但液压与气压传动在工业上被广泛采用和有较大幅度的发展是 20 世纪中期以后的事情。在工程机械、冶金、军工、农机、汽车、轻纺、船舶、石油、航空和机床行业中，液压技术得到了普遍的应用。随着原子能、空间技术、电子技术等方面的发展，液压技术向更广阔的领域渗透，发展成为包括传动、控制和检测在内的一门完整的自动化技术。现今，采用液压传动的程度已成为衡量一个国家工业水平的重要标志之一。例如，发达国家生产的 95% 的工程机械、90% 的数控加工中心、95% 以上的自动线都采用了液压传动。表 1-1 是液压与气压传动在各类机械行业中的应用举例。

表 1-1　液压与气压传动在各类机械行业中的应用举例

行业名称	应用举例	行业名称	应用举例
工程机械	挖掘机、装载机、推土机	航空航天	起落架、襟翼、方向舵
矿山机械	凿石机、开掘机、提升机、液压支架	轻工机械	打包机、注塑机、包装机械
建筑机械	打桩机、液压千斤顶、平地机	灌装机械	食品包装机、真空镀膜机、化肥包装机
冶金机械	轧钢机、压力机、步进加热炉	汽车工业	智能生产线、自卸式汽车、汽车起重机
锻压机械	压力机、模锻机、空气锤	铸造机械	砂型压实机、加料机、压铸机
机械制造	数控机床、加工中心、组合机床、压力机、自动生产线	纺织机械	织布机、抛砂机、印染机

现代航空技术的发展对飞机液压系统提出了更高的要求，飞机液压系统朝着高压化、多电、智能化、模块化等方向发展。飞机液压系统高压化有利于缩小动力元件尺寸，减轻液压系统质量，提升飞机承载和机动性能。飞机液压系统通常按系统的使用功能分成供压部分

(油泵回路)和传动部分(工作回路)。飞机液压系统供压部分应满足供压(传动部分正常工作)、卸荷(传动部分停止工作)与散热等方面的要求,并要有充分的可靠性。飞机液压系统传动部分所操纵的对象,随着飞机的发展而日益增多。目前,飞机液压系统主要工作回路有起落架收放回路、减速板收放回路、舵面收放回路、燃油泵拖动回路等。

近年来通过对大型飞机的研制发现,高压化是减轻飞机液压系统质量和缩小其体积的最有效途径。美国海军在 F-14 战斗机上进行了压力分别为 20 MPa 和 55 MPa 两种飞机液压系统的对比研究,表明采用 55 MPa 飞机液压系统约可以减轻系统质量 30%,体积约可以缩小40%。F-15、KC-10 飞机的液压系统从 20 MPa 提高到 55 MPa 后,也证实了高压化能够使液压系统质量至少减轻 25%~30%。A380 采用 34 MPa 液压系统实现了减重 1.4 t,并提高了飞控系统的响应速度。

高压技术往往在军用飞机上率先使用,但自从飞机液压系统在 20 世纪 50 年代进入20 MPa、27 MPa 压力等级后,飞机液压系统主流机型最高压力保持了 60 余年。直到进入 21世纪 A380、B787 才实现了 34 MPa 的成功应用,这是因为飞机液压系统高压化涉及很多问题,首先需要解决液压元件、管路系统的强度和密封问题,保证液压系统具有高的可靠性。领先国家已经成功解决了以上技术问题,而我国还没有完全掌握飞机液压系统的高压技术。

我国的液压工业开始于 20 世纪 50 年代,其产品最初只用于机床和锻压设备,后来才用到拖拉机等工程机械上。自 1964 年从外国引进一些液压元件生产技术并自行设计液压产品以来,我国的液压元件已在各种机械设备上得到广泛的使用。20 世纪 80 年代起我国加速了对国外先进液压产品和技术的有计划引进、消化、吸收和国产化工作,以确保我国的液压技术能在产品质量、经济效益、研究开发等各个方面全方位地赶上世界先进水平。

当前,液压技术在实现高压、高速、大功率、高效率、低噪声、经久耐用、高度集成化等各项要求方面都取得了重大进展,在完善比例控制、伺服控制、数字控制等技术上也有许多新成就。此外,在液压元件和液压系统的计算机辅助设计、计算机仿真和优化以及微机控制等开发性工作方面,也取得了显著的成绩。微电子技术的进展渗透到液压技术中并与之相结合,创造出了很多高可靠性、低成本的微型节能元件,为液压技术在各工业部门中的应用开辟了更为广阔的前景。最新技术的发展促进了液压技术不断创新,液压元件和系统的性能得以提高。液压技术的持续发展体现在如下重要特征:

(1)提高液压元件工作性能,研究新型元件,且使其不断小型化和微型化;

(2)高度的组合化、集成化和模块化;

(3)与微电子技术相结合,走向智能化;

(4)研发特殊传动介质,推进工作介质多元化。

习 题

1-1 生活中见到哪些设备用了液压技术?

1-2 什么是液压传动?基本工作原理是什么?根据图 1-3,分析气动剪切机的工作原理是什么?

1-3 举例说明液压传动的工作原理和液压系统由哪些部分组成。

1-4 液压元件在系统图中是怎样表示的?

1-5 液压传动和气压传动分别有哪些主要优点和缺点?

1-6 气压传动与液压传动有什么不同?

第二章
液压传动基础知识

流体传动包括液体传动和气体传动。以液体的静压能传递动力的液压传动是以油液作为工作介质的，为此必须了解油液的种类、物理性质，研究油液的静力学、运动学和动力学规律，本章主要介绍这方面的内容。

2.1 液压传动工作介质

液压油是液压系统中借以传递能量的工作介质，还具有润滑、密封、冷却、防锈等功能，因此液压油的物理、化学性能的优劣，尤其是力学性能对液压系统工作的影响很大。所以，在研究液压系统之前，必须对所用的液压油的性能进行深入了解，如液压油的种类、物理性质等。

2.1.1 液压油的物理性质

1. 密度

单位体积液体的质量称为该液体的密度，其计算公式为

$$\rho = \frac{m}{V} \tag{2-1}$$

式中：V——体积，m^3；

m——体积为 V 的液体的质量，kg；

ρ——液体的密度，$\mathrm{kg/m}^3$。

密度是液体一个重要的物理量参数，矿物油型液压油的密度随温度的上升而有所减小，随压力的提高而稍有增加，但变动值很小，可以忽略，认为是常值。工程上采用的一般液压油的密度为 $900\ \mathrm{kg/m}^3$。我国采用 20 ℃时的密度作为油液的标准密度，以 ρ_{20} 表示。常用液压油和传动液的密度如表 2-1 所示。

表 2-1　常用液压油和传动液的密度　　　　　　　（单位：$\mathrm{kg/m}^3$）

种类	ρ_{20}	种类	ρ_{20}
石油基液压油	850~900	增黏型高水基液	1 003
水包油乳化液	998	水-乙二醇液	1 060
油包水乳化液	932	磷酸酯液	1 150

2. 黏性

液体在外力作用下流动时，分子间的内聚力会阻碍分子间的相对运动而产生一种内摩擦力，这一特性称作液体的黏性。黏性的大小用黏度表示，黏性是液体重要的物理特性，也是选择液压油的主要依据。

黏性使流动液体内部各液层间的速度不等。如图 2-1 所示，两平行平板间充满液体，下平板不动，而上平板以速度 u_0 向右平动。由于黏性，紧贴于下平板的液体层速度为 0，紧贴于上平板的液体速度为 u_0，而中间各液体层的速度按线性分布。因此，不同速度液层相互制约而产生内摩擦力。

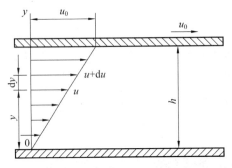

图 2-1　液体的黏性示意图

实验测定结果指出，液体流动时相邻液层间的内摩擦力 F 与液层间的接触面积 A 和液层间的相对运动速度 $\mathrm{d}u$ 成正比，而与液层间的距离 $\mathrm{d}y$ 成反比，即

$$F = \mu A \frac{\mathrm{d}u}{\mathrm{d}y} \tag{2-2}$$

式中：μ —— 比例常数，称为黏性系数或黏度；

$\dfrac{\mathrm{d}u}{\mathrm{d}y}$ —— 速度梯度。

如以 τ 表示切应力，即单位面积上的内摩擦力，则

$$\tau = \frac{F}{A} = \mu \frac{\mathrm{d}u}{\mathrm{d}y} \tag{2-3}$$

这就是牛顿的液体内摩擦定律。在流体力学中，把黏性系数 μ 不随速度梯度变化而发生变化的液体称为牛顿液体，反之称为非牛顿液体。除高黏度或含有特殊添加剂的油液外，一般液压油均可看作牛顿液体。

黏度是衡量流体黏性的重要指标。常用的黏度有三种，即动力黏度、运动黏度和相对黏度。

1）动力黏度 μ

动力黏度可由式（2-3）导出，即

$$\mu = \tau \frac{\mathrm{d}y}{\mathrm{d}u} \tag{2-4}$$

由此可知动力黏度的物理意义：液体在单位速度梯度下流动时，液层间单位面积产生的内摩擦力。动力黏度 μ 又称绝对黏度。

在 SI(国际单位制)中，动力黏度的单位为 Pa·s(帕秒)或 N·s/m²。

在 CGS(厘米–克–秒单位制)中，μ 的单位为 dynes/cm²，又称 P(泊)，1Pa·s = 10P = 10^3cP(厘泊)。

2)运动黏度 v

流体的动力黏度 μ 与密度 ρ 的比值 v 称为运动黏度，即

$$v = \frac{\mu}{\rho} \tag{2-5}$$

运动黏度 v 没有什么明确的物理意义。但它是工程实际中经常用到的物理量，因在理论分析和计算中常遇到 μ 和 ρ 的比值，为方便起见用 v 表示。其单位中有长度和时间的量纲，故称为运动黏度。

在 SI 中，运动黏度 v 的单位为 m²/s。在 CGS 中，运动黏度 v 的单位为 cm²/s，又称 st(斯)。1 m²/s = 10^4 st = 10^6 cst(厘斯)。

在工程中常用运动黏度 v 作为液体黏度的标志。机械油的牌号就是用机械油在 40 ℃时的运动黏度 v 的平均值来表示的，如 10 号机械油就是指其在 40 ℃时的运动黏度 v 的平均值为 10 cst。

3)相对黏度

动力黏度 μ 与运动黏度 v 一般仅用于理论分析和计算，液压油黏性的测量通常采用相对黏度。相对黏度又称条件黏度。根据测量条件不同，各国采用的相对黏度的单位也不同。我国、德国等采用恩氏黏度 °E_t，美国采用赛氏黏度 SSU，英国采用雷氏黏度 R。

恩氏黏度用恩氏黏度计测定，其方法如下：将 200 mL 温度为 t(以℃为单位)的被测液体装入黏度计的容器，经其底部直径为 2.8 mm 的小孔流出，测出液体流尽所需时间 t_1，再测出 200 mL 温度为 20 ℃的蒸馏水在同一黏度计中流尽所需时间 t_2；这两个时间的比值即为被测液体在温度为 t 时的恩氏黏度，用符号 °E_t 表示，即

$$°E_t = \frac{t_1}{t_2} \tag{2-6}$$

工业上一般以 20 ℃、50 ℃、100 ℃作为测定恩氏黏度的标准温度，其相应恩氏黏度分别用 °E_{20}、°E_{50}、°E_{100} 表示。

工程中常采用先测出液体的相对黏度，再根据关系式换算出动力黏度或运动黏度的方法。

恩氏黏度和运动黏度的换算关系式为

$$v = \left(7.31°E_t - \frac{6.31}{°E_t}\right) \times 10^{-6} \ (\text{m}^2/\text{s}) \tag{2-7}$$

液体的黏度随液体的压力和温度而变。对于液压传动工作介质来说，压力增大时，黏度增大。在一般液压系统使用的压力范围内，增大的数值很小，可以忽略不计。但液压传动工作介质的黏度对温度的变化是十分敏感的，温度升高，黏度会下降。这个变化率的大小直接影响液压传动工作介质的使用，其重要性不亚于黏度本身。不同种类的油液有不同的黏温特性(见图 2-2)，油液黏度的变化将直接影响液压系统的性能和油液泄漏量，因此希望油液的黏度随温度的变化越小越好。

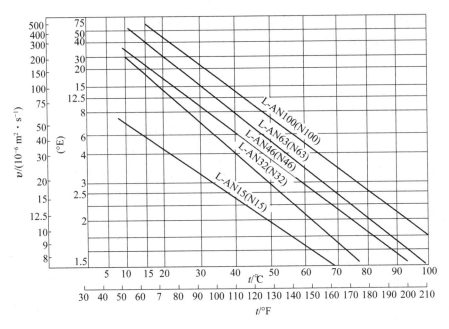

图 2-2 几种国产液压油黏温特性曲线

3. 可压缩性

液体受压力作用而体积缩小的性质称为液体的可压缩性。可压缩性用体积压缩系数 k 表示，并定义为单位压力变化下的液体体积的相对变化量。设体积为 V_0 的液体，作用在液体上的压力变化量为 Δp，液体体积减少 ΔV，则

$$k = -\frac{1}{\Delta p}\frac{\Delta V}{V_0} \tag{2-8}$$

体积压缩系数 k 的单位为 m^2/N。由于压力增大时液体的体积减小，因此式（2-8）右边须加负号，以使系数 k 值为正值。对于液体来说，当 Δp 确定时，k 越大，则易压缩；k 越小，则不易压缩；$k=0$，表示完全不可压缩。常用液压油的压缩系数 $k=(5\sim7)\times10^{-10}\ m^2/N$。

液体的压缩系数 k 的倒数称为液体的体积弹性模量，用 K 表示，即

$$K = \frac{1}{k} = -\frac{\Delta p V_0}{\Delta V} \tag{2-9}$$

体积弹性模量 K 表示液体产生单位体积的相对变化量时所需要的压力增量。液体的体积弹性模量越大，表明该液体抵抗压缩能力越强。工程上一般取液压油的体积弹性模量为 $(1.4\sim1.9)\times10^9\ N/m^2$，其数值很大，故认为液压油是不可压缩的，但在系统压力很高或分析研究系统的动态特性时，则必须考虑液压油的可压缩性。

液压传动工作介质的体积弹性模量和温度、压力有关，温度增加时，K 值减小。在液压传动工作介质正常的工作范围内，K 值会有 5%~25% 的变化；压力增大时，K 值增大，但这种变化不呈线性关系，当压力大于 3 MPa 时，K 值基本上不再增大；液压传动工作介质中如混有气泡时，K 值将大大减小。表 2-2 所示为各种液压传动工作介质在 20 ℃ 及标准大气压下的体积弹性模量。

表 2-2 各种液压传动工作介质在 20 ℃及标准大气压下的体积弹性模量

液压传动工作介质种类	$K/(\text{N} \cdot \text{m}^{-2})$
石油型	$(1.4 \sim 2.0) \times 10^9$
水包油乳化液（W/O 型）	1.95×10^9
水-乙二醇液	3.15×10^9
磷酸酯液	2.65×10^9

2.1.2 液压油的类型与使用方法

1. 液压系统对工作介质的基本要求

液压油是液压系统中十分重要的组成部分，它在液压系统中起到传递能量和信号、润滑元件和轴承、减少摩擦和磨损、散热等一系列重要的功能。液压油的质量及各种性能直接影响液压系统能否可靠、有效、安全地运行。不同的工作机械、不同的使用情况对液压传动工作介质的要求有很大的不同。为了很好地传递运动和动力，液压传动工作介质应具备如下性能：

（1）适宜的运动黏度 $\nu_{40} = (15 \sim 68) \times 10^{-6} \text{ m}^2/\text{s}$，较好的黏温特性；

（2）润滑性能好，在采用液压传动的设备中，除液压元件外，其他一些有相对滑动的零件也要用液压油来润滑，因此，液压油应具有良好的润滑性能；

（3）良好的化学稳定性，即对热、氧化、水解、相容都具有良好的稳定性；

（4）对金属材料具有防锈性和防腐性；

（5）比热容和热传导率大，热膨胀系数小；

（6）抗泡沫性好，抗乳化性好；

（7）油液纯净，含杂质量少。

（8）流动点和凝固点低，闪点（可燃性液体挥发出的蒸气在与空气混合形成可燃性混合物，并达到一定浓度之后，能够闪烁起火的最低温度）和燃点（可燃性混合物能够持续燃烧的最低温度，高于闪点）高。

液压系统无法完全避免泄漏，泄漏的液压油与液压设备所生产的产品应具有良好的相容性，不应对产品造成严重的污染与损坏；当前国际上对保护人类生态环境的要求越来越高，在保护环境的立法越来越严格的情况下，也要求液压系统的工作介质与环境相容，泄漏后不会对环境造成污染。

此外，对油液的无毒性、价格等，也应根据不同的情况有所要求。

2. 工作介质的类型

工作介质的类型主要有矿物油型液压油和难燃液压液，现在有 90% 以上的液压设备采用矿物油型液压油。为了改善液压油的性能往往要加入各种添加剂，添加剂主要分为两类：一类是改善油液化学性能的，如抗氧化剂、防腐剂、防锈剂；另一类是改善油液物理性能的，如增黏剂、抗磨剂、防爬剂。液压系统工作介质的品种以其代号和后面的数字组成，代号中 L 是石油产品的总分类号"润滑剂和有关产品"，H 表示液压系统用的工作介质，数字表示该工作介质的某个黏度等级。常见液压传动工作介质的分类与应用如表 2-3 所示。

表 2-3　常见液压传动工作介质的分类与应用

分类		名称	产品符号	组成和特性	典型应用
矿物油型液压油		精制矿物油	L-HH	无添加剂	一般循环润滑系统，低压液压系统
		普通液压油	L-HL	HH 油，改善其防锈性和抗氧化性	低压液压系统
		抗磨液压油	L-HM	HL 油，改善其抗磨性	低、中、高压液压系统，特别适用于带叶片泵的液压系统
		低温液压油	L-HV	HM 油，改善其黏温特性	能在 -40~20 ℃ 的低温环境中工作的工程机械和船用设备的液压系统
		高黏度指数液压油	L-HR	HL 油，改善其黏温特性	黏温特性优于 HV 油，用于数控机床液压系统和伺服系统
		液压导轨油	L-HG	HM 油，具有黏-滑特性	适用于导轨和液压共用一个系统的精密机床
		特殊性能液压油	L-HS	加入多种添加剂	用于高品质的专用液压系统
难燃液压液	乳化液	水包油乳化液	L-HFAE	含水大于 80%	液压支架及用液量非常大的液压系统
		油包水乳化液	L-HFB	含 60% 精制矿物油	用于要求抗燃、润滑性、防锈性好的中压液压系统
	合成液	水-乙二醇液	L-HFC	水和乙二醇相溶加添加剂	飞机液压系统
		磷酸酯液	L-HFDR	无水磷酸酯加添加剂	冶金设备、汽轮机等高温高压系统，常用于大型民航客机的液压系统

3. 工作介质的选用

工作介质的选用包含两个方面：品种和黏度。具体选用时，应从以下 3 个方面考虑。

(1) 根据工作环境和工况条件选择液压油。不同类型液压油有不同的工作温度范围。另外，当液压系统工作压力不同时，对工作介质极压抗磨性能的要求也不同。表 2-4 为根据工作环境和工况条件选择液压油的示例。

表 2-4　根据工作环境和工况条件选择液压油的示例

环境	工况			
	压力 7 MPa 以下温度 50 ℃ 以下	压力 7~14 MPa、温度 50 ℃ 以下	压力 7~14 MPa、温度 50~80 ℃	压力 14 MPa 以上、温度 80~100 ℃
室内固定液压设备	L-HL 或 L-HM	L-HM 或 L-HL	L-HM	L-HM
寒冷地区或严寒区	L-HV 或 L-HR	L-HV 或 L-HS	L-HV 或 L-HS	L-HV 或 L-HS
地下、水上	L-HL 或 L-HM	L-HM 或 L-HL	L-HM	L-HM
高温热源或明火附近	L-HFAS 或 L-HFAM	L-HFB、L-HFC 或 L-HFAM	L-HFDR	L-HFDR

（2）根据液压泵的类型选择液压油。液压泵对油液抗磨性能要求高低的顺序是叶片泵、柱塞泵、齿轮泵。对于以叶片泵为主泵的液压系统，不管压力高低，均应选用 L-HM 油。液压泵是液压系统中对工作介质黏度最敏感的元件，每种液压泵的最佳黏度范围，是使液压泵的容积效率和机械效率这两个相互矛盾的因素达到最佳统一，使液压泵发挥最大效率的黏度。一般根据制造厂家推荐，按液压泵的要求确定工作介质的黏度，根据液压泵的要求所选择的黏度一般也适用于液压阀（伺服阀除外）。表 2-5 为根据工作温度范围及液压泵的类型选用液压油的黏度等级。

表 2-5　根据工作温度范围及液压泵的类型选用液压油的黏度等级

液压泵类型	压力	运动黏度 υ（40 ℃）/（$mm^2 \cdot s^{-1}$）		适用品种和黏度等级
		5~40 ℃	40~80 ℃	
叶片泵	7 MPa 以下	30~50	40~75	L-HM 油，32、46、68
	7 MPa 以上	50~70	55~90	L-HM 油，46、68、100
螺杆泵	10.5 MPa 以上	30~50	40~80	L-HL 油，32、46、68
齿轮泵	32 MPa 以下	30~70	95~165	L-HL 油（中、高压用 L-HM），32、46、68、100、150
径向柱塞泵	14~35 MPa	30~50	65~240	L-HL 油（高压用 L-HM），32、46、68、100、150
轴向柱塞泵	35 MPa 以上	40	70~150	L-HL 油（高压用 L-HM），32、46、68、100、150

注：表中 5~40 ℃、40~80 ℃均为液压系统工作温度。

（3）检查液压油与材料的相容性。初选液压油后，应仔细检查所选液压油及其中的添加剂与液压元件及系统中所有金属材料、非金属材料、密封材料、过滤材料及涂料等是否相容。

4. 液压油的污染及其控制

液压油是否清洁，不仅影响液压系统的工作性能和液压元件的使用寿命，而且直接关系到液压系统是否能正常工作。根据统计，液压系统发生故障有 75% 是油液污染造成的，因此，液压油的防污对保证系统正常工作是非常重要的。

1）液压油被污染的原因

（1）残留的固体颗粒。在液压元件装配、维修等过程中，因洗涤不干净而残留下的固体颗粒，如砂粒、铁屑、磨料、焊渣、棉纱及灰尘等。

（2）空气中的尘埃。液压设备工作的周围环境恶劣，空气中含有尘埃、水滴。它们从可侵入渠道（如从液压缸外伸的活塞杆、油箱的通气孔和注油孔等处）进入系统，造成油液污染。

（3）生成物污染。在工作过程中产生的自生污染物主要有金属微粒、锈斑、液压油变质后的胶状生成物及涂料和密封件的剥离片等。

2）液压油污染的危害

液压油污染对液压系统造成的危害如下。

（1）堵塞过滤器，使液压泵吸油困难，产生振动和噪声；堵塞小孔或缝隙，造成阀类元件动作失灵。

（2）固体颗粒会加速零件磨损，擦伤密封件，增大泄漏。

（3）水分和空气使油液润滑性能下降，产生锈蚀；空气使系统出现振动或爬行现象。

3）防止污染的措施

（1）力求减少外来污染。液压装置组装前后必须严格清洗，油箱通大气处要加空气过滤器，要通过过滤器向油箱灌油。及时更换不良密封件，维修、拆卸元件要在无尘区进行。

（2）滤除系统产生的杂质。应在液压系统的有关部位设置适当精度的过滤器，并定期清洗或更换滤芯。

（3）定期检查、更换液压油。对于要求不高的液压系统，可根据经验对油液的污染程度进行判断，从而决定是否应当更换液压油；对于工作条件和工作环境变化不大的中、小型液压系统可根据液压油本身规定的寿命进行更换；对于大型或耗油量较大的液压系统，可对液压油定期取样化验，当被测油液的理化性能超出了规定的使用范围时，就应更换。换油时，应将油箱清洗干净，防止变质油的残液混入新油中加速油液变质。

2.2 流体静力学

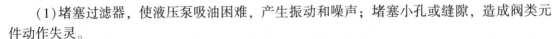

流体力学是研究流体平衡和运动规律以及它与固体间的相互作用规律的科学。本章中有关力学部分主要阐述与液压和气压传动技术有关的流体力学基本内容，为后面的学习打下必要的理论基础。

流体静力学主要是讨论流体静止时的平衡规律以及这些规律的应用。流体静止指的是流体内部质点间没有相对运动，不呈现黏性，至于盛装液体的容器，不论它是静止的还是运动的都没有关系。

2.2.1 静压力及其特性

1. 静压力的定义

作用于液体上的力有两种，即质量力和表面力。质量力作用于液体所有质点，它的大小与质量成正比，属于这种力的有重力、惯性力等。单位质量液体受到的质量力称为单位质量力，在数值上等于重力加速度。表面力作用于所研究液体的表面，如法向力、切向力。表面力可以是其他物体作用在液体上的力；也可以是一部分液体作用在另一部分液体上的力。对于液体整体来说，其他物体作用在液体上的力属于外力，而液体间作用力属于内力。由于理想液体质点间的内聚力很小，因此液体不能抵抗拉力或切向力，即使是微小的拉力或切向力都会使液体发生流动。因为静止液体不存在质点间的相对运动，也就不存在拉力或切向力，所以静止液体只能承受压力。

所谓静压力是指静止液体单位面积上所受的法向力，用 p 表示。

如果在液体内某点处微小面积 ΔA 上作用有法向力 ΔF，则 $\Delta F/\Delta A$ 的极限就定义为该点处的静压力，通常以 p 表示，即

$$p = \lim_{\Delta A \to 0} \frac{\Delta F}{\Delta A} \tag{2-10}$$

若法向力均匀地作用在面积 A 上，则压力表示为

$$P = \frac{F}{A} \qquad (2-11)$$

式中：A——液体有效作用面积；

F——液体有效作用面积 A 上所受的法向力。

2. 静压力的特性

液体静压力有两个重要的特性：

(1) 液体静压力垂直于作用面，其方向总是和作用面的内法线方向一致；

(2) 静止液体内，任一点处所受到的静压力在各个方向上都相等。

2.2.2 静力学基本方程式

当静止液体只受重力作用时，液体内部受力情况可用图 2-3(a) 来说明。设容器中装满液体，在任意一点 A 处取一微小面积 $\mathrm{d}A$，该点距液面深度为 h，距坐标原点高度为 z，容器液平面距坐标原点为 z_0。为了求得任意一点 A 的压力，可取 $\mathrm{d}A \cdot h$ 这个液柱为分离体，如图 2-3(b) 所示。根据静压力的特性，作用于这个液柱上的力在各方向都平衡，现求各作用力在 z 方向的平衡方程。微小液柱顶面上的作用力为 $p_0 \mathrm{d}A$（方向向下），液柱本身的重力为 $G = \rho g h \mathrm{d}A$（方向向下），液柱底面对液柱的作用力为 $p \mathrm{d}A$（方向向上），则平衡方程为

$$p\mathrm{d}A = p_0\mathrm{d}A + \rho g h \mathrm{d}A$$
$$p = p_0 + \rho g h \qquad (2-12)$$

式中：p——液体中 A 点的静压力；

p_0——作用在液面上的压力；

ρ——液体密度；

g——重力加速度。

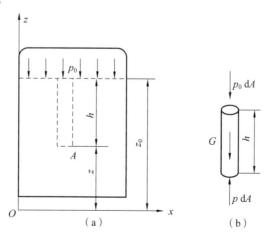

图 2-3 静压力的分布规律

式 (2-12) 为液体静力学的基本方程，它说明液体静压力分布有以下特征。

(1) 静止液体内任一点的压力由两部分组成：一部分是液面上的压力 p_0，另一部分是该点以上液体重力所形成的压力 $\rho g h$。当液面上只受大气压力 p_a 作用时，该点的压力为

$$p = p_a + \rho gh$$

（2）静止液体内的压力随液体深度呈线性规律递增。

（3）同一液体中，离液面深度相等的各点所受压力相等。由所受压力相等的点组成的面称为等压面。在重力作用下静止液体中的等压面是一个水平面。

为了更清晰地说明静压力的分布规律，将式(2-12)按坐标 z 变换一下，即将 $h = z_0 - z$ 代入上式，整理后得

$$p + \rho gz = p_0 + \rho gz_0 \qquad (2\text{-}13)$$

上式是静力学基本方程的另一种形式。其中，z 实质上表示 A 点的单位质量液体的位能。设 A 点液体质点的质量为 m，重力为 mg，如果质点从 A 点下降到基准水平面，它的重力所做的功为 mgz。因此，A 点处的液体质点具有位能 mgz，单位质量液体的位能就是 $mgz/mg = z$，z 又常称作位置水头。而 $p/\rho g$ 表示 A 点单位质量液体的压力能，常称为压力水头。由以上分析及式(2-13)可知，静止液体中任一点都有单位质量液体的位能和压力能，即具有两部分能量，而且各点的总能量之和为一常量，即能量守恒，但两种能量形式之间可以互相转换。

2.2.3 压力的表示方法及单位

根据度量基准的不同，压力有两种表示方法：以绝对零压力作为基准所表示的压力，称为绝对压力；以当地大气压力为基准所表示的压力，称为相对压力。绝对压力与相对压力之间的关系如图2-4所示。绝大多数测压仪表因其外部均受大气压力作用，所以仪表指示的压力是相对压力。今后，如不特别指明，液压传动中所提到的压力均为相对压力。

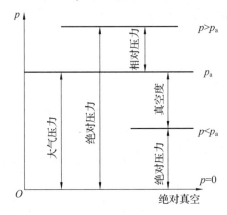

图 2-4 绝对压力与相对压力的关系

绝对压力与相对压力的关系为

绝对压力＝相对压力+大气压力

如果液体中某点处的绝对压力小于大气压力，这时在这个点上的绝对压力比大气压力小的那部分数值叫作真空度，即

真空度＝大气压力-绝对压力

由图2-4可知，绝对压力总是正值，相对压力则可正可负，负的相对压力就是真空度，如真空度为 4.052×10^4 Pa(0.4 大气压)，其相对压力为 -4.052×10^4 Pa(-0.4 大气压)。把下端开口，上端具有阀门的玻璃管插入密度为 ρ 的液体中，如图2-5所示。如果在上端抽出一

部分封入的空气，使管内压力低于大气压力，则在外界的大气压力 p_a 的作用下，管内液体将上升至 h_0，这时管内液面压力为 p_0，由流体静力学基本公式可知：$p_a = p_0 + \rho g h_0$。显然，$\rho g h_0$ 就是管内液面压力 p_0 不足大气压力的部分，因此它就是管内液面上的真空度。由此可见，真空度的大小往往可以用液柱高度 $h_0 = (p_a - p_0)/\rho g$ 来表示。在理论上，当 $p_0 = 0$ 时，即管中呈绝对真空时，h_0 达到最大值，设为 $(h_{0\max})r$，在标准大气压下，有

$$(h_{0\max})r = p_a/\rho g = 10.1325/(9.806\,6\rho) = 1.033/\rho$$

因为水的密度 $\rho = 10^{-3}\ \text{kg/cm}^3$，汞的密度为 $13.6 \times 10^{-3}\ \text{kg/cm}^3$，所以

$$(h_{0\max})r = 1.033 \div 10^{-3} = 1\,033\ \text{cmH}_2\text{O} = 10.33\ \text{mH}_2\text{O}$$

或

$$(h_{0\max})r = 1.033 \div (13.6 \times 10^{-3}) = 76\ \text{cmHg} = 760\ \text{mmHg}$$

即理论上在标准大气压下的最大真空度可达 10.33 m 水柱或 760 mm 汞柱。压力单位为帕斯卡，简称帕，符号为 Pa，$1\ \text{Pa} = 1\ \text{N/m}^2$。由于此单位很小，工程上使用不便，因此常采用它的倍单位兆帕，符号 MPa，$1\ \text{MPa} = 10^6\ \text{Pa}$。

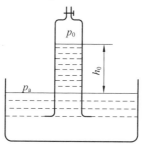

图 2-5　真空度

2.2.4　帕斯卡原理

由静力学基本方程可知，静止液体中任意一点处的压力都包含了液面上的压力 p_0，这就说明在密封容器中的静止液体，由外力作用所产生的压力可以等值传递到液体内部的所有各点。这就是帕斯卡原理。通常在液压传动中，由外力产生的压力 p_0 要比由液体自重所形成的那部分压力 $\rho g h$ 大得多，且管道之间的配置高度差又小，为使问题简化常忽略由液体自重所产生的压力，一般认为静止液体内部压力处处相等。

根据帕斯卡原理和静压力的特性，液压传动不仅可以进行力的传递，而且能将力放大和改变力的方向。图 2-6 所示为应用帕斯卡原理推导压力与负载关系的实例。图中垂直液压缸(负载缸)的截面积为 A_1，水平液压缸截面积为 A_2，两个活塞上的外作用力分别为 F_1、F_2，则缸内压力分别为 $p_1 = F_1/A_1$、$p_2 = F_2/A_2$。由于两缸充满液体且互相连接，根据帕斯卡原理有 $p_1 = p_2$。因此有

$$F_1 = F_2 \frac{A_1}{A_2} \tag{2-14}$$

式(2-14)表明，只要 A_1/A_2 足够大，用很小的力 F_1 就可产生很大的力 F_2。液压千斤顶和水压机就是按此原理制成的。

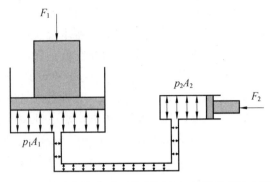

图 2-6　应用帕斯卡原理推导压力与负载关系的实例

如果垂直液压缸的活塞上没有负载，即 $F_1 = 0$，则当略去活塞质量及其他阻力时，不论怎样推动水平液压缸的活塞也不能在液体中形成压力。这说明液压系统中的压力是由外界负载决定的，这是液压传动的一个基本概念。

2.2.5　液体静压力对固体壁面的作用力

在液压传动中，略去液体自重产生的压力，液体中各点的静压力是均匀分布的，且垂直作用于受压表面。因此，当承受压力的表面为平面时，液体对该平面的总作用力 F 为液体的压力 p 与受压面积 A 的乘积，其方向与该平面相垂直。例如，压力油作用在直径为 D 的柱塞上，则有

$$F = pA = p\pi D^2 / 4$$

当固体壁面为一曲面时，情况就不同了：作用在曲面上各点处的压力方向是不平行的，因此，静压力作用在曲面某一方向 x 上的总力 F_x 等于压力与曲面在该方向投影面积 A_x 的乘积，即

$$F_x = pA_x$$

要计算曲面上的总作用力，必须明确要计算哪个方向上的力。上述结论对于任何曲面都是适用的。下面以液压缸缸筒（见图 2-7）为例加以证实。

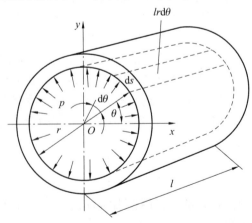

图 2-7　液压缸缸筒

设液压缸两端面封闭，缸筒内充满着压力为 p 的油液，缸筒半径为 r，长度为 l。这时，

缸筒内壁上各点的静压力大小相等，都为 p，但并不平行。因此，为求得油液作用于缸筒右半壁内表面在 x 方向上的总力 F_x，需在壁面上取一微小面积 $\mathrm{d}A = l\mathrm{d}s = lr\mathrm{d}\theta$，则油液作用在 $\mathrm{d}A$ 上的力 $\mathrm{d}F$ 的水平分量 $\mathrm{d}F_x$ 为

$$\mathrm{d}F_x = \mathrm{d}F\cos\theta = p\mathrm{d}A\cos\theta = plr\cos\theta\mathrm{d}\theta$$

上式积分后得

$$F_x = \int_{-\frac{\pi}{2}}^{\frac{\pi}{2}} \mathrm{d}F_x = \int_{-\frac{\pi}{2}}^{\frac{\pi}{2}} plr\cos\theta\mathrm{d}\theta = 2lrp = pA_x$$

即 F_x 等于压力 p 与缸筒右半壁面在 x 方向上投影面积 A_x 的乘积。由此可见，曲面上液压作用力在某一方向上的分力等于液体静压力和曲面在该方向的垂直面内投影面积的乘积。

【例 2-1】某安全阀示意图如图 2-8 所示。阀芯为圆锥形，阀座孔径 $d = 10$ mm，阀芯最大直径 $D = 15$ mm。当油液压力 $p_1 = 8$ MPa 时，压力油克服弹簧力顶开阀芯而溢油，出油腔有背压 $p_2 = 0.4$ MPa。试求阀内弹簧的预紧力。

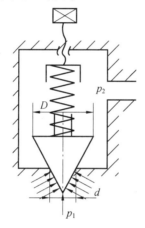

图 2-8　某安全阀示意图

解：（1）压力 p_1、p_2 向上作用在阀芯锥面上的投影面积分别为 $\pi d^2/4$ 和 $\pi(D^2-d^2)/4$，故阀芯受到的向上的作用力为

$$F_1 = \frac{\pi}{4}d^2 p_1 + \frac{\pi}{4}(D^2 - d^2)p_2$$

（2）压力 p_2 向下作用在阀芯平面上的面积为 $\pi D^2/4$，则阀芯受到的向下作用力为

$$F_2 = \frac{\pi}{4}D^2 p_2$$

（3）阀芯受力平衡方程式为

$$F_1 = F_2 + F_s$$

式中：F_s——弹簧预紧力。

将 F_1、F_2 代入上式得

$$\frac{\pi}{4}d^2 p_1 + \frac{\pi}{4}(D^2 - d^2)p_2 = \frac{\pi}{4}D^2 p_2 + F_s$$

整理后有

$$F_s = \frac{\pi}{4}d^2(p_1 - p_2) = \frac{\pi \times (0.01)^2}{4} \times (8 - 0.4) \times 10^6 \, \text{N} = 597 \, \text{N}$$

2.3 液体动力学

在液压系统中，液压油总是在不断地流动，因此必须研究液体运动时的现象和规律。本节着重讨论液体在外力作用下的运动规律，作用在流体上的力及这些力和流体运动特性之间的关系。液体流动时流速和压力变化规律的研究是液体动力学的主要内容。描述流动液体力学规律的 3 个基本方程式分别是流动液体的连续性方程、伯努利方程、动量方程。连续性方程和伯努利方程反映压力、流速与流量之间的关系；动量方程用来解决流动液体与固体壁面间的作用力问题。它们不仅是流体动力学的基础，而且是液压传动技术中分析问题和进行相关元件设计计算的理论依据。

2.3.1 基本概念

1. 理想流体和恒定流动

在研究液体流动时一定要考虑黏性的影响，因为黏性是液体自身的特性，并且只有当液体运动时才能体现出黏性来。由于液体中的黏性问题非常复杂，为了便于分析和设计问题，起初可以先认为液体不具有黏性，然后再加入黏性的影响，最后通过实验验证的方式对所得的结果进行完善或修正。

理想流体：在研究流动液体时，把假定的不存在黏性且不可压缩的液体称为理想液体。反之，实际液体就是实际存在的既有黏性又可压缩的液体。

恒定流动：假如流动液体中的压力、速度和密度处处都相等，且都不随时间而变化，则液体的这种流动称为恒定流动（或称为定常流动或非时变流动）；相反，如果液体中任一点处的压力、速度和密度中有一个随时间而变化，就称为非恒定流动（也称为非定常流动或时变流动），如图 2-9 所示。在图 2-9(a)中，对容器出流的流量给予补偿，使其液面高度不变，这样，容器中各点的液体运动参数 p、v、ρ 都不随时间而变，这就是恒定流动。在图 2-9(b)中，不对容器的出流给予流量补偿，则容器中各点的液体运动参数将随时间而改变（如随着时间的消逝，液面高度逐渐减低），这种流动为非恒定流动。

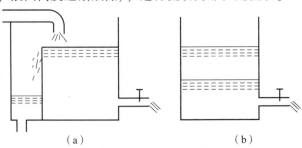

（a）　　　　　　　　　　　（b）

图 2-9　恒定流动与非恒定流动

（a）恒定流动；（b）非恒定流动

当液体整体作线形流动时，称为一维流动；当流体作平面或空间内流动时，称为二维或三维流动。一维流动比较简单，但是严格意义上的一维流动要求液流截面上各点处的速度矢量完全相同，这种情况在实际液流中极为少见。一般把封闭容器内的液体流动按一维流动处理，再通过试验数据来修正其结果。

2. 迹线、流线、流束和流管

1）迹线

迹线是流场中液体质点在一段时间内运动的轨迹线。

2）流线

流线是流场中液体质点在某一瞬间运动状态的一条空间曲线。在该线上各点的液体质点的速度方向与曲线在该点的切线方向重合，如图 2-10(a)所示。在非恒定流动时，因为各质点的速度可能随时间改变，所以流线形状也随时间改变。在恒定流动时，因流线形状不随时间而改变，所以流线与迹线重合。由于液体中每一点只能有一个速度，所以流线之间不能相交也不能折转，是一条光滑曲线。

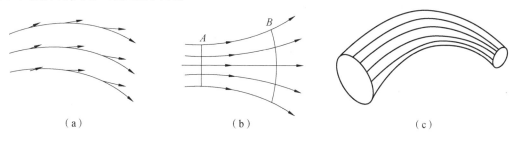

（a）　　　　　　　　（b）　　　　　　　　（c）

图 2-10　流线、流束、流管
(a)流线；(b)流束；(c)流管

3）流束

如果通过截面 A 上所有各点作出流线，这些流线的集合构成流束，如图 2-10(b)所示。由于流线是不能相交的，所以流束内外的流线不能穿越流束表面。当面积 A 很小时，该流束称为微小流束，可以认为微小流束截面上各液体质点的速度是相等的。

4）流管

某一瞬时 t 在流场中画一封闭曲线，经过曲线的每一点作流线，由这些流线组成的表面称流管，如图 2-10(c)所示。

3. 通流截面、流量和平均流速

1）通流截面

液体在管道中流动时，流束中与所有流线正交的截面称为通流截面，该截面上每点处的流速都垂直于此面，如图 2-10(b)中的 A 面与 B 面。

2）流量

单位时间内流过某一通流截面的流体体积称为流量，以 q 表示，在法定计量单位制（或 SI）中流量的单位为 m^3/s（米³/秒），在实际使用中，常用单位为 L/min（升/分）或 mL/s（毫升/秒）。如果流量以质量度量，就称为质量流量，以 q_m 表示，常用单位为 kg/s。流量可按下式计算：

$$q = \frac{V}{t}$$

式中：q——流量；

V——液体的体积；

t——流过液体体积 V 所需的时间。

由于受流动液体黏性的影响，在通流截面上各点的流速 u 一般是不相等的。在计算流过整个通流截面 A 的流量时，可在通流截面 A 上取一微小截面 dA[见图 2-11(a)]，并假定在此断面上各点的速度 u 相等，那么流过此微小断面的流量为

$$dq = udA$$

流过整个通流截面 A 的流量为

$$q = \int_A udA \qquad (2\text{-}15)$$

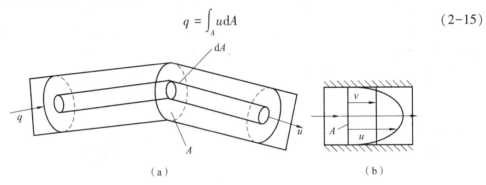

（a） （b）

图 2-11　流量与平均速度

对于实际流体的运动，速度 u 的分布规律与理想流体相比复杂得多[见图 2-11(b)]，所以按式(2-15)计算流量是非常不容易的。

为了解决上述问题，提出了一个概念——平均流速 v。它假定通流截面上各点的流速分布均匀，流体以此平均流速流过通流截面的流量等于以实际流速流过的流量，即

$$q = \int_A udA = vA$$

可以得出，在通流截面上的平均流速为

$$v = q/A \qquad (2\text{-}16)$$

在实际的工程计算中，平均流速 v 才具有应用价值。液压缸工作时，活塞的运动速度就等于缸内液体的平均流速，当液压缸有效面积一定时，活塞运动速度由输入液压缸的流量决定。

4. 流动液体的压力

液体静止时内部任意位置处的压力在各个方向上都是相等的。但是在流动液体内，由于惯性力和黏性力的影响，任意位置处在各个方向上的压力并不相等，但数值上相差很小。当惯性力很小，且把液体当作理想液体时，流动液体内任意位置处的压力在各个方向上的数值可以看作是相等的。

2.3.2　流量连续性方程

连续方程是流量连续性方程的简称，它是流体运动学方程，其实质是质量守恒定律的另

一种表示形式，即将质量守恒转化为理想液体作恒定流动时的体积守恒。连续方程是刚体力学中质量守恒定律在流体力学中的具体应用。理想液体在密闭管道内稳定流动时，单位时间流过任意通流截面的液体质量相等，这就是流体的连续性原理。

在流体作恒定流动的流场中任取一流管，其两端通流截面积为 A_1 和 A_2，如图 2-12 所示。在流管中取一微小流束，并设微小流束两端的截面积为 dA_1、dA_2，液体流经这两个微小截面的流速和密度分别为 u_1、ρ_1 和 u_2、ρ_2，根据质量守恒定律，单位时间内经截面 dA_1 流入微小流束的液体质量应与从截面 dA_2 流出微小流束的流体质量相等，即

$$\rho_1 u_1 dA_1 = \rho_2 u_2 dA_2$$

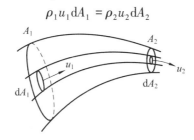

图 2-12　流量连续性方程推导图

如忽略液体的可压缩性，即 $\rho_1 = \rho_2$，则有

$$u_1 dA_1 = u_2 dA_2$$

对上式进行积分，便得经过截面 A_1、A_2 流入、流出整个流管的流量，即

$$\int_{A_1} u_1 dA_1 = \int_{A_2} u_2 dA_2$$

根据式（2-15）和式（2-16），上式可写成

$$q_1 = q_2 \text{ 或 } v_1 A_1 = v_2 A_2$$

式中：q_1、q_2——流经通流截面 A_1、A_2 的流量；

v_1、v_2——流体在通流截面 A_1、A_2 上的平均流速。

由于两通流截面是任意取的，因此有

$$q = vA = 常量 \tag{2-17}$$

式（2-17）即是在单一管路中流体连续性原理的应用表达式。由此可以得出：

（1）液体在管道中流动时，流经管道每一截面的流量是相等的；

（2）同一管道中各个截面的平均流速与通流截面积成反比，管径细的地方流速大，管径粗的地方流速小；

（3）当通流截面积不变时，流量 q 越大，流速越快。

2.3.3　伯努利方程

伯努利方程是刚体力学中能量守恒定律在流体力学中的一种表达形式。要说明流动液体的能量问题，必须先介绍液流的受力平衡方程，亦即它的运动微分方程。由于实际液体力学问题比较复杂，在讨论时先从理想液体在微元流束中的流动情况着手，然后再扩展到实际液体在流束中的能量问题。

1. 理想液体的伯努利方程

1）理想液体的运动微分方程

理想液体由于没有黏性，同时不可压缩，因此在管内作稳定流动时可以不计能量损失。

稳定流动的理想液体，具有液压能、动能和位能 3 种形式的能量。根据能量守恒定律可知，同一个管道内每一截面上的总能量都是相等的。在液流的微小流束上取出一段通流截面积为 dA、长度为 ds 的微元体，如图 2-13 所示。

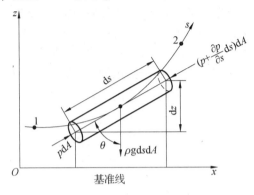

图 2-13　伯努利方程推导简图

在一维流动情况下，对理想液体来说，作用在微元体上的外力有以下两种。

（1）压力在两端截面上所产生的作用力为

$$pdA - \left(p + \frac{\partial p}{\partial s}ds\right)dA = -\frac{\partial p}{\partial s}dsdA$$

式中：$\frac{\partial p}{\partial s}$——沿流线方向的压力梯度。

（2）作用在微元体上的重力为

$$-\rho g ds dA$$

在恒定流动下这一微元体的惯性力为

$$ma = \rho ds dA \frac{du}{dt} = \rho ds dA\left(u\frac{\partial u}{\partial s}\right)$$

式中：u——微元体沿流线的运动速度，$u = ds/dt$。

根据牛顿第二定律 $\sum F = ma$，有

$$-\frac{\partial p}{\partial s}dsdA - \rho g ds dA\cos\theta = \rho ds dA\left(u\frac{\partial u}{\partial s}\right)$$

由于 $\cos\theta = \frac{\partial z}{\partial s}$，代入上式，整理后可得

$$-\frac{1}{\rho}\frac{\partial p}{\partial s} - g\frac{\partial z}{\partial s} = u\frac{\partial u}{\partial s} \tag{2-18}$$

这就是理想液体沿流线作恒定流动时的运动微分方程。它表示了单位质量流体的力平衡方程。

2. 理想流体的能量方程

将式（2-18）沿流线 s 从截面 1 积分到截面 2（见图 2-13），便可得到微元体流动时的能量关系式，即

$$\int_1^2\left(-\frac{1}{\rho}\frac{\partial p}{\partial s} - g\frac{\partial z}{\partial s}\right)ds = \int_1^2\frac{\partial}{\partial s}\left(\frac{u^2}{2}\right)ds$$

上式两边同除以 g，移项后整理得

$$\frac{p_1}{\rho g} + z_1 + \frac{u_1^2}{2g} = \frac{p_2}{\rho g} + z_2 + \frac{u_2^2}{2g} \qquad (2\text{-}19)$$

由于截面 1、2 是任意取的，故上式也可写成

$$\frac{p}{\rho g} + z + \frac{u^2}{2g} = 常数$$

这就是理想液体微小流束作恒定流动时的能量方程或伯努利方程。它与液体静压基本方程即式（2-13）相比多了一项单位重力液体的动能 $u^2/2g$（常称速度水头）。因此，理想液体能量方程的物理意义是理想液体作恒定流动时具有压力能、位能和动能 3 种能量形式，在任一截面上这 3 种能量形式之间可以相互转换，但三者之和为一定值，即能量守恒。

3. 实际液体的伯努利方程

实际液体由于受到黏性的影响，流动时会产生内摩擦力而消耗一定的能量；同时，管道局部尺寸和形状的变化会使液流产生扰动现象，从而造成能量损失。设图 2-13 中微元体从截面 1 流到截面 2 因黏性而损耗的能量为 h_w'，则实际液体微小流束作恒定流动时的伯努利方程为

$$\frac{p_1}{\rho g} + z_1 + \frac{u_1^2}{2g} = \frac{p_2}{\rho g} + z_2 + \frac{u_2^2}{2g} + h_w' \qquad (2\text{-}20)$$

为了求得实际液体的能量方程，图 2-14 示出了一段流管中的液流，两端的通流截面积各为 A_1、A_2。在此液流中取出一微小流束，两端的通流截面积各为 dA_1 和 dA_2，其相应的压力、流速和高度分别为 p_1、u_1、z_1 和 p_2、u_2、z_2。这一微小流束的能量方程是式（2-20）。将式（2-20）的两端乘以相应的微小流量 dq（$dq = u_1 dA_1 = u_2 dA_2$），然后各自对液流的通流截面积 A_1 和 A_2 进行积分，得

$$\int_{A_1} \left(\frac{p_1}{\rho g} + z_1\right) u_1 dA_1 + \int_{A_1} \frac{u_1^2}{2g} u_1 dA_1 = \int_{A_2} \left(\frac{p_2}{\rho g} + z_2\right) u_2 dA_2 + \int_{A_2} \frac{u_2^2}{2g} u_2 dA_2 + \int_q h_w' dq \quad (2\text{-}21)$$

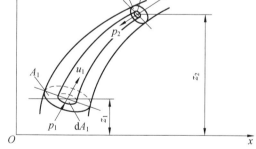

图 2-14　实际液体的伯努利方程推导简图

为使式（2-21）便于实用，首先将图 2-14 中截面 A_1 和 A_2 处的流动限于平行流动（或缓变流动），于是通流截面 A_1、A_2 可视为平面，在通流截面上除重力外无其他质量力，因而通流截面上各点处的压力具有与液体静压力相同的分布规律，即 $p/(\rho g) + z = 常数$。

其次，用平均流速 v 代替通流截面 A_1 或 A_2 上各点处不等流速 u，且令单位时间内截面 A 处液流的实际动能和按平均流速计算出的动能之比为动能修正系数 α，即

$$\alpha = \frac{\int_A \rho \frac{u^2}{2} u \mathrm{d}A}{\frac{1}{2}\rho A v v^2} = \frac{\int_A u^3 \mathrm{d}A}{v^3 A}$$

此外，对液体在流管中流动时因黏性摩擦而产生的能量损耗，也用平均能量损耗的概念来处理，即令

$$h_{\mathrm{w}} = \frac{\int_q h_{\mathrm{w}}' \mathrm{d}q}{q}$$

将上述关系式代入式(2-21)，整理后可得

$$\frac{p_1}{\rho g} + z_1 + \frac{\alpha_1 v_1^2}{2g} = \frac{p_2}{\rho g} + z_2 + \frac{\alpha_2 v_2^2}{2g} + h_{\mathrm{w}} \tag{2-22}$$

式中：α_1、α_2——截面 A_1、A_2 上的动能修正系数。

式(2-22)就是仅受重力作用的实际液体在流管中作平行(或缓变)流动时的能量方程。它的物理意义是单位重力实际液体的能量守恒。其中 h_{w} 为重力液体从截面 A_1 流到截面 A_2 过程中的能量损耗。

【例2-2】图 2-15 所示为文丘利流量计原理图，试推导文丘利流量计的流量公式。

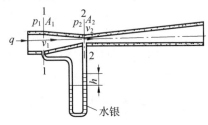

图 2-15 文丘利流量计原理图

解： 在文丘利流量计上取两个通流截面 1—1 和 2—2，它们的面积、平均流速和压力分别为 A_1、v_1、p_1 和 A_2、v_2、p_2。如不计能量损失，对通过此流量计的液流采用理想流体的能量方程，并取动能修正系数 $\alpha = 1$，则有

$$\frac{p_1}{\rho g} + \frac{v_1^2}{2g} = \frac{p_2}{\rho g} + \frac{v_2^2}{2g}$$

根据流体的连续方程，则有

$$v_1 A_1 = v_2 A_2 = q$$

U 形管内的压力平衡方程为

$$p_1 + \rho g h = p_2 + \rho' g h$$

式中：ρ、ρ' ——液体、水银的密度。

将以上的 3 个方程联立求解，则可得

$$q = v_2 A_2 = \frac{A_2}{\sqrt{1 - \left(\frac{A_2}{A_1}\right)^2}} \sqrt{\frac{2}{\rho}(p_1 - p_2)} = \frac{A_2}{\sqrt{1 - \left(\frac{A_2}{A_1}\right)^2}} \sqrt{\frac{2g(\rho' - \rho)}{\rho} h} = C\sqrt{h} \tag{2-23}$$

从此式得出，流体的流量可以直接按水银压差计的读数 h 换算得到。

【例2-3】液压泵吸油装置如图 2-16 所示。设油箱液面压力为 p_1，液压泵吸油口处的绝

对压力为 p_2，泵吸油口距油箱液面的高度为 h，试计算液压泵吸油口处的真空度。

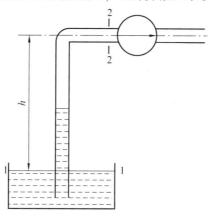

图 2-16 液压泵吸油装置

解： 以油箱的液面为基准，并定为 1—1 截面，泵的吸油口处为 2—2 截面。取动能修正系数 $\alpha_1 = \alpha_2 = 1$ 对 1—1 和 2—2 截面建立实际液体的能量方程，则有

$$\frac{p_1}{\rho g} + \frac{v_1^2}{2g} = \frac{p_2}{\rho g} + h + \frac{v_2^2}{2g} + h_w$$

如图 2-16 所示，油箱液面与大气接触，故 p_1 为大气压力，即 $p_1 = p_a$；v_1 为油箱液面下降速度，由于 $v_1 \ll v_2$，故 v_1 可近似为 0；v_2 为泵吸油口处液体的流速，它等于流体在吸油管内的流速；h_w 为吸油管路的能量损失。因此，上式可简化为

$$\frac{p_a}{\rho g} = \frac{p_2}{\rho g} + h + \frac{v_2^2}{2g} + h_w \tag{2-24}$$

所以，液压泵吸油口处的真空度为

$$p_a - p_2 = \rho g h + \frac{1}{2}\rho v_2^2 + \rho g h_w = \rho g h + \frac{1}{2}\rho v_2^2 + \Delta p \tag{2-25}$$

由式（2-25）可见，液压泵吸油口处的真空度由三部分组成：把油液提升到高度 h 所需的压力、将静止液体加速到 v_2 所需的压力和吸油管路的压力损失。

2.3.4 动量方程

动量方程是动量定理在流体力学中的具体应用。流动液体的动量方程是研究液体运动时作用在液体上的外力与其动量的变化之间的关系。在液压传动中，应用动量方程计算液流作用在固体壁面上的力比较方便。

动量定律：作用在物体上的力的大小等于物体在力作用方向上的动量的变化率，即

$$\sum F = \frac{dI}{dt} = \frac{d(mv)}{dt} \tag{2-26}$$

在流管中取一流束，如图 2-17 所示。将动量定理应用于流体时，须在任意时刻 t 从流管中取出一个由通流截面 A_1 和 A_2 围起来的液体控制体积，截面 A_1 和 A_2 便是控制表面。在此控制体积内取一微小流束，其在 A_1、A_2 上的通流截面为 dA_1、dA_2，流速为 u_1、u_2。假定控制体积经过 dt 后流到新的位置 $A_1' - A_2'$，则在 dt 时间内控制体积中液体质量的动量变化为

$$d\left(\sum I\right) = I_{\mathrm{III}_{t+dt}} - I_{\mathrm{III}_t} + I_{\mathrm{II}_{t+dt}} - I_{\mathrm{I}_t} \tag{2-27}$$

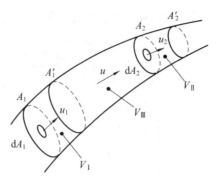

图 2-17 动量方程推导简图

体积 $V_{\rm II}$ 中液体在 $t+{\rm d}t$ 时的动量为

$$I_{{\rm II}_{t+{\rm d}t}} = \int_{V_{\rm II}} \rho u_2 {\rm d}V_{\rm II} = \int_{A_2} \rho u_2 {\rm d}A_2 u_2 {\rm d}t$$

式中：ρ——液体的密度。

同样可推得体积 $V_{\rm I}$ 中液体在 t 时的动量为

$$I_{{\rm I}_t} = \int_{V_{\rm I}} \rho u_1 {\rm d}V_{\rm I} = \int_{A_1} \rho u_1 {\rm d}A_1 u_1 {\rm d}t$$

式(2-27)中等号右边的第一、二项为

$$I_{{\rm III}_{t+{\rm d}t}} - I_{{\rm III}_t} = \frac{\rm d}{{\rm d}t}\left(\int_{V_{\rm III}} \rho u {\rm d}V_{\rm III}\right){\rm d}t$$

当 ${\rm d}t\to 0$ 时，体积 $V_{\rm III}\approx V$，将以上关系代入式(2-26)和式(2-27)得

$$\sum F = \frac{\rm d}{{\rm d}t}\left(\int_V \rho u {\rm d}V\right) + \int_{A_2} \rho u_2 u_2 {\rm d}A_2 - \int_{A_1} \rho u_1 u_1 {\rm d}A_1$$

若用流管内液体的平均流速 v 代替截面上的实际流速 u，其误差用一动量修正系数 β 予以修正，且不考虑液体的可压缩性，即 $A_1 v_1 = A_2 v_2 = q$，同时 $q = \int_A u {\rm d}A$，则上式经整理后可写为

$$\sum F = \frac{\rm d}{{\rm d}t}\left(\int_V \rho u {\rm d}V\right) + \rho q(\beta_2 v_2 + \beta_1 v_1) \qquad (2\text{-}28)$$

上式中动量修正系数 β 等于实际动量与按平均流速计算出的动量之比，即

$$\beta = \frac{\int_A u {\rm d}m}{mv} = \frac{\int_A u(\rho u {\rm d}A)}{(\rho u A)v} = \frac{\int_A u^2 {\rm d}A}{v^2 A}$$

式(2-28)即为流体力学中的动量定理。等式左边 $\sum F$ 为作用于控制体积内液体上外力的矢量和；而等式右边第一项是使控制体积内的液体加速（或减速）所需的力，称为瞬态力，等式右边第二项是由液体在不同控制表面上具有不同速度所引起的力，称为稳态力。

对于作恒定流动的液体，式(2-28)等号右边第一项等于 0，则有

$$\sum F = \rho q(\beta_2 v_2 - \beta_1 v_1) \qquad (2\text{-}29)$$

式(2-28)和式(2-29)均为矢量方程式，在应用时可根据具体要求向指定方向投影，列出该方向上的动量方程，然后再进行求解。若控制体积内的液体在所讨论的方向上只有与固

体壁面间的相互作用力，则这两力大小相等，方向相反。

【例2-4】图2-18为喷嘴-挡板结构示意图，试求射流对挡板的作用力。

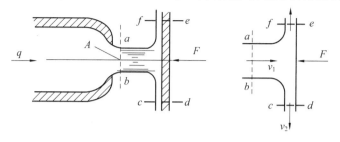

图2-18　喷嘴-挡板结构示意图

解：运用动量方程的关键在于正确选取控制体积。在图2-18所示情况下，划出$abcdef$为控制体积，则截面ab、cd、ef上均为大气压力p_a。若已知喷嘴出口ab处面积为A，射流的流量为q，流体的密度为ρ，并设挡板对射流的作用力为F，则由动量方程得

$$p_a A - F = \sum F = \rho q(0 - v_1) = -\rho q v_1$$

因为$p_a = 0$（相对压力），所以

$$F = \rho q v_1 = \rho q^2 / A$$

因此，射流作用在挡板上的力大小与F相等，方向向右。

2.4　管道流动的压力损失计算

由于流动液体具有黏性，同时液体流动时突然转弯和通过阀口会产生相互撞击和出现漩涡等，液体在管道中流动时必然会产生阻力。为了克服阻力，液体流动时需要损耗一部分能量。这种能量损失可用流体的压力损失来表示。压力损失由沿程压力损失和局部压力损失两部分组成。

由于液体在管路中流动时的压力损失与液流的运动状态有关，所以先分析液流的流态，然后分析两类压力损失。

2.4.1　流态与雷诺数

1. 流态

物理学家雷诺通过大量实验，发现在管道中流动的液体存在层流和紊流两种流动状态。这两种流动状态可以通过雷诺实验来观察。

图2-19所示为雷诺实验装置，实验时保持水箱中水位恒定和近似平静，然后微微开启阀门A，使少量水流流经玻璃管，即玻璃管内平均流速v很小。如果这时也微微开启颜色水容器的阀门B，使颜色水也流入玻璃管内，此时可以在玻璃管内看到一条细直而明显的颜色流束，而且不论颜色水放在玻璃管内的任何位置，它都能呈直线状，这说明管中水流都是沿轴向运动，液体质点没有垂直于主流方向的横向运动，所以颜色水和周围的液体没有混杂。

如果缓慢开大阀门 A，管中流量和它的平均流速 v 也将逐渐增大，直至平均流速增加至某一数值，颜色流束开始弯曲颤动，这说明玻璃管内液体质点不再保持平静，开始发生脉动，不仅具有横向的脉动速度，而且具有纵向脉动速度。如果继续开大阀门 A，脉动加剧，颜色水就完全与周围液体混杂而不再维持流束状态。

实验结果表明，在层流时，液体质点互不干扰，液体的流动呈线性或层状，且平行于管道轴线；而在紊流时，液体质点的运动杂乱无章，除了平行于管道轴线的运动，还存在着剧烈的横向运动，如图 2-20 所示。

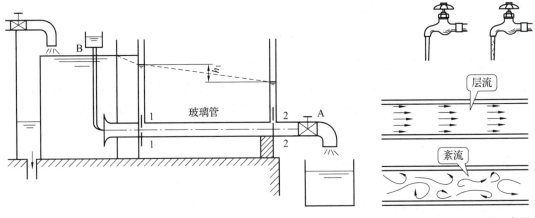

图 2-19　雷诺实验装置　　　　　　图 2-20　层流与紊流示意图

层流和紊流是两种不同性质的流态。层流时，液体流速较低，质点受黏性制约，不能随意运动，黏性力起主导作用；紊流时液体流速较高，黏性的制约作用减弱，惯性力起主要作用。

2. 雷诺数

液体流动时可用雷诺数来判别其流态究竟是层流还是紊流。

实验表明，液体在圆管中的流动状态不仅与管内的平均流速 v 有关，还与液体的运动黏度 v、管径 d 有关。但是，真正决定液流状态的，却是这 3 个参数所组成的一个称为雷诺数 Re 的无量纲数，即

$$Re = \frac{vd}{v} \tag{2-30}$$

液流由层流转变为紊流时的雷诺数与由紊流转变为层流的雷诺数是不同的。后者较前者数值小，故将后者作为判别液流状态的依据，称为临界雷诺数 Re_c。当 $Re < Re_c$ 时，液流为层流；当 $Re > Re_c$ 时，液流为紊流。对于非圆截面的管道来说，雷诺数 Re 应用下式计算

$$Re = \frac{vd_H}{v} \tag{2-31}$$

式中：d_H——通流截面的水力直径，它等于 4 倍通流截面积 A 与湿周(流体与固体壁面相接触的周长)x 之比，即

$$d_H = \frac{4A}{x}$$

水力直径的大小对管道的通流能力影响很大。水力直径大，意味着液流与管壁接触少，

阻力小，通流能力大，即使通流截面积小时也不容易堵塞。在面积相等但形状不同的所有通流截面中，圆形通流截面的水力直径最大。几种常用管道的水力直径 d_H 和临界雷诺数 Re_c，如表 2-6 中。

表 2-6 几种常用管道的水力直径 d_H 和临界雷诺数 Re_c

管道截面形状	图例	水力直径 d_H	临界雷诺数 Re_c	管道截面形状	图例	水力直径 d_H	临界雷诺数 Re_c
圆	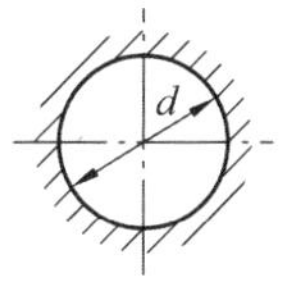	D	2 000	同心圆环	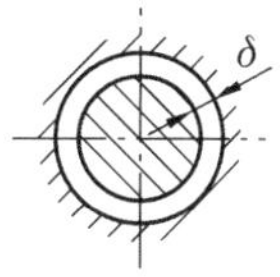	2δ	1 100
正方形	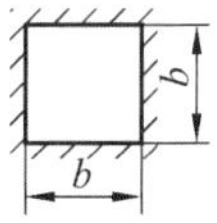	b	2 100	滑阀阀口	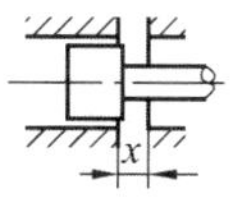	$2x$	260
长方形	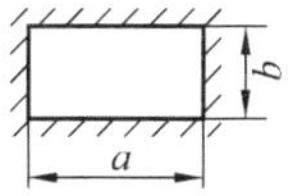	$\dfrac{2ab}{a+b}$	1 500	圆（橡胶）	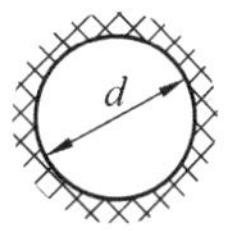	d	1 600
长方形缝隙	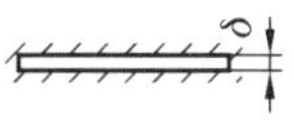	2δ	1 400				

2.4.2 圆管流动的沿程压力损失

沿程压力损失是液体在等直径圆管中流动时，因黏性摩擦而产生的压力损失。它不仅取决于管道直径、长度以及液体的黏度，而且与液体的流动状态，即雷诺数有关。因此，实际分析计算时，应首先判别液体的流态是层流还是紊流。

1. 层流时的沿程压力损失

层流流动时，液体质点作有规则的运动，因此可以方便地用数学工具来分析液流的速度、流量和压力损失。

1）通流截面上的流速分布规律

液体在等直径水平圆管中作层流运动时，如图 2-21 所示，在液流中取一段与管轴相重合的微小圆柱体作为研究对象，设 r 为其半径，l 为长度，p_1 和 p_2 分别为作用在两端面的压力，F_f 为作用在侧面的内摩擦力。液流在作匀速运动时受力平衡，因此有

$$(p_1 - p_2)\pi r^2 = F_f \tag{2-32}$$

由式（2-2）可知内摩擦力 $F_f = -2\pi rl\mu \mathrm{d}u/\mathrm{d}r$（因为流速 u 随 r 的增大而减小，所以 $\mathrm{d}u/\mathrm{d}r$ 为负值）。令 $\Delta p = p_1 - p_2$，并将 F_f 代入上式整理可得

$$\mathrm{d}u = -\frac{\Delta p}{2\mu l}r\mathrm{d}r$$

对上式积分，并应用边界条件，当 $r=R$ 时，$u=0$，得

$$u = \frac{\Delta p}{4\mu l}(R^2 - r^2) \tag{2-33}$$

可见，在半径方向上管内液体质点的流速按抛物线规律分布。最小流速在管壁 $r=R$ 处，$u_{min}=0$；最大流速在轴线 $r=0$ 处，$u_{max} = \Delta p R^2 / 4\mu l$。

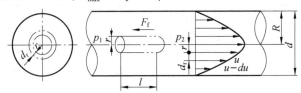

图 2-21　圆管层流运动

2）通过管道的流量

对于微小环形通流截面积 $dA = 2\pi r dr$，所通过的流量为 $dq = udA = 2\pi urdr = 2\pi \frac{\Delta p}{4\mu l}(R^2 - r^2)rdr$，于是积分得

$$q = \int_0^R 2\pi \frac{\Delta p}{4\mu l}(R^2 - r^2)rdr = \frac{\pi R^4}{8\mu l}\Delta p = \frac{\pi d^4}{128\mu l}\Delta p \tag{2-34}$$

3）管道内的平均流速

根据平均流速的定义，可得

$$v = \frac{q}{A} = \frac{1}{\pi R^2}\frac{\pi R^4}{8\mu l}\Delta p = \frac{R^2}{8\mu l}\Delta p = \frac{d^2}{32\mu l}\Delta p \tag{2-35}$$

将上式与 u_{max} 比较可知，平均流速 v 是最大流速 u_{max} 的 0.5 倍。

4）沿程压力损失

从式(2-35)中求出表达式 Δp 即为沿程压力损失

$$\Delta p_\lambda = \Delta p = \frac{32\mu lv}{d^2} \tag{2-36}$$

由上式可知，液流在直管中作层流流动时，其沿程压力损失与管长、流速、黏度成正比，而与管径的平方成反比。由 $\mu = v\rho$，$Re = vd/v$，则式(2-36)可写成如下形式

$$\Delta p_\lambda = \frac{64}{Re}\frac{l}{d}\frac{\rho v^2}{2} = \lambda \frac{l}{d}\frac{\rho v^2}{2} \tag{2-37}$$

式中：λ ——沿程阻力系数，其理论值为 $\frac{64}{Re}$。考虑实际流动中的油温变化不均等问题，因而在实际计算时，对金属管取 $\lambda = 75/Re$，橡胶软管取 $\lambda = 80/Re$。

2. 紊流时的沿程压力损失

液体在等直径圆管中作紊流运动时的沿程压力损失要比层流时大得多，因为它不仅要克服液层间的内摩擦，而且要克服液体横向脉动而引起的紊流摩擦，且后者远大于前者。实验证明，紊流时的沿程压力损失计算公式可采用层流时的计算公式，但式中的沿程阻力系数 λ 除与雷诺数有关外，还与管壁的粗糙度有关，即 $\lambda = f(Re, \Delta/d)$，这里 Δ 为管壁的绝对粗糙度，Δ/d 称为管壁的相对粗糙度。

　　紊流时圆管的沿程阻力系数 λ 可以根据不同的 Re 和 Δ/d 值，从表 2-7 中选择公式进行计算。

表 2-7　紊流时圆管的沿程阻力系数 λ 的计算公式

雷诺数范围	λ 的计算公式
$2\,320 < Re < 10^5$	$\lambda = 0.316\,4\,Re^{-0.25}$
$10^5 < Re < 3 \times 10^6$	$\lambda = 0.032 + 0.221\,Re^{-0.237}$
$Re > 900\dfrac{d}{\Delta}$	$\lambda = \left(2\lg\dfrac{d}{2\Delta} + 1.74\right)^{-2}$

　　管壁粗糙度 Δ 值与制造工艺有关。计算时可考虑下列 Δ 取值：铸铁管取 0.25 mm，无缝钢管取 0.04 mm，冷拔铜管取 0.001 5~0.01 mm，铝管取 0.001 5~0.06 mm，橡胶管取 0.03 mm。另外，紊流中的流速分布是比较均匀的，其最大流速为 $u_{\max} \approx (1 \sim 1.3)v$。

2.4.3　圆管流动的局部压力损失

　　流体流经管道的弯头、接头、突变截面以及阀口等处时，流速的大小和方向会发生急剧变化，因而产生漩涡，并发生强烈的湍动现象，于是产生流动阻力，由此造成的压力损失称为局部压力损失。

　　局部压力损失 Δp_{ξ} 的计算一般按下式计算：

$$\Delta p_{\xi} = \xi\frac{\rho v^2}{2} \tag{2-38}$$

式中：ξ——局部阻力系数，由实验测得，具体数值可查阅有关手册。

　　液体流过各种阀的局部压力损失，因阀芯结构较复杂，按式(2-38)计算较困难，这时可在产品目录中查询出阀在额定流量 q_s 下的压力损失 Δp_s。当流经阀的实际流量不等于额定流量时，通过该阀的局部压力损失 Δp_{ξ} 可用下式计算：

$$\Delta p_{\xi} = \Delta p_s\left(\frac{q}{q_s}\right)^2 \tag{2-39}$$

式中：q——通过阀的实际流量。

　　在去除液压系统中各段管路的沿程压力损失和各局部压力损失后，整个液压系统的总压力损失应为所有沿程压力损失和所有局部压力损失之和，即

$$\sum \Delta p = \sum \Delta p_{\lambda} + \sum \Delta p_{\xi}$$

或

$$\sum \Delta p = \sum \lambda\frac{l}{d}\frac{\rho v^2}{2} + \sum \xi\rho\frac{v^2}{2} \tag{2-40}$$

　　必须指出，式(2-40)仅在两相邻局部障碍之间的距离大于管道内径 10~20 倍时才是正确的。因为液流经过局部阻力区域后受到很大的干扰，要经过一段距离才能稳定下来。如果距离太短，液流还未稳定就又要经历另一个局部阻力，它所受到的扰动将更为严重，这时的阻力系数可能会比正常值大好几倍。

2.5 孔口和缝隙流动

2.5.1 孔口流动

在液压元件特别是液压控制阀中，通常是通过一些特定的孔口实现对液流压力、流量及方向的控制，孔口对流过的液体产生阻力，从而产生压力降，它的作用类似电路中的电阻，因此也被称为液阻。下面主要介绍液流经过孔口的流量公式及液阻的特性。

液体流经小孔时可以根据孔长 l 与孔径 d 的比值分成 3 种情况：$l/d \leqslant 0.5$ 时，称为薄壁小孔；$0.5 < l/d \leqslant 4$ 时，称为短孔；$l/d > 4$ 时，称为细长孔。

1. 薄壁小孔

图 2-22 所示为液体在薄壁小孔中的流动情况，并且薄壁小孔的孔口边缘一般都做成刃口形式。

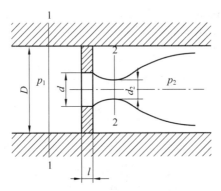

图 2-22　液体在薄壁小孔中的流动情况

当液流经过管道由小孔流出时，由于液体的惯性作用，通过小孔后的液流形成一个收缩断面 2—2，然后再扩散，如此收缩和扩散过程都将产生较大的能量损失。对于圆形小孔来说，当管道直径 D 与小孔直径 d 之比 $D/d \geqslant 7$ 时，液流的收缩作用不受管壁的影响，称为完全收缩。当 $D/d < 7$ 时，管壁对收缩程度有影响，则称为不完全收缩。

对孔前、后的通道断面 1—1 和 2—2 列出伯努利方程，并设动能修正系数 $\alpha = 1$，则有

$$\frac{p_1}{\rho g} + \frac{v_1^2}{2g} = \frac{p_2}{\rho g} + \frac{v_2^2}{2g} + \sum h_\xi \qquad (2-41)$$

式中：$\sum h_\xi$——液流流经小孔的局部能量损失，它包括两部分：液流经截面突然缩小时的 $h_{\xi 1}$ 和突然扩大时的 $h_{\xi 2}$。$h_{\xi 1} = \xi v_2^2/(2g)$，经查手册，$h_{\xi 2} = (1 - A_2/A_1) v_2^2/(2g)$。

图 2-22 中 $A_1 = \pi D^2/4$，$A_2 = \pi d_2^{\ 2}/4$，因为 A_2 远小于 A_1，所以 $\sum h_\xi = h_{\xi 1} + h_{\xi 2} = (\xi + 1) v_2^2/(2g)$。又因为当 $A_1 = A_2$ 时，$v_1 = v_2$，将这些关系代入伯努利方程，得出

$$v_2 = \frac{1}{\sqrt{\xi + 1}} \sqrt{\frac{2}{\rho}(p_1 - p_2)} = C_v \sqrt{\frac{2\Delta p}{\rho}} \qquad (2-42)$$

式中：C_v——小孔流速系数，$C_v = \dfrac{1}{\sqrt{1+\xi}}$，它反映了局部阻力对速度的影响。

流经薄壁小孔的流量为

$$q = A_2 v_2 = C_c C_v A_T \sqrt{\frac{2}{\rho}\Delta p} = C_q A_T \sqrt{\frac{2}{\rho}\Delta p} \tag{2-43}$$

式中：C_q——流量系数，$C_q = C_c C_v$；

C_c——截面收缩系数，$C_c = A_2/A_T$；

A_T——小孔截面积，$A_T = \pi d^2/4$。

一般由实验确定流量系数 C_q 的大小。在液流完全收缩的情况下，当 $Re \leqslant 10^5$ 时，C_q 可按下式计算

$$C_q = 0.964 Re^{-0.05} \tag{2-44}$$

当 $Re > 10^5$ 时，C_q 可视为常数，取值为 $0.60 \sim 0.61$。

液流不完全收缩时的流量系数 C_q 也可由表 2-8 查出。

表 2-8　液流不完全收缩时的流量系数 C_q

A_T/A_1	0.1	0.2	0.3	0.4	0.5	0.6	0.7
C_q	0.602	0.615	0.634	0.661	0.696	0.742	0.804

由式 (2-43) 可知，薄壁小孔的流量与小孔前后压差的 1/2 次方成正比，且薄壁小孔的沿程阻力损失非常小。流量受黏度影响小，对油温变化不敏感，且不易堵塞，故常用作液压系统的节流器。

2. 流经短孔和细长孔的流量计算

由于薄壁小孔加工困难，短孔是实际应用较多的。液体流经短孔时的流量计算公式与薄壁小孔的相同，但其流量系数不同，一般取 $C_q = 0.82$。

液体流经细长孔时，由于黏性的影响，一般情况是层流状态，所以可直接应用前面已导出的直管流量公式 (2-34) 来计算，即

$$q = \frac{\pi d^4}{128 \mu l}\Delta p$$

从上式可以看出，液流经过细长孔的流量与孔前后压差 Δp 成正比，而与液体黏度 μ 成反比，因此流量受液体温度影响较大，这是和薄壁小孔不同的。

3. 液阻

如果将以上不同孔口的流量计算公式写出通用表达式，则有

$$q = K A_T \Delta p^m \tag{2-45}$$

式中：$m = 0.5$ 为薄壁小孔及短孔的指数，由式 (2-43)，可得孔口流量系数 $K = C_q\sqrt{\dfrac{2}{\rho}}$；$m = 1$ 为细长孔的指数，由式 (2-34)，可得孔口流量系数 $K = \dfrac{d^2}{32\mu l}$。

式 (2-45) 又称为孔口压力流量方程。它描述了孔口结构及几何尺寸确定之后，流经孔口的压力降 Δp 及孔口通流截面积 A_T 之间的关系。类似电工学中电阻的概念，一般定义孔口前后压力降与稳态流量 q 之间的比值为液阻。在稳态下，液阻 R 与流量变化所需要的压差变

化成正比，即

$$R = \frac{\mathrm{d}(\Delta p)}{\mathrm{d}q} = \frac{\Delta p^{1-m}}{K A_{\mathrm{T}} m} \tag{2-46}$$

2.5.2 缝隙流动

在液压元件中，形成运动副的固定件与部分运动件之间存在着一定缝隙，而当缝隙两端的液体存在压力差时，就会形成缝隙流动，可能产生泄漏。泄漏的存在将严重影响液压元件，特别是液压泵和液压马达的工作性能。当圆柱体有一定的锥度时，缝隙流动还可能导致卡紧现象，这是特别需要注意的问题。

1. 平行平板缝隙

当液体充满两平行平板之间的缝隙时，如果液体受到压差 $\Delta p = p_1 - p_2$ 的作用，液体就将产生流动。如果没有压差 Δp 的作用，但两平行平板之间有相对运动，即一个平板固定，另一平板以速度 u_0（与压差方向相同）运动时，由于液体的黏性作用，液体也会被带着移动，这就是剪切作用所引起的流动。而不仅受到压差 Δp 的作用，还受到平行平板相对运动的作用，是液体通过平行平板缝隙时常见的流动情况，如图 2-23 所示。

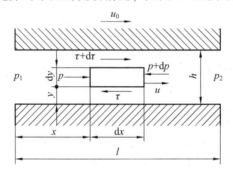

图 2-23　平行平板缝隙间的液流

图中缝隙高度为 h，缝隙宽度和长度分别为 b 和 l，一般 $b \gg h$，$l \gg h$。在液流中取一个微元体 $\mathrm{d}x\mathrm{d}y$（宽度方向取单位长），p 和 $(p+\mathrm{d}p)$ 分别是其左右两端面所受的压力，$(\tau + \mathrm{d}\tau)$ 和 τ 分别为上下两面所受的切应力，那么微元体的受力平衡方程为

$$p\mathrm{d}y + (\tau + \mathrm{d}\tau)\mathrm{d}x = (p + \mathrm{d}p)\mathrm{d}y + \tau\mathrm{d}x$$

整理后得

$$\frac{\mathrm{d}\tau}{\mathrm{d}y} = \frac{\mathrm{d}p}{\mathrm{d}x}$$

由于 $\tau = \mu\dfrac{\mathrm{d}u}{\mathrm{d}y}$，因此上式可变为

$$\frac{\mathrm{d}^2 u}{\mathrm{d}y^2} = \frac{1}{\mu}\frac{\mathrm{d}p}{\mathrm{d}x}$$

将上式对 y 积分两次得

$$u = \frac{1}{2\mu}\frac{\mathrm{d}p}{\mathrm{d}x}y^2 + C_1 y + C_2$$

式中：C_1、C_2——积分常数。

当 u_0 为平行平板间的相对运动速度时，在 $y=0$ 处，$u=0$；在 $y=h$ 处，$u=u_0$。另外，液流做层流运动时 p 只是 x 的线性函数，即 $\mathrm{d}p/\mathrm{d}x=(p_1-p_2)/l=-\Delta p/l$，将这些关系式代入上式并整理后得

$$u = \frac{y(h-y)}{2\mu l}\Delta p + \frac{u_0}{h}y \qquad (2-47)$$

由此得出通过平行平板缝隙的流量为

$$q = \int_0^h ub\mathrm{d}y = \int_0^h \left[\frac{y(h-y)}{2\mu l}\Delta p + \frac{u_0}{h}y\right]by = \frac{bh^3\Delta p}{12\mu l} + \frac{u_0}{2}bh \qquad (2-48)$$

当平行平板间无相对运动，即 $u_0=0$ 时，通过的液流仅由压差引起，称为压差流动，其流量为

$$q = \frac{bh^3\Delta p}{12\mu l} \qquad (2-49)$$

当平行平板两端无压差时，通过的液流仅由平板运动引起，称为剪切流动，其流量为

$$q = \frac{u_0}{2}bh \qquad (2-50)$$

由式(2-48)、式(2-49)可以得出，在压差作用下，流过固定平行平板缝隙的流量与缝隙值的三次方成正比，这说明液压元件内缝隙的大小对其泄漏量的影响是非常大的。

2. 圆柱环形缝隙

在液压元件中，一些有相对运动的零件，如圆柱滑阀阀芯与阀体孔，柱塞与柱塞孔之间的间隙称为圆柱环形缝隙。根据二者是否同心又分为同心圆柱环形缝隙和偏心圆柱环形缝隙。

1) 通过同心圆柱环形圆柱缝隙的流量

图 2-24 所示为同心环形缝隙。设 d 为圆柱体直径，l 为缝隙长度，h 为缝隙值，若将环形缝隙沿圆周方向展开，则可以认为是一个平行平板缝隙。因此，只要将 $b=\pi d$ 代入式 (2-48)，就可得出同心圆柱环形缝隙的流量公式

$$q = \frac{\pi dh^3}{12\mu l}\Delta p \pm \frac{\pi dhu_0}{2} \qquad (2-51)$$

当圆柱体移动方向和压差方向相同时取正号，方向相反时取负号。若无相对运动，即 $u_0=0$，则同心圆柱环形缝隙流量公式为

$$q = \frac{\pi dh^3}{12\mu l}\Delta p \qquad (2-52)$$

2) 通过偏心圆柱环形缝隙的流量

图 2-25 所示为偏心圆柱环形缝隙，设 e 为内外圆的偏心量，h 为在任意角度 θ 处的缝隙值，因缝隙很小，$r_1 \approx r_2 = r = d/2$，可把微小圆弧 $\mathrm{d}b$ 所对应的环形缝隙间的流动近似地认为是平行平板缝隙的流动。将 $b=r\mathrm{d}\theta$ 代入式(2-48)得

$$\mathrm{d}q = \frac{r\mathrm{d}\theta h^3}{12\mu l}\Delta p \pm \frac{r\mathrm{d}\theta}{2}hu_0$$

由图 2-25 中几何关系可知

$$h \approx h_0 - e\cos\theta \approx h_0(1-\varepsilon\cos\theta)$$

式中：h_0——内外圆同心时半径方向的缝隙值；

ε——相对偏心率，$\varepsilon=e/h_0$。

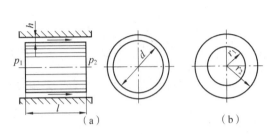

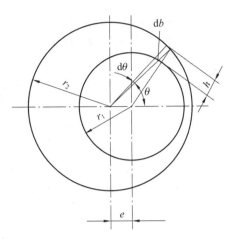

图 2-24　同心圆柱环形缝隙　　　　　图 2-25　偏心圆柱环形缝隙

将 h 值代入上式并积分，可得流量公式

$$q = \frac{\pi d h_0^3 \Delta p}{12 \mu l}(1 + 1.5\varepsilon^2) \pm \frac{\pi d h_0 u_0}{2} \qquad (2-53)$$

上式中正负号意义同前。

当内外圆之间无轴向相对移动，即 $u_0 = 0$ 时，其流量为

$$q = \frac{\pi d h_0^3 \Delta p}{12 \mu l}(1 + 1.5\varepsilon^2) \qquad (2-54)$$

由上式可以看出，当偏心量 $e = h_0$，即 $\varepsilon = 1$ 时（最大偏心状态），其通过的流量是同心圆柱环形缝隙流量的 2.5 倍。因此在液压元件中，为了减小缝隙泄漏量，建议有配合的零件应尽量使其同心。

2.6　空穴现象与液压冲击

在液压传动中，空穴现象和液压冲击都会给液压系统的正常工作带来不利影响，因此需要了解空穴现象和液压冲击现象产生的原因，并采取相应的措施来降低它们的危害。

2.6.1　空穴现象

1. 空穴现象的机理及危害

在液压系统中，当某点处的压力低于液压油所在温度下的空气分离压时，起初溶解在液体中的空气就会分离出来，使液体中迅速出现大量气泡，这种现象称为空穴现象。空穴现象又可称为气穴现象。当压力进一步减小而低于液体的饱和蒸气压时，液体将迅速汽化，产生大量的蒸气气泡，使空穴现象更加严重。

在阀门和液压泵的吸油口处易发生空穴现象。在阀门处，通流截面较小，而使流速较高，依据伯努利方程，该处的压力会很低，以致产生空穴。在液压泵的吸油过程中，吸油口的绝对压力会低于大气压，假如液压泵的安装高度太大，再加上吸油口处过滤器和管道阻力、油液黏度等因素的影响，泵入口处的真空度会很大，也常常会产生空穴。

当液压系统出现空穴现象时，大量的气泡会使液流的流动特性变坏，造成流量和压力的不稳定，当带有气泡的液流进入高压区时，周围的高压会使气泡迅速崩溃，使局部产生非常高的温度和冲击压力，引起振动和噪声。当附着在金属表面上的气泡破灭时，局部产生的高温和高压会使金属表面疲劳，时间一长会造成金属表面的侵蚀、剥落，甚至出现海绵状的小洞穴。这种空穴造成的对金属表面的腐蚀作用称为气蚀，气蚀会缩短元件的使用寿命，严重时会造成故障。

2. 避免产生空穴现象的措施

在液压系统中，只要出现压力低于空气分离压，就会发生空穴现象。为了避免空穴现象的产生，就要防止液压系统中的压力降低过大。具体措施如下：

（1）减小阀孔或其他元件通道前后的压力差，通常要使小孔前后的压力比 $p_1/p_2<3.5$；

（2）正确设计液压泵的结构参数，适当增大吸油管内径，使吸油管中液流速度不要太高，尽量避免急剧转弯或存在局部狭窄处，接头应有良好的密封，过滤器要及时清洗或更换滤芯以防堵塞，对高压泵宜设置辅助泵向液压泵的吸油口供应足够的低压油；

（3）提高零件的抗气蚀能力——增大零部件的机械强度，多采用抗腐蚀能力强的金属材料，或提高零件的表面加工质量等。

2.6.2　液压冲击

在液压系统中，因某些原因液体压力在一瞬间会突然升高，产生较高的压力峰值，这种现象称为液压冲击。液压冲击的压力峰值往往比正常工作压力高好几倍，瞬间压力冲击不仅会引起振动和噪声，而且会损坏密封装置、管道和液压元件，有时还会使某些液压元件产生误动作，造成设备事故。

1. 液压冲击的类型

液压系统中的液压冲击按其产生的原因分为：

（1）液流通道迅速关闭或液流迅速换向使液流速度的大小和方向发生突然变化时，液流的惯性导致的液压冲击；

（2）运动的工作部件突然制动或换向时，工作部件的惯性引起的液压冲击；

（3）某些液压元件动作失灵或不灵敏，使系统压力升高而引起的液压冲击。

2. 减小液压冲击对液压系统造成的危害的措施

造成液压冲击的本质原因是液体流速的突然变化。要减小液压冲击对液压系统造成的危害，一方面要设法降低液流速度的突变值，另一方面要设法吸收或释放冲击能量，防止瞬时压力的升高，具体措施如下：

（1）延长阀门关闭和运动部件制动换向的时间，以削弱冲击波的强度；

（2）限制管道流速及运动部件的速度，一般在液压系统中将管道流速控制在 4.5 m/s 以内，而运动部件的质量越大，越应控制其运动速度不要太大；

（3）用橡胶软管或在冲击源处设置蓄能器，以吸收冲击的能量。

习　题

2-1　液压油的黏度有几种表示方法？它们各用什么符号表示？各用什么单位？

2-2　液压油的选用应考虑哪几方面？

2-3　液压传动的工作介质污染原因主要来自哪几方面？应该怎样控制工作介质的污染？

2-4　请根据当地的气候条件谈谈该如何来选择液压油。

2-5　在使用和更换液压油时，应注意哪些问题？

2-6　题2-6图所示为液压千斤顶的工作示意图。该设备只需人施加很小的力 F，就能顶起很重的物品 G。试说明其工作原理及各部分的作用。

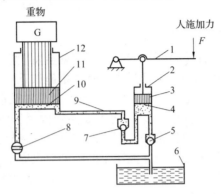

1—杠杆；2—泵体；3、11—活塞；4、10—油腔；5、7—单向阀；6—油箱；8—放油阀；9—油管；12—缸体。

题 2-6 图

2-7　如题2-7图所示，一流量 $q = 16$ L/min 的液压泵，安装在油面以下，油液黏度 $v = 20 \times 10^{-6}$ m^2/s，$\rho = 900$ kg/m^3，其他尺寸如图所示，仅考虑吸油管的沿程压力损失，试求液压泵入口处的绝对压力。

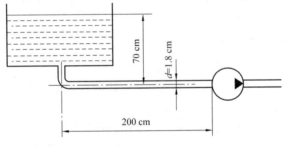

题 2-7 图

2-8　如题2-8图所示，液压泵的流量 $q = 32$ L/min，吸油泵吸油口距离液面高度 $h = 500$ mm，液压运动黏度 $v = 20 \times 10^{-6}$ m^2/s，油液密度为 $\rho = 0.9$ g/cm^3，求液压泵吸油口的真空度。

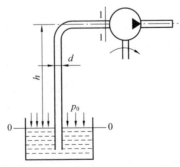

题 2-8 图

第三章
液压动力元件

液压动力元件的作用是将原动机产生的机械能转换为工作介质的压力能，是一种能量转换装置，主要指各种液压泵。在液压系统中，液压泵靠内燃机或电动机等外部能源驱动，从液压油箱中吸入油液，形成压力油排出，向系统提供具有一定压力和流量的液压油，是系统不可缺少的核心元件。

3.1　液压泵概述

3.1.1　液压泵的工作原理和特点

1. 液压泵的工作原理

在液压传动中，液压泵都是利用密封容积的交替变化来进行工作的，其工作原理可以用图 3-1 所示的单柱塞式液压泵来说明：柱塞 2 装在缸体 3 中，并在柱塞的左端形成一个密封容积 a，且柱塞在弹簧 4 的作用下始终压紧在偏心凸轮 1 上。当偏心凸轮在电动机的带动下连续回转时，推动柱塞做往复运动，使密封容积的大小发生周期性的交替变化。当柱塞向右移动时，密封容积由小变大形成部分真空，使油箱中油液在大气压作用下，经单向阀 6 进入密封容积而实现吸油，此时单向阀 5 在系统油液压力的作用下会关闭，避免了系统油液的倒流；反之，当柱塞向左移动时，密封容积将不断减小，迫使腔体中油液顶开单向阀 5 流入系统而实现压油，此时单向阀 6 由于上端压力大于下端压力而关闭。因此，通过原动机驱动偏心轮不断地旋转，液压泵就可以不断地吸油和压油，将原动机输入的机械能转换为液体的压力能，从而向系统持续输出压力油。

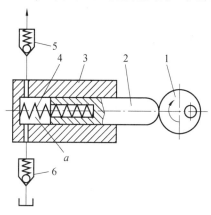

1—偏心凸轮；2—柱塞；3—缸体；
4—弹簧；5、6—单向阀。

图 3-1　单柱塞式液压泵工作原理图

2. 液压泵的特点

从液压泵的工作原理可以看出，容积式液压泵要想实现工作，必须具备以下 3 个工作条件。

(1)具有若干个密闭且可以周期性变化的容积，以便完成吸油和压油的过程。液压泵输油能力(或输出流量)的大小取决于密封容积的数量及密封容积变化的大小和频率，故一般称为容积式液压泵。

(2)具有配流机构，将吸油腔和压油腔隔开，保证液压泵能够有规律地连续吸油和压油。在图 3-1 所示的结构中，单向阀 5 和 6 就起到了配流的作用。

(3)油箱内液体的绝对压力必须恒等于或大于大气压力，以便形成压力差，有利于吸油。因此，油箱必须与大气相通，或采用密闭的充压油箱。

3.1.2 液压泵的分类

液压泵的种类很多，按照结构形式的不同，可分为齿轮泵、叶片泵和柱塞泵等类型；按照输出流量是否可以调节，可分为定量泵和变量泵，其中输出流量可以调节的称为变量泵，输出流量不能调节的称为定量泵；按照输出油液方向能否改变，可分为单向泵和双向泵，其中输出油液只能向一个方向流动，进出口不可变的称为单向泵，输出油液可以双向流动，进出口方向可以改变的称为双向泵；按照工作压力的大小，可分为低压泵、中压泵和高压泵。工程上常用的液压泵有齿轮泵、叶片泵和柱塞泵，其中齿轮泵一般为定量泵，适用于中、低压系统，柱塞泵一般为变量泵，适用于高压系统。

液压泵的图形符号如图 3-2 所示，图 3-2(a)为单向定量液压泵，图 3-2(b)为单向变量液压泵，图 3-2(c)为双向定量液压泵，图 3-2(d)为双向变量液压泵。

(a)　　　　　　　(b)　　　　　　　(c)　　　　　　　(d)

图 3-2　液压泵的图形符号

(a)单向定量液压泵；(b)单向变量液压泵；(c)双向定量液压泵；(d)双向变量液压泵

3.1.3 液压泵的主要性能参数

1. 压力

1)工作压力 p

液压泵实际工作时的输出压力称为工作压力，即油液克服阻力而建立起来的压力。工作压力取决于外负载的大小和压油管路上的压力损失，而与液压泵的流量无关。如果液压系统中没有负载，相当于液压泵输出的油液直接流回油箱，工作压力就不能建立。若有负载作用，系统中油液推动负载会产生一定的阻力，从而使油液产生一定的压力。当负载增大，油液压力会随之增大，泵的工作压力也升高。

2)额定压力 p_n

液压泵在正常工作条件下，按试验标准规定连续运转的最高压力称为额定压力，其大小取决于泵的密封件和制造材料的性质和寿命。液压泵正常工作时不允许超过其额定压力，超过此值即为过载。

由于液压传动的用途不同，液压系统所需要的压力也不同，为了便于液压元件的设计、生产和使用，将压力分为以下几个等级，如表3-1所示。

表3-1 压力等级

压力等级	低压	中压	中高压	高压	超高压
压力 p/MPa	≤2.5	2.5~8	8~16	16~32	>32

3)最高允许压力

在超过额定压力的条件下，根据试验标准规定，允许液压泵短暂运行的最高压力值，称为液压泵的最高允许压力。

2. 排量和流量

1)排量 V

液压泵每转一周，由密封容积几何尺寸变化计算而得到的排出液体的体积称为液压泵的排量。排量取决于泵的结构参数，可以用 V 来表示，单位为 L/r 或 mL/r。

2)理论流量 q_t

液压泵的理论流量是指在不考虑泄漏的条件下，液压泵在单位时间内所排出的液体体积。它除了取决于泵的结构参数，还和单位时间内体积变化的次数有关，其法定计量单位为 m^3/s，常用单位为 L/min。理论流量用 q_t 表示，如果液压泵的排量为 V，主轴转速为 n，则该液压泵的理论流量为

$$q_t = Vn \tag{3-1}$$

3)实际流量 q

液压泵在某一具体工况下，单位时间内实际排出的油液体积称为实际流量。由于液压泵在运转过程中存在泄漏问题，所以实际流量总是小于理论流量。因此，实际流量等于理论流量 q_t 减去泄漏流量 Δq，即

$$q = q_t - \Delta q \tag{3-2}$$

4)额定流量 q_n

额定流量是指液压泵在正常工作条件下，试验标准规定(如在额定压力和额定转速下)必须保证的输出流量。

3. 功率和效率

1)液压泵的功率

液压泵输入的是原动机的机械能，表现为转矩 T 和转速 n；其输出的是液体压力能，表现为压力 p 和流量 q。

(1)输入功率 P_i。液压泵的输入功率 P_i 是指作用在液压泵主轴上的机械功率，当输入转矩为 T_i，转速为 n 时，有

$$P_i = T_i 2\pi n \tag{3-3}$$

(2)输出功率 P_o。液压泵的输出功率 P_o 是指泵的实际工作压力 p 与和输出流量 q 的乘

积，即

$$P_{\mathrm{o}} = pq \tag{3-4}$$

2）液压泵的效率

若不考虑能量损失，液压泵输入功率和输出功率的理论值应相等。实际上，液压泵在进行能量转换和传递的过程中会有功率损失，因此输出功率总是小于输入功率，两者之差即为功率损失，包括容积损失和机械损失两部分，分别用容积效率和机械效率来表示。

（1）容积效率 η_{v}。由于液压泵内部高压腔的泄漏、油液的压缩以及吸油过程中吸油阻力太大、油液黏度大以及液压泵转速高等原因，油液不能全部充满密封容积，液压泵的实际输出流量总是小于其理论流量，这部分流量上的损失称为容积损失。液压泵容积损失的严重程度用容积效率 η_{v} 来表示，它等于液压泵的实际输出流量 q 与其理论流量 q_{t} 之比，即

$$\eta_{\mathrm{v}} = \frac{q}{q_{\mathrm{t}}} \tag{3-5}$$

由于液压泵的泄漏量随压力升高而增大，因此其容积效率随压力升高而降低，且随液压泵的结构类型不同而异，但恒小于1。

（2）机械效率 η_{m}。液压泵的实际输入转矩 T_{i} 总是大于理论上所需要的转矩 T_{t}，其主要原因是液压泵泵体内存在相对运动部件之间因机械摩擦而引起的摩擦转矩损失以及液体的黏性而引起的摩擦损失。液压泵在转矩上的损失称为机械损失。液压泵机械损失的严重程度用机械效率 η_{m} 来表示，它等于液压泵的理论转矩 T_{t} 与实际输入转矩 T_{i} 之比，即

$$\eta_{\mathrm{m}} = \frac{T_{\mathrm{t}}}{T_{\mathrm{i}}} \tag{3-6}$$

（3）液压泵的总效率 η。液压泵的总效率是指其实际输出功率与其输入功率的比值，即

$$\eta = \frac{P_{\mathrm{o}}}{P_{\mathrm{i}}} = \frac{pq}{T_{\mathrm{i}} 2\pi n} = \frac{pq_{\mathrm{t}}\eta_{\mathrm{v}}}{\dfrac{T_{\mathrm{t}} 2\pi n}{\eta_{\mathrm{m}}}} = \eta_{\mathrm{v}}\eta_{\mathrm{m}} \tag{3-7}$$

由式（3-7）可知，液压泵的总效率等于其容积效率与机械效率的乘积。

3.1.4 液压泵的特性曲线

液压泵的特性曲线是在一定的介质、转速和温度下，通过试验得出的。其表示液压泵的工作压力与容积效率 η_{v}（或实际流量）、总效率 η 与输入功率 P_{i} 之间的关系。图3-3所示为某一液压泵的特性曲线。

由图3-3可以看出，容积效率 η_{v} 或实际流量 q 随压力增高而减小，压力 p 为0时，泄漏流量 Δq 为0，容积效率 $\eta_{\mathrm{v}} = 100\%$，实际流量 q 等于理论流量 q_{t}。总效率 η 随工作压力增高而增大，且有一个最高值。对于某些工作转速可在一定范围内变化的液压泵或排量可变的液压泵，为了显示在整个允许工作的转速范围内的全性能特性，常用液压泵的通用特性曲线表示，如图3-4所示。图中除表示工作压力 p、流量 q、转速 n 的关系外，还表示了等效率曲线 η_{i}、等输入功率曲线 P_{ii} 等。

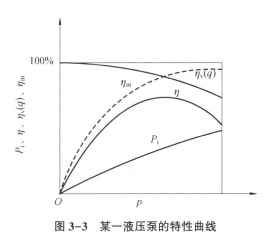

图 3-3　某一液压泵的特性曲线

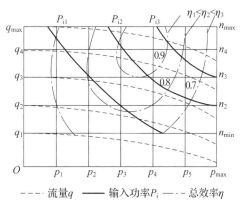

- - - 流量q　—— 输入功率P_i　- · - 总效率η

图 3-4　液压泵的通用特性曲线

3.2　齿轮泵

齿轮泵是中低压液压系统广泛采用的一种液压泵，它一般做成定量泵，具有结构简单、体积小、质量轻、工作可靠、价格低廉，以及对油液污染不太敏感等优点，广泛应用于低压、小流量的场合。按结构形式不同，齿轮泵可分为外啮合齿轮泵和内啮合齿轮泵，其中以外啮合齿轮泵应用最为广泛。

3.2.1　外啮合齿轮泵

1. 结构组成和工作原理

如图 3-5 所示，外啮合齿轮泵由壳体 1 和一对齿数、模数、齿形完全相同的渐开线外啮合齿轮(主动齿轮 2 和从动齿轮 3)和两个端盖等主要零件组成，此外还有轴承和密封装置等。壳体、齿轮两侧的端盖和齿轮的各个齿间槽组成了许多密封容积。两个齿轮封装于壳体内，当主动齿轮由原动机驱动按图示方向逆时针旋转时，通过啮合带动从动齿轮顺时针转动。随着两齿轮转动，右侧吸油腔由于相互啮合的轮齿逐渐脱开，密封容积逐渐增大，形成局部真空，因此，油箱中的油液在外界大气压力的作用下进入吸油腔，将齿间槽充满，并随着齿轮的转动，把油液带到左侧压油腔内。在左侧压油腔内，由

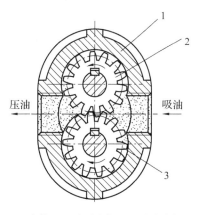

1—壳体；2—主动齿轮；3—从动齿轮。

图 3-5　外啮合齿轮泵工作原理图

于轮齿逐渐进入啮合，密封容积不断减小，油液被挤压出去，实现压油。随着齿轮不停地转动，齿轮泵就不断地吸油和压油。

在齿轮泵的工作过程中，只要两齿轮的旋转方向不变，其吸油腔和压油腔的位置也就确定不变。因为啮合点位置随齿轮旋转而改变，所以齿轮泵对油液污染不敏感。两个齿轮相互啮合的部分把吸油腔和压油腔隔开，起到了配流的作用，因此在齿轮泵中不需要设置专门的配流机构，这是它和其他类型容积式液压泵的不同之处。

图 3-6 所示为 CB-B 型齿轮泵的结构，该泵主体结构采用了泵体 7、前端盖 8 和后端盖 4 的三片式结构，两盖板与泵体之间通过两个定位销 17 进行定位，并由 6 个螺钉 9 加以紧固，这种结构便于制造和维修时控制齿轮端面和盖板间的端面间隙。一对齿数相同、互相啮合的齿轮装在泵体内，其中主动齿轮 6 用键 5 固定在传动轴 12 上，由电动机带动进行连续转动，从而带动从动齿轮 14 旋转。在后端盖上开有吸油口和压油口，左侧开口大的为吸油口，与进油管相连接，保证了吸油腔始终与油箱的油液相通；右侧开口小的为压油口，通过压力油管与系统保持相通。为了防止油液从泵体与盖板的结合面处泄漏和减小连接螺钉的拉力，在泵体两端面上开有卸荷槽 16，将渗入泵体和盖板结合面之间的压力油引回吸油腔。

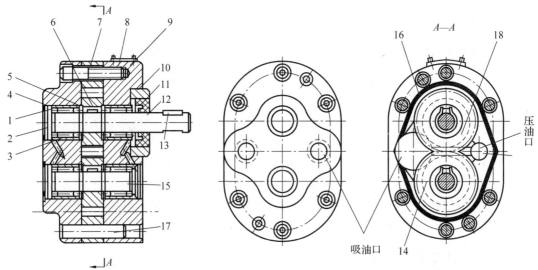

1—弹簧挡圈；2—轴承端盖；3—滚针轴承；4—后端盖；5、13—键；6—主动齿轮；7—泵体；8—前端盖；9—螺钉；10—油封端盖；11—密封圈；12—传动轴；14—从动齿轮；15—从动轴；16—卸荷槽；17—定位销；18—困油卸荷槽。

图 3-6 CB-B 型齿轮泵的结构

2. 排量和流量计算

根据外啮合齿轮泵的工作原理可知，泵的排量为主动齿轮转动一周，泵无泄漏时所排出的油液容积，该容积近似等于两个齿轮的齿间槽容积之总和。假设齿轮的模数为 m、齿宽为 B、齿数为 z，齿间槽的容积等于轮齿的体积，则齿轮泵的排量可以近似地等于其中一个齿轮的所有轮齿体积与齿间槽容积之和，即以齿顶圆为外圆、直径为 $(z-2)m$ 的圆为内圆的圆环为底，以齿宽为高所形成的环形筒的体积，即

$$V = \frac{\pi}{4}\{[(z+2)m]^2 - [(z-2)m]^2\}B = 2\pi m^2 zB \qquad (3-8)$$

实际上，齿间槽的容积比轮齿的体积稍大些，所以齿轮泵的排量应比式(3-8)的计算值大，而且齿数越少差值越大。因此，通常在式(3-8)中引入修正系数 K 以补偿误差，则齿轮泵的排量公式为

$$V = 2\pi K m^2 zB \qquad (3-9)$$

式中：$K = 1.05 \sim 1.15$，通常低压齿轮泵推荐 $2\pi K = 6.66$，高压齿轮泵推荐 $2\pi K = 7$。

因此，当驱动齿轮泵的原动机转速为 n、容积效率为 η_v 时，外啮合齿轮泵的理论流量和实际流量分别为

$$q_{\mathrm{t}} = Vn = 2\pi Km^2 zBn \qquad (3\text{-}10)$$

$$q = q_{\mathrm{t}}\eta_{\mathrm{v}} = 2\pi Km^2 zBn\eta_{\mathrm{v}} \qquad (3\text{-}11)$$

由此可见，齿轮泵的理论流量取决于齿轮的几何参数和转速。上式中 q_{t} 和 q 计算的是外啮合齿轮泵的平均流量，实际上随着啮合点位置的不断改变，吸、压油腔的每一瞬时的容积变化率是不均匀的，因此齿轮泵的瞬时流量是脉动的。运用流量脉动率来评价瞬时流量的脉动，设 $q_{\max}$、$q_{\min}$ 分别表示最大瞬时流量和最小瞬时流量，q 表示平均流量，则流量脉动率 σ 可用下式表示

$$\sigma = \frac{q_{\max} - q_{\min}}{q} \times 100\% \qquad (3\text{-}12)$$

流量脉动是容积式泵的共同弊病，它不但会引起系统的压力脉动，而且会影响传动的平稳性。理论研究表明，外啮合齿轮泵齿数越少，流量脉动率就越大，其值最高可达 20%以上，内啮合齿轮泵的流量脉动率要小得多。

3. 外啮合齿轮泵存在的问题及解决办法

外啮合齿轮泵的结构简单，零件少，制造工艺性好，但由于采用了普通齿轮的轮齿啮合泵油结构，导致这种泵存在如下问题。

1）困油现象及消除方法

根据齿轮啮合原理，齿轮泵要平稳工作，齿轮啮合的重叠系数 ε 必须大于1，也就是说在前一对齿轮脱开啮合之前，后面的一对轮齿已经进入啮合，这样两对啮合的轮齿之间产生一个密封容积，称为困油区，如图3-7（a）所示。

当齿轮继续旋转时，密封容积逐渐缩小，直到两个啮合点 A、B 处于节点两侧的对称位置时，密封容积达到最小，如图3-7（b）所示。由于油液几乎不可压缩，在密封容积减小的过程中，被困在齿槽中的油液受到强烈的挤压，压力急剧上升，使齿轮和轴承受到很大的冲击载荷，同时油液从零件接合面的缝隙中被强行挤出，造成容积损失。当齿轮继续旋转，这个密封容积又逐渐增大到最大位置，如图3-7（c）所示，由于没有油液补充，因而形成局部真空，使油液中溶解的气体析出，形成气泡，产生气穴，使齿轮泵产生强烈的噪声，这种不良现象称为齿轮泵的困油现象。齿轮泵的困油现象破坏了液压传动的稳定性，同时又给泵的回转带来极大的附加径向动载荷，对泵的正常工作造成极大的危害。

为了消除困油现象，通常在两侧端盖上开卸荷槽，如图3-7（d）中的细双点画线框所示，当密封容积减小时，使其与压油腔相通，避免压力急剧升高；当密封容积增大时，使其与吸油腔相通，避免形成局部真空。两个卸油槽之间的距离 a 不可过近，以保证吸油腔和压油腔隔开。

上述对称开设的卸荷槽，解决了密封容积互通的齿轮泵困油现象。但是当齿侧间隙很小时，密封容积 V_{a} 和 V_{b} 分为互不相通的两部分。当右侧的密封容积由大变至最小前，早已与压油腔一侧的卸荷槽脱开，且因齿侧间隙很小，油液难以顺利流入左侧的密封容积，困油现象还不能完全解决。为此，通常采用卸荷槽向吸油腔一侧偏移的不对称形式，如图3-7（e）所示，在保证吸、压油腔互不相通的前提下，使右侧密封容积在压缩到最小之前始终和压油腔相通，基本上解决了困油问题，同时还可以多压出一部分压力油，提高了泵的容积效率。但无论怎样，两槽间的距离 a 必须保证在任何时候都不能使吸油腔和压油腔相互串通。对于

分度圆压力角 $\alpha = 20°$、模数为 m 的标准渐开线齿轮，$a = 2.78m$。当卸荷槽非对称开设时，在压油腔一侧必须保证 $b = 0.8m$，另一方面为保证卸荷槽畅通，应满足：槽宽 $C > 2.5m$，槽深 $h \geqslant 0.8m$ 的要求。

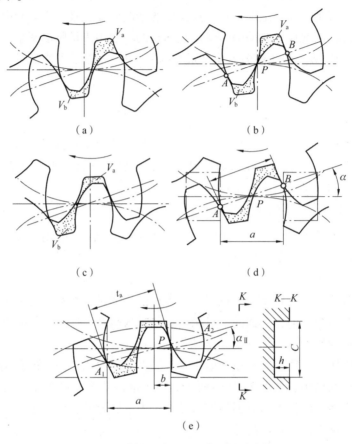

图 3-7　齿轮泵的困油现象及消除方法

2）径向力不平衡及改善措施

齿轮泵中的两个齿轮在工作过程中，作用在齿轮外圆上的径向压力是不均衡的。如图 3-8 所示，左侧压油腔位置的齿轮由于油液的压力高而受到很大的径向力，而处于右侧吸油腔的齿轮所受的径向力就较小。与此同时，压油腔的油液经过径向间隙逐渐渗漏到吸油腔，可以认为压力由压油腔的高压逐渐分级下降到吸油腔压力。这两方面的合力相当于给齿轮和轴一个径向作用力，此力称为径向不平衡力。油液的工作压力越高，径向不平衡力也越大，其结果是加速了轴承的磨损，严重时会使轴发生弯曲变形，导致齿顶与泵体内孔发生摩擦，减少齿轮泵的使用寿命。

为了减小齿轮泵的径向不平衡力，方法一是缩小压油口来减小压力油的作用面积，使压力油的径向压力仅作用在 1~2 个齿的小范围内，如图 3-6 的 A—A 剖视图所示，同时适当增大径向间隙，使齿轮在不平衡压力作用下，齿顶不至于与壳体相接触和摩擦。方法二是开压力平衡槽，如图 3-9 所示，但这种方法将缩短径向间隙密封长度，使泄漏增大，容积效率降低。

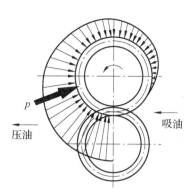

图 3-8　齿轮泵的径向不平衡力

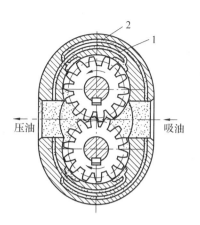

1、2—压力平衡槽。

图 3-9　齿轮泵的压力平衡槽

3）泄漏问题及高压化措施

由于齿轮泵的各运动件之间存在微小间隙，因此，高压腔的油液会通过间隙向低压腔泄漏。一般来说，外啮合齿轮泵有 3 个间隙泄漏途径：一是齿轮端面和端盖间的轴向间隙泄漏；二是齿顶与泵体内孔的径向泄漏；三是两个齿轮的齿面啮合处泄漏。其中对泄漏影响最大的是轴向间隙泄漏，可占总泄漏量的 75%～80%，因为这种方式的泄漏途径短，泄漏面积大。轴向间隙过大，泄漏量多，会使容积效率降低，限制压力的提高；但间隙过小，齿轮端面和端盖之间的机械摩擦损失增加，会使泵的机械效率降低，因此设计和制造时必须严格控制泵的轴向间隙。

对于低压齿轮泵，为了减小端面泄漏，可严格控制齿轮泵各部分的配合间隙，保证齿轮和轴承的制造和装配精度，防止过大的间隙与偏载。对于高压齿轮泵，可采取端面间隙自动补偿的方法，通常采用浮动轴套或弹性侧板，在液压力作用下使浮动轴套或弹性侧板压紧在齿轮端面上，使轴向间隙减小，以减少泄漏。

图 3-10 所示为采用浮动轴套消除端面间隙，两齿轮的左、右两端分别设置了浮动轴套 1 和 2，并利用特制的通道把泵内压油腔的压力油引到浮动轴套 1 和 2 的外侧，借助液压作用力，使两浮动轴套压向齿轮端面，并始终自动贴紧齿轮端面，从而减小了泵内齿轮端面的泄漏，达到减少泄漏、提高压力的目的。图 3-11 所示为齿轮的端面间隙补偿装置原理示意图，其中图 3-11（a）为浮动轴套式间隙补偿装置，它利用泵的出口压力油，引入齿轮轴上的浮动轴套 1 的外侧 A 腔，在液压力作用下，使轴套紧贴齿轮 3 的侧面，从而消除间隙并补偿齿轮侧面和轴套间的磨损量。在泵起动时，靠弹簧 4 来产生预紧力，保证了端面间隙的密封。

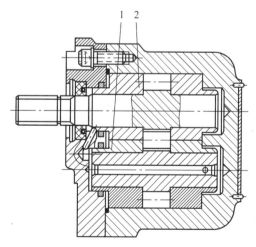

1、2—浮动轴套。

图 3-10　采用浮动轴套消除端面间隙

图 3-11（b）为浮动侧板式间隙补偿装置，它的工作原理与浮动轴套式基本相似，也是将泵的出口压力油引到浮动侧板 5 的背面，使之紧贴于齿轮 3 的端面来补偿间隙。起动时，浮动

侧板靠密封圈来产生预紧力。图3-11(c)为挠性侧板式间隙补偿装置，它是将泵的出口压力油引到侧板的背面后，靠侧板自身的变形来补偿端面间隙，侧板的厚度较薄，内侧面要耐磨。这种结构采取一定措施后，易使侧板外侧面的压力分布大体上和齿轮侧面的压力分布相适应。

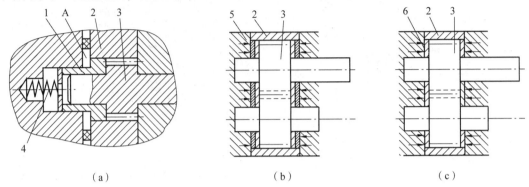

（a）　　　　　　　　　　（b）　　　　　　　　　　（c）

1—浮动轴套；2—泵体；3—齿轮；4—弹簧；5—浮动侧板；6—挠性侧板。

图3-11　齿轮的端面间隙补偿装置原理示意图

3.2.2　内啮合齿轮泵

内啮合齿轮泵采用齿轮内啮合原理，根据齿形曲线的不同，可分为渐开线齿轮泵和摆线齿轮泵（又名转子泵）两种类型，如图3-12所示，它们的工作原理和主要特点与外啮合齿轮泵基本相同。当主轴上的小齿轮由原动机驱动按图示方向逆时针旋转时，内齿轮被带动同向旋转，左侧轮齿退出啮合，密封容积逐渐增大，形成局部真空，从配油窗口进行吸油；右侧轮齿进入啮合，密封容积逐渐减小，油液受到挤压，被迫从配油窗口排出。在渐开线齿形内啮合齿轮泵中，小齿轮和内齿轮之间要安装一块月牙形隔板，以便把吸油腔和压油腔隔开，如图3-12(a)所示。摆线齿形内啮合齿轮泵的小齿轮和内齿轮相差一齿，且有一偏心距，因而不需设置隔板，如图3-12(b)所示。

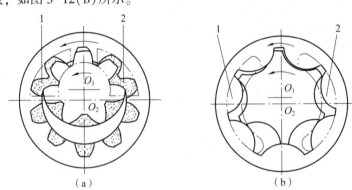

（a）　　　　　　　　　　（b）

1—吸油腔；2—压油腔。

图3-12　内啮合齿轮泵

（a）渐开线齿形；（b）摆线齿形

内啮合齿轮泵的优点是结构紧凑、尺寸小、质量轻、运转平稳；因齿轮转向相同，相对滑动速度小，磨损小，使用寿命长；流量脉动远小于外啮合齿轮泵，因而压力脉动和噪声都较小；油液在离心力作用下易充满齿间槽，故允许高速旋转，容积效率高。啮合重叠系数大，传动平稳，吸油条件更为良好。它的缺点是齿形复杂，加工精度要求高，需要专门的制造设备，价格较外啮合齿轮泵高。

3.2.3　螺杆泵

螺杆泵实质上是一种外啮合的摆线齿轮泵，泵内的螺杆可以是两根，也可以是三根。如图 3-13 所示，在泵体 2 里有三根互相啮合的双头螺杆，中间的主动螺杆 3 是凸螺杆，两侧的从动螺杆是凹螺杆，互相啮合的三根螺杆与泵体之间形成若干个密封容积。当主动螺杆顺时针旋转时，在左端会连续形成一个个的密封容积，这些密封容积沿着轴向从左向右移动，并在右端消失。主动螺杆每旋转一周，密封容积移动一个导程。左端密封容积形成时，其容积逐渐增大，进行吸油；右端密封容积消失时，其容积逐渐缩小，进行压油。螺杆直径越大，螺旋槽越深，泵的排量也越大。螺杆越长，吸油口和压油口之间密封层次越多，密封就越好，泵的额定压力就越高。

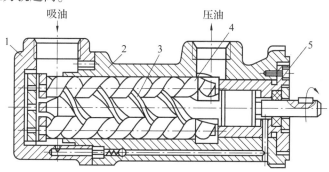

1—后盖；2—泵体；3—主动螺杆；4—从动螺杆；5—前盖。

图 3-13　螺杆泵

螺杆泵的优点是结构紧凑，体积小，质量轻，自吸能力强，运转平稳，输油量稳定，噪声小，容积效率高（可达 90%～95%），允许采用高转速，对油液污染不敏感，特别适用于一些对压力和流量稳定性要求较高的精密机床的液压系统中。其主要缺点是螺杆形状复杂，加工工艺复杂，不易保证精度。

3.3　叶片泵

叶片泵较齿轮泵的结构复杂、吸油性能较差、对油液污染比较敏感，但它具有结构紧凑、流量脉动小、工作平稳、噪声较小、寿命较长等优点，所以被广泛应用于机械制造中的专用机床、自动线等中低压液压系统中。根据转子旋转一周密封容积吸压油次数的不同，叶片泵可分为单作用叶片泵（转子旋转一周完成吸、压油各一次）和双作用叶片泵（转子旋转一周完成吸、压油各两次）两大类。按输出流量是否可变，叶片泵可分为定量叶片泵和变量叶片泵，单作用叶片泵多为变量泵，双作用叶片泵均为定量泵。

3.3.1　单作用叶片泵

1. 结构组成和工作原理

如图 3-14 所示，单作用叶片泵主要由转子 2、定子 3、叶片 4、配油盘 1 和泵体 5 等组成。定子的工作表面为圆柱形内表面，定子和转子中心不重合，相距一偏心距 e。配油盘上有两个腰形的窗口，图中左侧为压油口，右侧为吸油口。叶片装在转子槽中，并可以在槽内灵活滑动。当转子旋转时，由于离心力的作用，叶片紧贴在定子内表面上，这样在定子、转子、两相邻叶片和两侧配油盘之间就形成了若干个密封容积。处在压油腔的叶片顶部受压力油作用，要把叶片推入转子槽内，为了使叶片顶部可靠地和定子内表面相接触，压油腔一侧的叶片底部要通过特殊沟槽和压油腔相通。

当转子按图示方向逆时针旋转时，在定子腔体的右半周，叶片向外逐渐伸出，密封容积逐渐增大，形成局部真空，通过配油盘上的吸油窗口将油吸入；当转子转动到定子腔体的左半周时，叶片被定子内表面逐渐压进槽内，密封容积逐渐缩小，油液经配油盘压油窗口压出。在吸油腔和压油腔之间，有一段封油区，把吸油腔和压油腔隔开。转子不停地旋转，泵就不断地进行吸油和压油的工作循环。这种叶片泵的转子每转一周，每个密封容积只完成一次吸油和压油，因此称其为单作用叶片泵。

2. 排量和流量计算

由单作用叶片泵的工作原理可知，泵的排量为各密封容积在转子旋转一周时所排出的液体的总和，一般情况下，压油腔和吸油腔处的叶片底部是分别和压油腔和吸油腔相通的，叶片在槽中伸出和缩进时，叶片槽底部也有吸油和压油过程，因而叶片槽底部的吸油和压油恰好补偿了叶片厚度及倾角所占据的体积。因此，在排量和流量的计算过程可以不考虑叶片的厚度和倾角的影响。

图 3-15 所示为单作用叶片泵排量和流量的计算简图，定子和转子直径分别为 D 和 d，两者之间的偏心距为 e。当相邻两叶片对称处于最左侧位置时，密封容积 V_1 最大；当相邻两叶片对称处于最右侧位置时，密封容积 V_2 最小。所以，在不考虑叶片厚度和倾角的条件下，转子每转一周，每个密封容积变化近似等于体积 V_1 和 V_2 之差，即两个扇形面积之差乘以叶片的宽度 B。若泵的叶片数为 z，则转子旋转一周排出的液体体积为 z 个密封容积，即等于一环形体积，因此，单作用叶片泵的排量为

$$V = \pi \left[\left(\frac{D}{2} + e \right)^2 - \left(\frac{D}{2} - e \right)^2 \right] B = 2\pi DeB \tag{3-13}$$

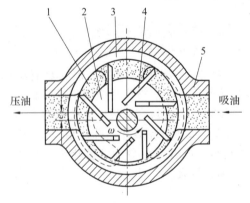

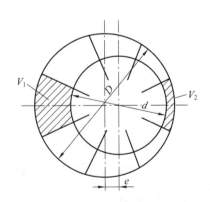

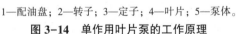

1—配油盘；2—转子；3—定子；4—叶片；5—泵体。

图 3-14　单作用叶片泵的工作原理　　　图 3-15　单作用叶片泵排量和流量的计算简图

当泵的转速为 n，容积效率为 η_v 时，泵的理论流量和实际流量分别为

$$q_t = Vn = 2\pi DeBn \tag{3-14}$$

$$q = q_t\eta_v = 2\pi DeBn\eta_v \tag{3-15}$$

由此可见，单作用叶片泵的理论流量除与泵的几何参数和转速有关外，还与定子和转子的偏心距有关。改变定子和转子之间的偏心距 e 便可以改变流量，偏心距为零时，输出流量为零；偏心距增大，流量增大。若转子旋转方向不变，改变偏心距方向，则泵的输油方向也改变，所以单作用叶片泵可作为双向变量泵。另外，由于单作用叶片泵定子、转子是偏心安装的，其容积变化不均匀，故其流量是有脉动的。但是泵内叶片数越多，流量脉动率越小。此外，奇数叶片泵的流量脉动率比偶数叶片泵的流量脉动率小，所以单作用叶片泵的叶片数均为奇数，一般为 13 片或 15 片。

3.3.2　限压式变量叶片泵

由单作用叶片泵的流量公式可知，通过改变定子与转子间的偏心距 e，就能改变泵的输出流量。调节偏心距可以手动，也可以自动，限压式变量叶片泵是利用泵的输出压力反馈到泵内，对定子进行控制，自动改变偏心距 e，从而实现对流量的控制。

1. 结构组成和工作原理

图 3-16 所示为限压式变量叶片泵的工作原理，液压泵的转子 1 中心固定不动，定子 3 可左右移动，定子左侧有一限压弹簧 2，在限压弹簧的作用下，定子被推向右端，使定子中心 O_1 和转子中心 O 之间有一初始偏心距 e_0，且 e_0 的大小可用流量调节螺钉 6 进行调节。定子的右侧是一反馈柱塞 5，它的油腔与泵的压油腔相通，泵的出口压力经泵体内通道作用于柱塞上，使柱塞对定子产生一定作用力。所以，泵在正常工作时，定子是在出口油的反馈压力和限压弹簧的相互作用下，处于一个相对平衡的位置。

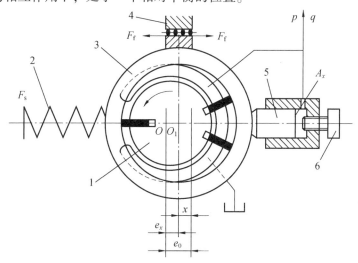

1—转子；2—限压弹簧；3—定子；4—滑动滚针支承；5—反馈柱塞；6—流量调节螺钉。

图 3-16　限压式变量叶片泵的工作原理

当泵的转子按图示方向逆时针旋转时，转子上部为压油腔，下部为吸油腔，压力油把定子向上压在滑块滚针支承 4 上。设弹簧刚度为 k_s，预压缩量为 x_0，反馈柱塞面积为 A_x，泵的出口压力为 p，若忽略泵在滑块滚针支承处的摩擦力，则定子受弹簧力 $F_s = k_s x_0$ 和反馈柱塞压力 $F = pA_x$ 的作用。当反馈柱塞的液压力 $F < F_s$ 时，定子处于最右侧位置，偏心距最大，

即 $e=e_0$，泵的输出流量最大；当泵的输出压力因工作负载增大而增高，使压力升至与弹簧力相平衡的控制压力 p_B 时，即 $F=F_s$，泵处于最大流量时所能达到的最高压力，p_B 称为泵的限定压力；当泵的输出压力继续升高，使 $F>F_s$ 时，反馈柱塞把定子向左推移 x 距离，偏心距减小到 $e=e_0-x$，输出流量随之减小。当泵的出口压力由于系统的超载或过载而超过限压弹簧所调定的极限工作压力 p_{max} 时，限压弹簧将处于最大压缩状态，柱塞将定子压到最左侧位置，此时定子偏心距为零，泵将停止供油，从而防止出口压力的继续升高，起到安全保护的作用。因为这种泵的限定工作压力可以通过限压弹簧来加以控制，所以称为限压式泵，又因为这种泵的反馈控制是作用到定子的外部，所以也称为外反馈式限压泵。

2. 限压式变量叶片泵的工作特性

限压式变量叶片泵工作特性曲线如图 3-17 所示，当工作压力 p 小于预先调定的限定压力 p_B 时，液压作用力不能克服弹簧的作用力，这时定子的偏心距保持最大，泵的输出流量 q_A 最大且基本保持不变，又因供油压力的增大将使泵的泄漏流量也增加，所以泵的实际输出流量 q 略有减少，如图中曲线的 AB 段；当工作压力 p 超过限定压力 p_B 时，液压作用力大于弹簧的作用力，此时弹簧开始压缩，定子向偏心量减小的方向移动，使泵的输出流量减小，压力越高，弹簧压缩量越大，偏心量越小，输出流量越小，直到 C 点为止，这时流量为 0，压力 p_{max} 称为极限工作压力，如图曲线的 BC 段。由此可以得出结论，泵的工作压力越高，定子与转子间的偏心距越小，泵的输出流量也越小，即泵的实际输出流量随着工作压力的增高而减小。

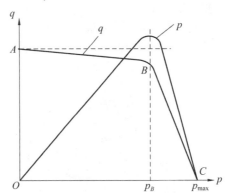

图 3-17　限压式变量叶片泵的工作特性曲线

通过调节限压弹簧的预压缩量 x_0，即可改变 p_B 的大小，这时特性曲线的 BC 段将左右平移；而改变调压弹簧的刚度 k_s，可以改变 BC 段的斜率，弹簧越"软"，BC 段越陡。通过调节流量调节螺钉，可以调节最大偏心距（初始偏心量 e_0）的大小，从而改变泵的最大输出流量 q_A，使特性曲线 AB 段上下平移。

3. 限压式变量叶片泵的应用

限压式变量叶片泵在工作压力条件下，能按外载和压力的波动来自动调节流量，对机械动作和变化的外载具有一定的自适应调整性。对那些要实现空行程快速移动和工作行程慢速进给（慢速移动）的液压驱动是一种较合适的动力源，一般快速行程需要快的移动速度和大的工作流量，而负载压力较低，这正好对应了特性曲线的 AB 起始段，而工作进给时需要较高压力，同时移动速度较低，所需流量减少，对应了特性曲线的 BC 段。因此，这种泵特别适用于那些要求执行元件有快速、慢速运动的液压系统中，可以降低功率损耗，减少油液发热，有利于节能和简化回路。但是它结构复杂，轮廓尺寸大，相对运动的机件多，泄漏较大，同时，转子轴上承受较大的径向不平衡液压力，噪声也较大，容积效率和机械效率都没有定量叶片泵高。

3.3.3　双作用叶片泵

1. 结构组成和工作原理

双作用叶片泵的工作原理和单作用叶片泵相似，不同之处在于定子内表面近似为椭圆柱形，且定子和转子是同心的。如图3-18所示，它是由定子1、转子2、叶片3和配油盘（图中未画出）等组成。定子的内表面曲线由两段长半径圆弧、两段短半径圆弧和四段过渡曲线所组成。转子的径向槽内装有可以沿着槽作径向滑动的叶片，当转子在驱动轴的带动下高速回转工作时，叶片在离心力和根部压力油的作用下，沿转子槽向外径向移动而压向定子内表面，这样，由两片相邻的叶片和定子的内表面、转子的外表面和两侧配油盘就形成了若干个独立的密封容积。当转子按图示方向顺时针旋转时，左上角和右下角的叶片由小圆弧运动到大圆弧，叶片向外伸出，密封容积不断增大，形成局部真空，从吸油口吸入油液；右上角和左下角的叶片由大圆弧运动到小圆弧，叶片被定子内壁压进槽内，密封容积不断减小，将油液从压油口压出。这种叶片泵具有对称的两个吸油腔和两个压油腔，因而，转子每旋转一周，每个密封容积要完成两次吸油和压油，所以称之为双作用叶片泵。

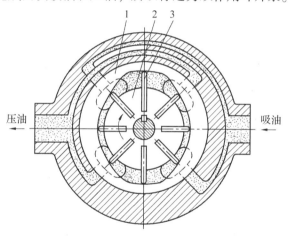

压油　　　　　吸油

1—定子；2—转子；3—叶片。

图3-18　双作用叶片泵的工作原理

双作用叶片泵采用了两侧对称的吸油腔和压油腔结构，并且各自的中心夹角是对称的，所以作用在转子上的径向压力是相互平衡的，不会给高速转动的转子造成径向的偏载。因此，双作用叶片泵又称为卸荷式叶片泵。为了使径向力完全平衡，密封容积数（即叶片数）应当保持双数。

图3-19所示为我国自行设计、性能较好的一种YB型双作用叶片泵的基本结构。它主要由转子3、定子4、叶片5、前泵体7、后泵体1以及前端盖8等零件组成，左右配油盘2、6和定子的外径与泵体的内孔相配合，并用螺钉13定位。转子上开有狭槽，叶片装在槽内可自由滑动。转子连同叶片装在由配油盘和定子围成的空腔内，并和两侧配油盘保持适当间隙。转子由传动轴9带动旋转，传动轴由滚动轴承11、12支承在泵体内。端盖和传动轴之间用密封圈10来密封，以防止油液泄漏，同时防止了外部灰尘和污染物的进入。

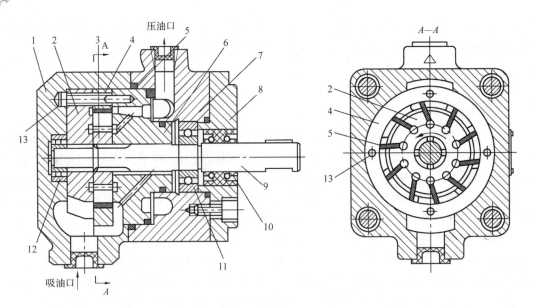

1—后泵体；2—左配流盘；3—转子；4—定子；5—叶片；6—右配流盘；7—前泵体；
8—前端盖；9—传动轴；10—密封圈；11、12—滚动轴承；13—螺钉。

图 3-19 YB 型双作用叶片泵的基本结构

这种叶片泵的性能较好，容积效率高，一般可达到 0.9 以上。转子、配油盘都为圆盘形，便于加工。泵体做成分离式，吸油口和压油口分别设置在后泵体和前泵体上，具有较远的距离，可以解决隔离与密封的问题。油槽露在外面，使铸造和清砂工作大为简化。

2. 排量和流量计算

由叶片泵的工作原理可知，当相邻两叶片处于定子曲线的小圆弧段时，密封容积最小；而处于大圆弧段时，密封容积最大。如图 3-20 所示，V_1 为吸油后封油区内的最大油液体积，V_2 为压油后封油区内的最小油液体积，定子的大圆弧半径为 R，小圆弧半径为 r，叶片宽度为 B，在不考虑叶片的厚度和倾角影响时，每个密封容积变化量近似等于体积 V_1 和 V_2之差，即两个扇形面积之差乘以叶片的宽度。若泵的叶片数为 z，则转子旋转一周压出的油液体积为 z 个密封容积，即等于一环形体积。又因为双作用叶片泵轴转一圈要完成两次吸油和压油，所以其排量是环形体积的 2 倍，即

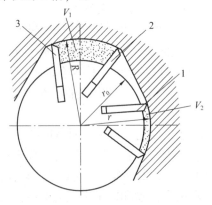

1、2、3—叶片。

图 3-20 双作用叶片泵排量和流量的计算简图

$$V' = 2\pi(R^2 - r^2)B \tag{3-16}$$

实际上，由于双作用叶片泵叶片底部全部通压油腔，因而叶片在槽中作往复运动时，叶片槽底部的吸油和压油不能补偿叶片厚度所造成的排量减小。因此，当泵的叶片厚度为 b，叶片安放倾角为 θ 时，叶片在圆环中所占的体积为

$$V'' = 2\frac{(R - r)}{\cos\theta}bzB \tag{3-17}$$

因此，双作用叶片泵的实际排量为

$$V = V' - V'' = 2B\left[\pi(R^2 - r^2) - \frac{(R - r)}{\cos\theta}bz\right] \tag{3-18}$$

当叶片泵的转速为 n、容积效率为 η_v 时，双作用叶片泵的理论流量和实际流量分别为

$$q_t = Vn = 2Bn\left[\pi(R^2 - r^2) - \frac{(R - r)}{\cos\theta}bz\right] \tag{3-19}$$

$$q = q_t\eta_v = 2Bn\left[\pi(R^2 - r^2) - \frac{(R - r)}{\cos\theta}bz\right]\eta_v \tag{3-20}$$

由此可见，双作用叶片泵的理论流量和齿轮泵一样，也取决于泵的几何参数和转速。如果不考虑叶片厚度，泵的输出流量是均匀的，但实际上叶片是有厚度的，而且叶片底部槽与压油腔相通，因此泵的输出流量将出现微小的脉动，但其流量脉动率比其他形式的泵（螺杆泵除外）要小得多，并在叶片数为 4 的整数倍且大于 8 时最小，所以双作用叶片泵的叶片数一般取 12 片或 16 片。

3. 双作用叶片泵的高压化措施

双作用叶片泵随着工作压力的提高，泄漏会增大，容积效率会降低，且由于叶片底部通压力油，叶片转到吸油腔时，叶片顶部和底部的液压作用力不平衡，叶片顶部以很大的压紧力挤压在定子内表面上，造成定子吸油腔曲线过度磨损，使用寿命降低，尤其是工作压力较高时，磨损更严重，从而限制了双作用叶片泵工作压力的提高。所以在高压叶片泵的结构上必须采取措施，使叶片压向定子的作用力尽可能地小，常用的措施如下。

1）减小作用在叶片底部的油液压力

为了降低叶片底部的油液压力，可以在泵的配油装置部分设置阻尼槽或内装式小减压阀，使压油腔的油液通过阻尼槽或减压阀进行减压后再通到吸油腔的叶片底部，从而减小作用在叶片底部的油液压力，使叶片经过吸油腔时，叶片压向定子内表面的作用力不致过大。这种方法虽然较好，但使液压泵结构较复杂。

2）减小叶片底部承受压力油作用的面积

叶片底部受压面积为叶片宽度和叶片厚度的乘积，因此，减小叶片宽度和厚度都可以减小叶片底部受压面积。通常，减小叶片宽度采用母子叶片结构，减小叶片厚度采用阶梯叶片结构。

图 3-21（a）所示为母子叶片（也称复合式叶片）结构，叶片由母叶片 1 和子叶片 2 两部分组成，在配油盘上开环形槽，使 K 腔总是接通压力油，并引到母子叶片间的小腔 C 内，而母叶片底部 L 腔经转子上虚线所示的油孔始终与顶部油液的压力相同。这样，当叶片处在吸油腔时，母叶片顶部和底部都是低压油，只有 C 腔的压力油作用在面积很小的母叶片承载面上，减小了叶片底部的作用力，而且可以通过调整该部分面积的大小来控制油液作用力的大小。

图3-21(b)所示为阶梯叶片结构，设置在叶片中部的油腔 b 始终和压力油相通，而叶片的底部则和所在油腔相通。这样，油腔 b 中压力油作用给叶片的径向力 p 由于径向承载面积的减小而减小了一半，使叶片压向定子表面的作用力不致太大。这种方法虽然在一定程度上减小了叶片的径向力，但油液同时也作用在叶片的侧面上，造成了叶片附加的侧面压力，阻碍了叶片的顺利滑动，另外，这种结构的工艺性也较差。

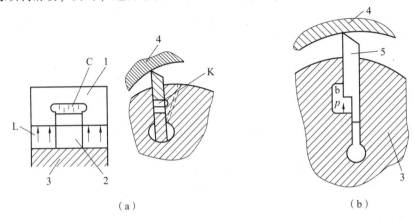

（a）　　　　　　　　　　　　（b）

1—母叶片；2—子叶片；3—转子；4—定子；5—叶片。

图3-21　减小叶片底部受压面积

（a）母子叶片；（b）阶梯叶片

3）使叶片顶部和底部的液压作用力平衡

图3-22(a)所示为双叶片结构，在每个叶片槽中同时放置有两个可以相对滑动的叶片 1 和 2，每个叶片都有一棱边与定子内表面接触，叶片底部油腔 b 始终与压油腔相通，并通过两叶片间的小孔 c 与叶片顶部的油腔 a 相连通，这样，通过小孔 c 可以使叶片顶端和底部的液压作用力得到平衡。

图3-22(b)所示为装有弹簧的叶片顶出结构，这种结构叶片较厚，顶部与底部有小孔相通，叶片底部的油液是由叶片顶部经叶片中的小孔引入的，因此叶片上下油腔油液的作用力基本平衡，为了保证密封，需要使叶片紧贴定子内表面，因此在叶片根部装有弹簧。

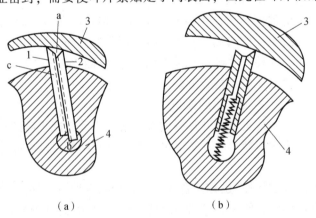

（a）　　　　　　　　　　　　（b）

1、2—叶片；3—定子；4—转子。

图3-22　使液压作用力平衡的叶片结构

（a）双叶片结构；（b）装有弹簧的叶片顶出结构

3.3.4 双级叶片泵和双联叶片泵

1. 双级叶片泵

为了提高叶片泵的工作压力，也可以采用双级叶片泵，即将两个双作用叶片泵安装在一个泵体内，将其油路进行串联，即前一个泵的出油口就是后一个泵的进油口，双级叶片泵的压力可达到原叶片泵的 2 倍。

如图 3-23 所示为双级叶片泵的工作原理和图形符号，两个单级叶片泵的转子装在同一根传动轴上，当传动轴回转时就带动两个转子一起转动。第一级泵经吸油管从油箱吸油，输出的压力油进入第二级泵的吸油口，第二级泵的输出油液送往工作系统，从而形成了前、后两级的供油关系。设第一级泵的输出压力为 p_1，第二级泵的输出压力为 p_2，正常工作时 $p_2 = 2p_1$。但是由于制造的原因，两个泵的定子内壁曲线和宽度等不可能做得完全一样，则两个单级泵的排量就不可能完全相等。如果第一级泵的排量大于第二级泵，油液压力 p_1 就会增大，从而使第一级泵的载荷增大；反之，第二级泵的载荷就会增大。为了平衡两个泵的流量与载荷关系，在泵体内设有一个载荷平衡阀，使第一级泵的输出油路经管路 1 与平衡阀的大端相通，使第二级泵的输出油路经管路 2 与平衡阀的小端相通，大端和小端的面积比为 $A_1/A_2 = 2$。当第一级泵的输出流量大于第二级泵的输入流量时，多余的油液经平衡阀的大端顶开平衡阀，并从管路 1 经阀口流回它的进油口，使两个泵的流量与载荷获得平衡；如果第一级泵的输出流量小于第二级泵的需要时，油压 p_1 要降低，使平衡阀被推向左，平衡阀的一级泄油口会关闭，而处于阀右侧的平衡油口会打开，第二级泵输出的部分油液从管路 2 经阀口流回第二级泵的进油口而获得流量的补充和平衡。当两个泵的排量相等时，平衡阀两端的阀口都封闭。

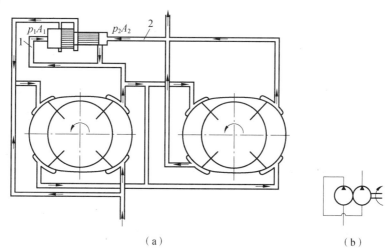

（a） （b）

图 3-23 双级叶片泵的工作原理和图形符号
(a)工作原理；(b)图形符号

2. 双联叶片泵

双联叶片泵是由两个相互独立的叶片泵装在同一根驱动轴上，且在油路上并联组成，两个泵可以共用同一个进油口，但它们的压油口是各自独立的。两个泵可以装在同一个壳体里，也可以各自单独设置外壳。图 3-24 所示为双联叶片泵的工作原理和图形符号，它由两套双作用叶片泵的泵芯 1 和 2 装在一个泵体 3 内，通过一根传动轴 4 共同带动，并有一个共同的进油口 S 和两个独立的出油口 P_1 和 P_2。

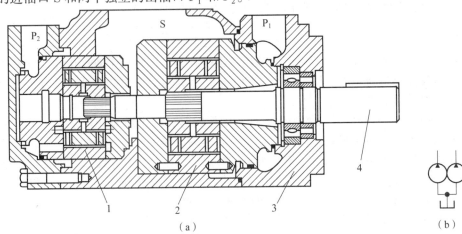

1—第一级泵芯；2—第二级泵芯；3—泵体；4—传动轴。

图 3-24　双联叶片泵的工作原理和图形符号

(a) 工作原理；(b) 图形符号

　　双联叶片泵常应用于有快速移动和慢速工作进给要求的机械传动中，这时的双联叶片泵往往采用一个低压大流量泵和一个高压小流量泵所组成。当需要快速移动时，可以利用低压大流量泵供油，或者两个泵同时供油；当需要慢速的工作进给时，由高压小流量泵供油，同时使低压大流量泵卸荷，以节省动力，并减少油液发热。这种双联叶片泵也常用于机床液压系统中需要两个互不影响的独立油路中。

3.4　柱塞泵

　　柱塞泵是依靠柱塞在缸体中作往复运动时产生的容积变化进行吸油和压油的。由于柱塞和缸体内孔都是圆柱表面，因此加工方便，配合精度高，密封性能好，在高压下工作仍能保持较高的容积效率和总效率。同时，只要改变柱塞的工作行程就能改变泵的流量，故易于实现变量。所以，柱塞泵具有压力高、结构紧凑、效率高以及流量调节方便等优点，常用于飞机、液压机、龙门刨床等需要高压大流量和流量需要调节的液压系统中。根据柱塞的排列和运动方向不同，柱塞泵可分为轴向柱塞泵和径向柱塞泵两大类。

3.4.1　轴向柱塞泵

　　轴向柱塞泵的柱塞是将多个柱塞轴向配置在一个共同缸体的圆周上，并使柱塞中心线和传动轴平行的一种泵。根据缸体轴线相对于传动轴轴线的位置，轴向柱塞泵进一步可分为直轴式(斜盘式)轴向柱塞泵和斜轴式(摆缸式)轴向柱塞泵两种结构形式。

　　1. 直轴式轴向柱塞泵

　　1) 结构组成和工作原理

　　图 3-25 所示为直轴式轴向柱塞泵的工作原理，柱塞 2 均匀分布在缸体 3 内，斜盘 1 与缸体轴线倾斜一定角度 δ，柱塞的头部在机械装置或压力油的作用下压紧在斜盘上，配油盘 4 和斜盘固定不动。原动机通过传动轴 5 带动缸体转动，由于斜盘的作用，柱塞在缸体内做往复运

动，并通过配油盘的配油口进行吸油和压油。当传动轴按图示方向逆时针旋转时，缸体在自下而上回转的半周内，柱塞逐渐向外伸出，柱塞底部的密封容积不断增加，产生局部真空，将油液经配流盘的吸油口 a 吸入；当缸体在自上而下回转的半周内，柱塞被斜盘逐渐压入缸体内，使密封容积不断减小，将油液从配流盘的压油口 b 向外压出。缸体每旋转一周，每个柱塞往复运动一次，完成吸、压油各一次。如果改变斜盘倾角，就可以改变柱塞行程，从而改变泵的排量。改变斜盘倾角的方向，就可以改变吸油和压油的方向，即成为双向变量泵。

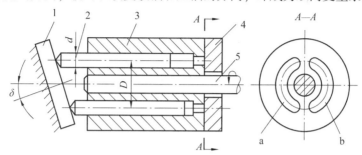

1—斜盘；2—柱塞；3—缸体；4—配油盘；5—传动轴。

图 3-25　直轴式轴向柱塞泵的工作原理

图 3-26 所示为一种手动变量直轴式轴向柱塞泵的结构示意，它由主体和变量机构两部分组成。

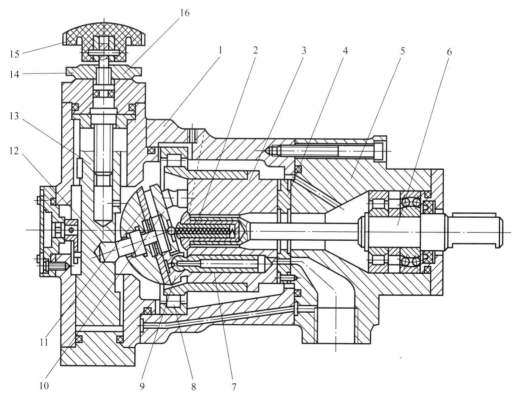

1—泵体；2—弹簧；3—缸体；4—配油盘；5—前泵体；6—传动轴；7—柱塞；8—轴承；9—滑履；
10—回程盘；11—斜盘；12—轴销；13—变量活塞；14—丝杠；15—手轮；16—螺母。

图 3-26　一种手动变量直轴式轴向柱塞泵的结构示意图

这种柱塞泵的缸体 3 和配油盘 4 装在泵体 1 内，由传动轴 6 通过花键带动缸体旋转，柱塞 7 均匀分布在缸体的轴向柱塞孔内。柱塞的球状头部装在滑履 9 内，并抵在斜盘 11 上，柱塞头部和滑履是球铰连接，可以任意转动。柱塞的中心和滑履的中心都加工有小孔，柱塞底部的压力油可以经过小孔通到柱塞和滑履以及滑履和斜盘的相对滑动面间，起到液体静压支承的作用，从而减小柱塞和滑履以及滑履和斜盘之间的滑动磨损。安装在传动轴中空部分的弹簧 2，一方面通过回程盘 10 将滑履压向斜盘，使柱塞处于吸油位置时，滑履也能保持和斜盘接触，从而使泵具有自吸能力；另一方面，弹簧力又将缸体压向配油盘，和柱塞底孔的压力油作用一起使缸体和配油盘接触良好，以减少泄漏。当传动轴带动缸体回转时，柱塞就在柱塞孔内作往复运动，配流盘上开有吸、压油窗口，分别与前泵体 5 上的吸、压油口相通，随着传动轴的转动，液压泵就连续地吸油和压油。

2）排量和流量计算

由轴向柱塞泵的工作原理可知，转子每转一周，每个柱塞吸油和压油各一次，如图 3-25 所示，柱塞直径为 d，柱塞分布圆直径为 D，斜盘倾角为 δ 时，则转子旋转一周时柱塞的行程 $S = D\tan\delta$，当柱塞数为 z 时，直轴式轴向柱塞泵的排量为

$$V = \frac{\pi}{4}d^2D\tan\delta z \qquad (3-21)$$

设泵的转速为 n、容积效率为 η_v，可得轴向柱塞泵的理论流量和实际流量分别为

$$q_t = Vn = \frac{\pi}{4}d^2D\tan\delta zn \qquad (3-22)$$

$$q = q_t\eta_v = \frac{\pi}{4}d^2D\tan\delta zn\eta_v \qquad (3-23)$$

由此可见，轴向柱塞泵的理论流量除了与泵的几何参数和转速有关，还与柱塞数量和斜盘的倾角有关。如果改变斜盘倾角 δ 的大小，就能改变柱塞行程长度，也就改变了泵的流量；如果改变斜盘倾角 δ 的方向，就能改变吸、压油的方向，此时就成为双向变量轴向柱塞泵。

以上流量计算公式中的流量是实际平均流量，实际上，柱塞的轴向移动速度是随缸体转动角度 θ 而变化的。因此，泵的某一瞬时输出流量也随 θ 而变化（柱塞运动速度按正弦规律变化，单个柱塞的流量也按正弦规律变化），所以泵的瞬时流量是脉动的。经过推演，可以证明，当柱塞数为奇数时，流量脉动率 $\sigma = 2\sin^2(\pi/4z)$；当柱塞数为偶数时，流量脉动率 $\sigma = 2\sin^2(\pi/2z)$。轴向柱塞泵的流量脉动率 σ 与柱塞数 z 的关系如表 3-2 所示。由表中数据可以看出，柱塞数越多，流量脉动系数越小，且柱塞数为奇数时的脉动率小得多。所以一般轴向柱塞泵的柱塞数都取奇数，从结构和工艺性考虑，常取 $z = 7$ 或 $z = 9$。

表 3-2 轴向柱塞泵流量脉动率 σ 与柱塞数 z 的关系

柱塞数 z	5	6	7	8	9	10	11
流量脉动率 σ（%）	4.89	13.4	2.51	7.61	1.52	4.89	1.03

3）变量机构

轴向柱塞泵可通过改变斜盘倾角来达到改变输出流量的目的，用来改变斜盘倾角 δ 的机械装置称为变量机构。变量机构按控制方式分有手动控制、伺服控制和电动控制等；按控制目的分有恒压控制、恒流量控制和恒功率控制等多种形式。下面介绍常用的轴向柱塞泵的手

动变量机构和伺服变量机构的工作原理。

（1）手动变量机构。

如图 3-26 所示，图中左侧结构为泵的手动变量机构。变量时，先松开螺母 16，然后转动手轮 15，使丝杠 14 转动，因导向键的作用，丝杠的转动会使变量活塞 13 及其上的轴销 12 上下移动。斜盘的左右两侧用耳轴支持在变量壳体上，通过轴销带动斜盘绕其耳轴中心转动，从而改变斜盘倾角的大小。流量调定后旋动螺母锁紧，以防止松动。这种变量机构结构简单，但操纵费力，通常只能在停机或泵压较低的情况下实现变量，而且不能实现远程控制。

（2）伺服变量机构。

图 3-27 所示为轴向柱塞泵的伺服变量机构的工作原理和图形符号，泵工作时，泵出口的压力油由通道经单向阀 a 进入伺服变量机构壳体 5 的下腔 d，液压力作用在变量活塞 4 的下端。当与伺服阀阀芯 1 相连接的拉杆不动时（图示状态），变量活塞的上腔 g 处于封闭状态，变量活塞不动，斜盘 3 停止在某一相应的位置上。当推动拉杆使阀芯向下移动时，下腔 d 的压力油沿通道 e 进入上腔 g。由于变量活塞上端的有效面积大于下端的有效面积，向下的液压力大于向上的液压力，因此变量活塞也随之向下移动，直到将通道 e 的油口封闭为止，变量活塞的移动量等于拉杆的位移量。当变量活塞向下移动时，通过球铰 2 带动斜盘摆动，斜盘倾角增加，泵的输出流量随之增加；当拉杆带动伺服阀阀芯向上运动时，上腔 g 通过卸压通道 f 接通油箱，在液压作用下，变量活塞向上移动，直到阀芯将卸压通道关闭为止，这时斜盘倾角也相应减小，泵的流量减小。上述伺服变量机构推动变量活塞的压力油来自泵本身，故加在拉杆上的力很小，控制灵敏。

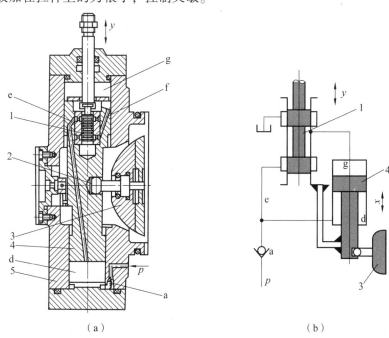

（a）　　　　　　　　　　　　（b）

1—阀芯；2—球铰；3—斜盘；4—变量活塞；5—壳体。

图 3-27　轴向柱塞泵的伺服变量机构的工作原理和图形符号

（a）工作原理；（b）图形符号

2. 斜轴式轴向柱塞泵

1）结构组成和工作原理

图 3-28 所示为斜轴式轴向柱塞泵的工作原理，缸体 3 轴线相对于传动轴 1 有倾角 β，柱塞 4 与传动轴圆盘之间用相互铰接的连杆 2 连接。

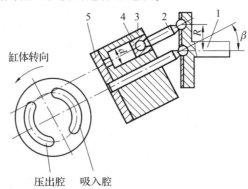

1—传动轴；2—连杆；3—缸体；4—柱塞；5—平面配油盘。

图 3-28　斜轴式轴向柱塞泵的工作原理

当传动轴在电动机的带动下转动时，连杆推动柱塞在缸体中做往复运动，同时连杆带动柱塞连同缸体一同旋转。利用固定不动的平面配油盘 5 的吸、压油窗口进行吸油和压油。若改变缸体的倾斜角度 β，就可改变泵的排量；若改变缸体的倾斜方向，就可成为双向变量轴向柱塞泵。

图 3-29 为 A2F 型斜轴式轴向柱塞泵的结构示意图，连杆柱塞副 3 和中心轴 9 的两端都是球铰结构，中心轴支承着缸体 4，套在中心轴上的蝶形弹簧 8 将缸体压在球面配油盘 6 上，保证了缸体在旋转时具有良好的密封性和自位性。当传动轴 1 旋转时，连杆与柱塞内壁接触，并通过柱塞拨动缸体旋转，同时连杆带动柱塞在缸体柱塞孔内作往复运动，使柱塞底部的密封容积发生周期性的变化，通过配油盘的吸、压油窗口完成吸油和压油过程。

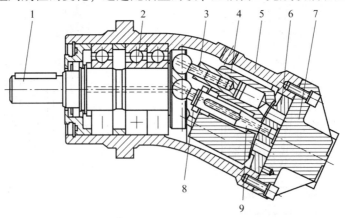

1—传动轴；2—轴承组；3—连杆柱塞副；4—缸体；5—泵体；6—球面配油盘；7—后盖；8—蝶形弹簧；9—中心轴。

图 3-29　A2F 型斜轴式轴向柱塞泵的结构示意图

在变量形式上，直轴式轴向柱塞泵靠斜盘摆动变量，斜轴式轴向柱塞泵则为摆缸变量，其排量公式与直轴式轴向柱塞泵完全相同，用缸体倾角 β 代替公式中斜盘的倾角 δ 即可。

2）斜轴式轴向柱塞泵的特点与应用

与直轴式轴向柱塞泵相比，斜轴式轴向柱塞泵具有以下特点：主轴与缸体的轴线夹角较大，斜轴式轴向柱塞泵一般为25°，最大可达40°，而直轴式轴向柱塞泵一般是15°，最大为20°，所以斜轴式轴向柱塞泵变量范围大，在其他参数相同时比直轴式轴向柱塞泵能够获得更大排量；主轴不穿过缸体，缸体直径和球面配油盘的分布圆直径可做得较小，加之侧向力对缸体的倾翻作用也小，故配流副的工况比直轴式轴向柱塞泵好些，许用转速也要高些；柱塞和缸体的侧向力小，因而由此引起的摩擦损失很小，耐冲击性能好，寿命长，特别适用于工作环境比较恶劣的冶金、矿山机械液压系统。斜轴式轴向柱塞泵的缺点是结构较复杂，外形尺寸和质量均较大。

3.4.2 径向柱塞泵

径向柱塞泵的柱塞排列在传动轴的半径方向上，即各柱塞的中心线垂直于传动轴的中心线。柱塞装在转子中时一般采用配流轴配流，柱塞装在定子中时一般采用阀式配流。

1. 结构组成和工作原理

图3-30所示为轴配流径向柱塞泵的工作原理，定子1和转子（缸体）2之间有一偏心距 e，柱塞3径向排列安装在转子中，转子由原动机带动连同柱塞一起旋转，柱塞在离心力的作用下紧贴定子内壁。配流轴4固定不动，上面铣有两个缺口，形成吸油口 b 和压油口 c，中间部分为封油区（见 A—A 剖面图），配流轴上半部的两个输油孔 a 与吸油口相通，下半部两个输油孔 d 与压油口相通。

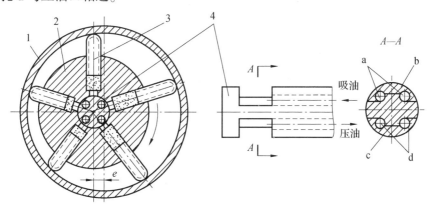

1—定子；2—转子；3—柱塞；4—配流轴。

图3-30 轴配流径向柱塞泵的工作原理

当转子按图示方向顺时针旋转时，由于定子和转子之间有偏心距 e，柱塞经上半周时向外伸出，柱塞底部密封容积增大，形成部分真空，通过配流轴上的吸油口进行吸油；当柱塞转到下半周时，柱塞底部密封容积减小，实现压油。转子每转一周，柱塞在输油孔内完成吸、压油各一次，转子不断旋转，泵就连续吸油和压油。通过变量机构改变定子和转子间的偏心距 e 的大小，就可以改变柱塞的行程，从而改变泵的排量。径向柱塞变量泵一般通过将定子沿水平方向移动来调节偏心距。改变偏心距的方向，泵的吸、压油口发生互换，可实现双向变量，故这种泵亦可作为双向变量泵。

2. 排量和流量计算

由径向柱塞泵的工作原理可知，当转子和定子间的偏心距为 e 时，转子每旋转一周，柱塞在缸孔内的行程就为 $2e$，设柱塞数量为 z，柱塞直径为 d，则泵的排量为

$$V = \frac{\pi}{4}d^2(2e)z = \frac{\pi}{2}d^2ez \tag{3-24}$$

设泵的转速为 n，容积效率为 η_v，则径向柱塞泵的理论流量和实际流量分别为

$$q_t = Vn = \frac{\pi}{2}d^2ezn \tag{3-25}$$

$$q = q_t\eta_v = \frac{\pi}{2}d^2ezn\eta_v \tag{3-26}$$

由于柱塞在缸体中的移动速度是变化的，因此泵的输出流量也是脉动的，当柱塞较多且为奇数时，流量脉动也较小。

3. 径向柱塞泵的特点和应用

由于径向柱塞泵的柱塞是径向安装的，因此径向尺寸大，旋转惯性也大，结构较复杂，自吸能力差。同时，配流轴受到很大的径向不平衡力，使其容易出现磨损，这些因素均限制了径向柱塞泵转速和压力的提高，因此近年来对径向柱塞泵的应用越来越少，已逐渐被轴向柱塞泵所代替。

3.5 液压泵的特性及选用

3.5.1 液压泵的自吸能力

液压泵的自吸能力是指泵在额定转速下，从位置低于泵的开式油箱中自行吸油的能力，自吸能力的大小常常以吸油高度或真空度表示。液压泵自吸能力的实质是，在泵的吸油腔形成局部真空时，油箱中的油液在大气压的作用下流入吸油腔的能力。所以，液压泵吸油腔的真空度越大，自吸能力越强，吸油高度也越高，但真空度的大小受到气蚀条件的限制，一般泵所允许的吸油高度不超过 500 mm。

不同结构类型的液压泵，其自吸能力是不同的，所以液压泵的自吸能力也是衡量它的性能指标之一。液压泵的自吸能力仅和泵本身的结构有关，齿轮泵和螺杆泵的进口流道比较通畅，因而自吸能力较好。叶片泵和柱塞泵由于进口配流机构的阻力，自吸能力较差。阀式配流柱塞泵进口配流阀的流动阻力最大，自吸能力也就最差。从理论上讲，泵的自吸能力没办法改变，但是却能采取措施加以提高：

（1）加大泵的吸油管直径，以降低液压油的流速；

（2）在吸油管端采用较大容量的过滤器，将液压泵浸入油箱的油液中，以减小阻力损失；

（3）尽量缩短液压泵与油箱液面的高度，大流量泵可以采用高架油箱，即将油箱安装在液压泵的上方，形成一种倒灌形式；

（4）采用补油泵供油，将一定压力的油液输送到液压泵的吸油口；

（5）采用充压油箱，将油箱完全封闭，并通入低压空气，以增加油箱液面压力。

3.5.2　液压泵的流量脉动

液压泵属于容积型回转式一类的结构，利用密封容积的周期性变化，实现吸油和压油过程。由于结构等原因，其产生的流量是周期性脉动的，由此可引起液压系统压力产生周期性的脉动，从而使液压系统中管道、阀等元件产生振动和噪声。而且流量脉动会使泵的输出流量不稳定，影响工作部件的运动平稳性，尤其是对精密的液压系统更为不利。通常，螺杆泵的流量脉动最小，双作用叶片泵次之，齿轮泵和柱塞泵的流量脉动最大。

为了提高液压系统的工作质量，必须设法减弱液压泵输出流量的脉动性，减小脉动幅值，克服流量脉动的方法主要有以下几种：

（1）在液压泵出口设置蓄压器，以削弱下游管路系统中的压力脉动；

（2）在液压泵配油盘上设计预压缩腔、三角槽和阻尼孔等，使油腔在接通高压腔之前的液体压力接近高压腔中液体的压力，延缓压力突变过程；

（3）当两个或几个泵同时向一个系统供油时，应使其波动相位相互错开以减小波幅，避免波动的合拍；

（4）调整管道的直径和长度等结构参数，改变流体管路的谐振频率，增加管道支承点，提高管道固有频率，避开共振频率。

3.5.3　液压泵的噪声

随着液压技术向着高压、大流量和高功率的方向发展，产生的噪声也随之增加，并且成为妨碍液压技术进一步发展的因素。在液压系统的噪声中，液压泵的噪声占有很大的比重。液压泵的噪声大小和液压泵的种类、结构、大小、转速以及工作压力等很多因素有关，其产生噪声的原因及降低噪声的措施如下。

1. 产生噪声的原因

（1）泵的流量脉动和压力脉动。在液压泵的吸油和压油循环中，产生周期性的压力和流量变化，形成压力脉动，从而引起液压振动，并经出口向整个系统传播。同时，液压回路的管道和阀类将液压泵的压力反射，在回路中产生波动，使泵产生共振，发出噪声。

（2）泵的低压油腔与高压油腔瞬时接通时，产生的油液流量和压力突变，对噪声的影响甚大。

（3）泵内流道截面突然扩大和收缩、急转弯、流道截面积过小而导致液体湍流、漩涡及喷流，使噪声加大。

（4）空穴现象。当泵吸油腔中的压力小于油液所在温度下的空气分离压时，溶解在油液中的气体就迅速地大量分离出来，形成气泡，这种带有气泡的油液进入高压腔时，气泡被击破，产生较强的液压冲击，从而引起噪声。

（5）机械原因，如转动部分不平衡、轴承加工不良、泵轴的弯曲等机械振动会引起机械噪声。

2. 降低噪声的措施

（1）在液压泵的出口安装消声器，吸收液压泵流量及压力脉动。

（2）用蓄能器和橡胶软管减少由压力脉动引起的振动，蓄能器能吸收 10 Hz 以下的噪声，而液压软管对于高频噪声的吸收十分有效。

（3）在液压泵的安装面上设置减振橡胶垫，用带有吸声材料的隔声罩将液压泵罩上也能有效地降低噪声。

（4）防止泵产生空穴现象，可采用直径较大的吸油管，减小管道局部阻力；采用大容量的吸油过滤器，防止油液中混入空气；合理设计液压泵，提高零件刚度。

（5）液压泵与电动机之间采用弹性联轴器，提高液压泵与电动机的同轴度。

3.5.4　液压泵的性能比较及选用

1. 液压泵的性能比较

液压泵作为液压系统中的动力元件，是液压系统不可缺少的核心元件，合理地选择液压泵对于降低系统能耗，提高系统效率，降低噪声，改善工作性能和保证系统可靠工作都十分重要。因此，液压泵的选用应结合液压系统要求和泵的性能参数进行综合考虑，表3-3所示为液压系统中常用液压泵的性能比较。

表3-3　液压系统中常用液压泵的性能比较

性能	类别									
	齿轮泵			螺杆泵	叶片泵		柱塞泵			
	内啮合		外啮合		单作用	双作用	轴向		径向	
	渐开线式	摆线转子式					直轴式	斜轴式	轴配油	阀盘配油
压力/MPa	≤30	1.6～16	≤25	2.5～10	≤6.3	6.3～32	≤40		10～20	≤70
流量调节	不能				能	不能	能			
排量范围/(mL·r⁻¹)	0.3～300	2.5～150	0.3～650	1～9 200	1～320	0.5～480	0.2～560	0.2～3 600	16～2 500	≤4 200
转速范围/(r·min⁻¹)	300～4 000	1 000～4 500	300～7 000	1 000～18 000	500～2 000	500～4 000	600～6 000		700～4 000	≤1 800
容积效率(%)	≤96	80～90	70～95	70～95	85～92	80～94	88～93		80～90	90～95
总效率(%)	≤90	65～80	63～87	70～85	64～81	65～82	81～88		81～83	83～86
自吸能力	好				中		差			
流量脉动	小	大	很小		中等	小	中等			
噪声	小	大	很小		较大	小	大			
对油液污染敏感性	不敏感				较敏感		很敏感			
价格	低	最低	较高		较高	中等	高			

2. 液压泵的选用原则

液压传动的主机类型通常分为两类：一类为固定设备，如各类机床、液压机、注塑机等；另一类为行走机械，如飞机、汽车、起重机等。这两类设备的工作条件不同，因此液压系统的主要特性参数以及液压泵的选择原则也有所不同。前者原动机一般为电动机，多采用中、低压范围，对噪声要求高，对尺寸和质量要求低。而后者原动机一般为内燃机，多采用中、高压范围，对噪声要求低，尺寸和质量应尽量小。

液压泵选用的一般原则：首先根据主机类型及工况、功率大小、系统压力高低及系统对泵性能的要求，确定液压泵的类型。一般压力低于 21 MPa 的系统，多采用齿轮泵和叶片泵，压力高于 21 MPa 的系统，多采用柱塞泵。然后考虑定量或变量、原动机类型、转速、效率、自吸能力和噪声等因素，确定其规格型号。除此之外，还需要考虑液压泵所在系统的相容性，如质量、价格、使用寿命、可靠性、液压泵的安装方式等。以上因素在选择液压泵时都是应该逐条考虑的，以使其有相应的适应性。这样，液压泵在系统中才能可靠运转，否则将会出现各种故障。

 习 题 ▶▶ ▶

3-1 容积式液压泵要完成吸油和压油，必须具备的条件是什么？

3-2 什么是齿轮泵的困油现象？应如何消除？

3-3 低压齿轮泵泄漏的途径有哪几条？中、高压齿轮泵是采用什么措施来提高工作压力的？

3-4 说明叶片泵的工作原理，以及单作用叶片泵和双作用叶片泵各自的优缺点。

3-5 限压式变量叶片泵的优缺点是什么？主要适用于什么场合？

3-6 为什么轴向柱塞泵适用于高压？

3-7 各类液压泵中，哪些能实现单向变量？哪些能实现双向变量？

3-8 什么是液压泵的流量脉动？它对工作部件有什么影响？哪一种液压泵流量脉动最小？

3-9 简述液压泵噪声产生的原因及降低噪声的措施。

3-10 已知液压泵的额定压力为 p，额定流量为 q，如忽略管路损失，试说明题 3-10 图所示各工况下泵的工作压力 p（压力表）读数。

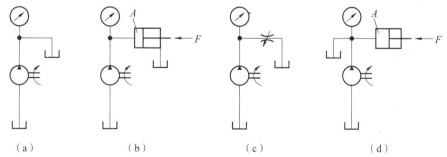

（a） （b） （c） （d）

题 3-10 图

3-11 某液压泵在压力 $p=16$ MPa 时，实际输出流量为 63 L/min，液压泵的容积效率为 0.91，机械效率为 0.9，问选用 2.5 kW 的电动机能否驱动该液压泵？

3-12 双作用叶片泵输出压力 $p=6.3$ MPa，转速 $n=1420$ r/min 时输出流量为 50 L/min，

实际输入功率 $P_i = 7.5$ kW。当泵空载运行时输出流量 $q_0 = 56$ L/min，转速 $n_0 = 1450$ r/min，试求泵的排量、容积效率和总效率。

3-13　某径向柱塞泵的柱塞直径 $d = 25$ mm，柱塞数 $z = 5$，偏心距 $e = 8$ mm，工作压力 $p = 16$ MPa，转速 $n = 1800$ r/min，容积效率 $\eta_v = 0.95$，机械效率 $\eta_m = 0.9$，求：

(1)泵的理论流量和实际流量；

(2)泵的输出功率和输入功率。

3-14　液压泵的额定流量为 100 L/min，额定压力为 2.5 MPa，当转速为 1450 r/min 时，机械效率为 0.9。实验测得：当压力为 0 时，流量为 106 L/min；当压力为 2.5 MPa 时，流量为 100.7L/min。求：

(1)泵的容积效率；

(2)如果泵的转速下降到 500 r/min，求额定压力下的流量；

(3)两种转速下泵的驱动功率。

第四章
液压执行元件

液压执行元件也是一种能量转换装置，它将液压泵提供的液压能转变为机械能输出，驱动工作机构做功。液压执行元件可分为两大类：一类为旋转运动型，如液压马达；另一类为往复运动型，包括往复直线运动型（如液压缸）和往复摇摆运动型（如摆动缸）。

4.1 液压马达

4.1.1 液压马达的特性

液压马达习惯上是指做连续回转运动并输出转矩的液压执行元件。它与液压泵的工作原理相似，都是依靠密封容积变化实现能量的转换。

从能量转换的观点来看，液压泵与液压马达理论上是可逆工作的液压元件，向任何一种液压泵输入工作液体，都可使其变成液压马达工况；反之，当液压马达的主轴由外力矩驱动旋转时，也可变为液压泵工况。因为液压马达与液压泵具有同样的基本结构要素——密闭而又可以周期变化的容积和相应的配油机构。

但是，由于液压马达和液压泵的工作条件不同，对它们的性能要求也不一样，所以同类型的液压马达和液压泵之间，仍存在许多差异，一般不能直接互逆通用。

液压马达和液压泵的差异主要包括以下几个方面。

（1）动力不同。液压泵是由电动机等其他动力装置直接带动的，而液压马达是靠输入液体压力来启动工作的，所以液压马达需要一定的初始密封性，才能提供必要的启动转矩。

（2）配流机构进出油口不同。液压马达有正、反转要求，所以配流机构是对称的，进出油口孔径相同；而液压泵一般为单向旋转，其配流机构及卸荷槽不对称，进出油口孔径不同。

（3）自吸能力不同。液压马达依靠压力油工作，不需要有自吸能力；而液压泵必须有自吸能力。

（4）防止泄漏形式不同。液压泵采用内泄漏形式，内部泄漏口直接与液压泵吸油口相通；而液压马达是双向运转，高低压油口互相变换，所以采用外泄漏式结构。

（5）转速范围不同。液压泵的工作转速通常比较高，而液压马达的转速范围需要足够大，特别是对它的最低稳定转速有一定的要求。因此，液压马达通常采用滚动轴承或静压滑动轴承，因为当液压马达速度很低时，若采用动压轴承，就不易形成润滑滑膜。

（6）为了改善液压马达的启动和工作性能，要求其转矩脉动小、内耗小，齿数、叶片数、柱塞数比液压泵多，电动机轴向间隙补偿装置的压紧力比泵小，以减少摩擦。

4.1.2 液压马达的分类

液压马达按结构类型可以分为齿轮式液压马达、叶片式液压马达、柱塞式液压马达等；按排量是否可以调节可分为定量液压马达和变量液压马达；按液压油的可输入方向可分为单向液压马达和双向液压马达；按额定转速可分为高速液压马达和低速液压马达两大类，额定转速高于 500 r/min 的属于高速液压马达，额定转速低于 500 r/min 的属于低速液压马达。

高速液压马达的基本形式有齿轮式液压马达、叶片式液压马达、轴向柱塞式液压马达和螺杆式液压马达等。它们的主要特点是转速较高、转动惯量小，便于启动和制动，调速和换向的灵敏度高。通常，高速液压马达的输出转矩不大(仅几十到几百 N·m)，所以又称为高速小转矩液压马达。

低速液压马达的基本形式是径向柱塞式液压马达，低速液压马达的主要特点是排量大、体积大、转速低(有时仅为每分钟几转甚至每分钟零点几转)，因此可直接与工作机构连接，不需要减速装置，使传动机构大为简化。通常，低速液压马达输出转矩较大(可达几千到几万 N·m)，所以又称为低速大转矩液压马达。

液压马达的图形符号如图 4-1 所示。

图 4-1 液压马达的图形符号

(a)单向定量液压马达；(b)单向变量液压马达；(c)双向定量液压马达；(d)双向变量液压马达

4.1.3 液压马达的性能参数

在液压马达的各项性能参数中，压力、排量、流量等参数与液压泵同类参数有相似的含义，其差别在于：在液压泵中它们是输出参数，在液压马达中则是输入参数。

1. 液压马达的压力

液压马达的工作压力 p_M 是指输入液压马达油液的实际压力，其大小取决于液压马达的负载。液压马达进口压力与出口压力的差值称为液压马达的压差。在液压马达出口直接接油箱的情况下，为便于定性分析问题，通常近似认为液压马达的工作压力等于工作压差。

液压马达的额定压力 p_{EM} 是指按试验标准规定，使液压马达连续正常工作的最高压力，即液压马达在使用中允许达到的最大工作压力。

2. 液压马达的排量和流量

液压马达的排量 V_M 是指在不考虑泄漏的情况下，液压马达每旋转一周所吞入的液体体积。

理论流量 q_{tM} 是指液压马达在不考虑泄漏的情况下，单位时间内所吞入的油液体积，它等于液压马达的排量与转速的乘积，即

$$q_{tM} = V_M n_M \tag{4-1}$$

实际流量 q_M 是指液压马达在工作时，单位时间内实际输入的油液体积。由于存在油液的泄漏，液压马达的实际输入流量大于理论流量。

3. 液压马达的功率

1）输入功率

液压马达的输入功率 P_{iM} 就是驱动液压马达运动的液压功率，它等于液压马达的工作压力乘以输入流量，即

$$P_{iM} = p_M q_M \tag{4-2}$$

2）输出功率

液压马达的输出功率 P_{oM} 是指在压力油的驱动下，输出轴所输出的机械功率，它等于输出扭矩和转速的乘积，即

$$P_{oM} = T\omega = 2\pi n_M T_M \tag{4-3}$$

4. 液压马达的效率

1）容积效率和转速

由于液压马达内部有泄漏，并不是所有进入液压马达的液体都推动液压马达做功，一小部分液体因泄漏损失掉了，因此液压马达的理论流量总是小于实际输入流量，其容积效率 η_{vM} 为理论流量与实际输入流量的比值，即

$$\eta_{vM} = \frac{q_{tM}}{q_M} = \frac{V_M n_M}{q_M} \tag{4-4}$$

因此，液压马达的实际转速为

$$n_M = \frac{q_M}{V_M} \eta_{vM} \tag{4-5}$$

衡量液压马达转速性能好坏的一个重要指标是最低稳定转速，它是指液压马达在额定负载下不出现爬行（抖动或时转时停）现象的最低转速。在实际工作中，一般希望最低稳定转速越小越好，这样就可以扩大液压马达的变速范围。

2）机械效率和转矩

由于液压马达内部不可避免的存在各种摩擦损失，因此实际输出转矩 T_M 总是小于理论转矩 T_{tM}，其机械效率 η_{mM} 为实际输出转矩与理论转矩的比值，即

$$\eta_{mM} = \frac{T_M}{T_{tM}} = \frac{2\pi T_M}{p_M V_M} \tag{4-6}$$

因此，液压马达实际输出转矩为

$$T_M = T_{tM} \eta_{mM} = \frac{p_M V_M}{2\pi} \eta_{mM} \tag{4-7}$$

3)总效率

由于液压马达在能量转换时总有一部分能量做无用功而损耗掉(泄漏流量损失、机械摩擦损失),所以液压马达的输出功率总是小于液压马达的输入功率,其总效率为

$$\eta_{M} = \frac{P_{oM}}{P_{iM}} = \frac{2\pi n_{M} T_{M}}{p_{M} q_{M}} = \eta_{vM} \eta_{mM} \tag{4-8}$$

由上式可知,液压马达的总效率等于液压马达的容积效率 η_{vM} 与机械效率 η_{mM} 的乘积。

4.1.4 液压马达的结构和工作原理

液压马达的结构与同类型的液压泵很相似,下面以齿轮式液压马达、叶片式液压马达、轴向柱塞式液压马达和径向柱塞式液压马达为例对其工作原理进行介绍。

1. 齿轮式液压马达

图 4-2 所示为外啮合齿轮式液压马达的工作原理,图中 c 为 Ⅰ、Ⅱ 两齿轮的啮合点,设轮齿的高为 h,啮合点 c 到两个齿轮的齿根距离分别为 a 和 b,齿宽为 B。当高压油 p 进入马达的高压腔时,处于高压腔的所有轮齿均受到压力油的作用,其中相互啮合的两个轮齿的齿面只有一部分齿面受到高压油的作用。由于 a 和 b 均小于齿高 h,所以齿轮 Ⅰ 上就会产生作用力 $pB(h-a)$ 使其逆时针转动,在齿轮 Ⅱ 上就会产生作用力 $pB(h-b)$ 使其顺时针转动。齿轮转动时,油液被带到低压腔排出,使齿轮轴输出转矩和转速,齿轮式液压马达的排量公式同齿轮泵。

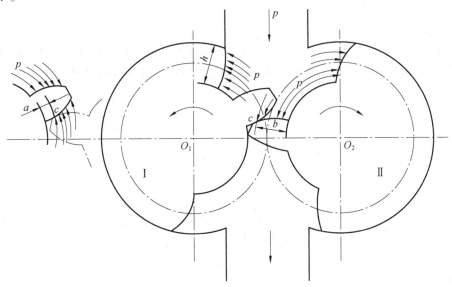

图 4-2 外啮合齿轮式液压马达的工作原理

齿轮式液压马达与齿轮泵在结构上基本相同,不同点有以下几点。

(1)齿轮泵一般只沿一个方向旋转,其吸油口大,压油口小。而齿轮式液压马达需沿两个方向旋转,其进、出油口通道对称,孔径相等,而且困油卸荷槽亦对称布置。

(2)齿轮泵内泄漏都流回吸油口,而齿轮式液压马达则将内泄漏单独引出至油箱。

(3)为了减小启动摩擦力矩,齿轮式液压马达一般采用摩擦因数小的滚动轴承;为了减小转矩脉动,其齿数比齿轮泵的齿数要多。

齿轮式液压马达结构简单，价格便宜，工艺性好，对液压油的污染不敏感，耐冲击。但由于泄漏严重，容积效率过低，工作压力低。齿轮式液压马达一般属于高速低转矩液压马达，由于啮合点随时变化，输出转速和转矩产生较大脉动，所以一般用于低精度、低负载的工程机械、农业机械以及对转矩均匀性要求不高的机械设备上。

2. 叶片式液压马达

图4-3所示为双作用叶片式液压马达的工作原理。当压力为 p 的油液从进油口进入叶片1和3之间的容积时，其中叶片2因两侧所受液压油的作用力相等所以不产生转矩，而对于叶片1和3，在靠近进油腔一侧受高压油的作用，在靠近回油腔一侧受低压油的作用。由于叶片3的受力面积大于叶片1的受力面积，因此作用于叶片3上的总液压力大于作用于叶片1上的总液压力，其合力必然使转子产生顺时针的转矩。同理，压力油进入叶片5和7之间的容积时，叶片7的受力面积大于叶片5的受力面积，也使转子产生顺时针转矩。由于液压马达的输出转矩就是叶片3、7和叶片1、5产生的转矩之差，所以当定子长短半径差值越大以及输入液压油的压力越高时，液压马达的输出转矩也就越大。若改变进油和回油的方向，则液压马达的旋转方向也会改变。

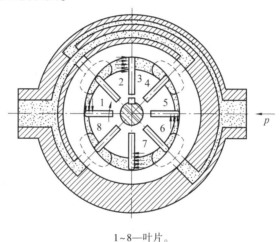

1~8—叶片。

图4-3 双作用叶片式液压马达的工作原理

图4-4为双作用叶片式液压马达的结构示意图，它的结构与双作用叶片泵相似，不同之处在于：在叶片底部安装有燕式弹簧，靠预紧弹簧力将叶片推出并压紧在定子表面，保证了叶片式液压马达在通入压力油后，高、低压腔不致串通，以便顺利启动。另外，在通往叶片底部的油路中设置了一组特殊结构的单向阀即梭阀，以保证叶片式液压马达在进、出油口变换时，叶片槽底部始终通压力油。同时，为了适应正反转的要求，叶片槽采用径向配置及叶片顶端对称倒角，且进、出油口的大小也相同。

叶片式液压马达具有结构紧凑、体积小、转动惯量小、动作灵敏等优点，但其泄漏较大，容积效率低，机械特性软，不能在很低的转速下工作。因此，叶片式液压马达一般适用于中速以上、负载转矩不大、要求频繁启动和换向的场合，如磨床工作台、机床操作系统等。

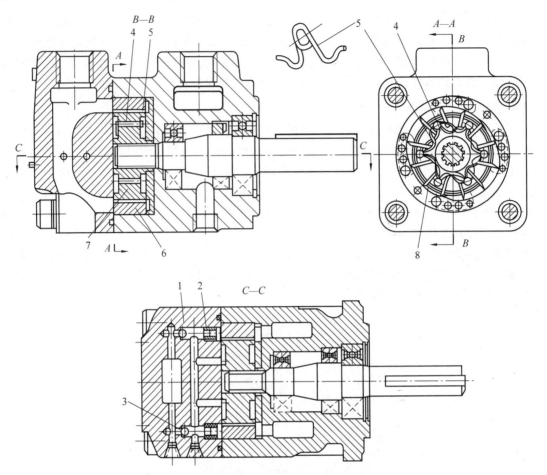

1—单向阀的钢球；2、3—阀座；4—销；5—燕式弹簧；6—定子；7—转子；8—叶片。

图4-4　双作用叶片式液压马达的结构示意图

3. 轴向柱塞式液压马达

图4-5所示为轴向柱塞式液压马达的工作原理，斜盘1和配油盘4固定不动，缸体2和马达轴5相连并一起转动。当压力油经配油盘的窗口进入缸体的柱塞孔时，柱塞3在压力油的作用下被顶出，并压向斜盘。斜盘对每个柱塞的反作用力 F 是垂直于斜盘端面的，该作用力可分解为两个分力，其中轴向分力 F_x 和作用在柱塞上的液压力平衡，垂直分力 F_y 使柱塞对缸体中心产生一个转矩，驱动马达轴逆时针方向旋转。

力 F 产生的转矩大小由柱塞在压油区所处的位置而定，设有一柱塞与缸体的垂直中心线成 θ 角，随着角度 θ 的变化，柱塞产生的转矩也跟着变化。整个液压马达产生的总转矩是所有柱塞产生的转矩之和，因此，总转矩也是脉动的，当柱塞的数目较多且为单数时，转矩脉动较小。若改变压力油的输入方向，则马达轴旋转方向改变。改变斜盘倾角 α 可改变液压马达的排量，同时会影响液压马达的转矩和转速。在输入流量不变的情况下，斜盘倾角越大，液压马达产生的转矩越大，转速越低。

轴向柱塞式液压马达结构紧凑，径向尺寸小，密封性能好，容积效率高，能在高转速和较高压力的条件下工作，调速范围大，变速和换向动作灵活。它适用于负载速度大、有变速要求、负载转矩较小、低速平稳性要求高的场合，如起重机械、内燃机车和数控机床等。

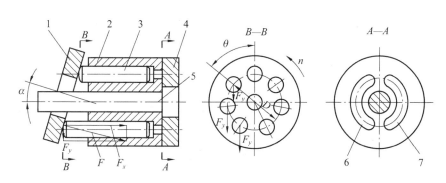

1—斜盘；2—缸体；3—柱塞；4—配油盘；5—马达轴；6—进油窗口；7—回油窗口。

图4-5　轴向柱塞式液压马达的工作原理

4. 径向柱塞式液压马达

图4-6所示为径向柱塞式液压马达的工作原理，当压力油经配油轴4的进油窗口进入缸体3内的柱塞1底部时，在压力油的作用下，柱塞向外伸出并抵在定子2的内壁上，定子给柱塞一反作用力 F_N，方向垂直于定子内表面。由于定子和缸体存在一个偏心距 e，因此定子对柱塞的反作用力与柱塞轴向有一夹角 φ。力 F_N 可分解为沿柱塞轴向方向的力 F_F 和垂直于柱塞轴向的力 F_T，F_T 推动缸体旋转，缸体再通过端面连接的传动轴向外输出转矩和转速。由于在压油区作用有多个柱塞，在每个柱塞上都会产生一个使缸体旋转的转矩，径向柱塞式液压马达的输出转矩为所有柱塞转矩之和。

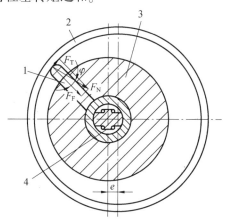

1—柱塞；2—定子；3—缸体；4—配油轴。

图4-6　径向柱塞式液压马达的工作原理

径向柱塞式液压马达属于低速大转矩马达，主要特点是排量大、输出转矩大，低速稳定性好，适用于负载转矩很大、转速低、平稳性要求比较高的场合，如挖掘机、拖拉机、起重机牵引部件等。

4.2　液压缸

液压缸是液压系统中的执行元件，它将液压油的压力能转换为机械能，实现往复直线运动或摆动，输出力或扭矩。它结构简单，工作可靠，在液压系统中的应用非常广泛。

4.2.1 液压缸的类型与特点

液压缸的种类繁多，通常根据其结构特点可分为活塞式液压缸、柱塞式液压缸、摆动式液压缸3类基本形式，除此之外，还有在基本形式上发展起来的各种特殊用途的组合液压缸；按其作用方式来分，还可以分为单作用液压缸和双作用液压缸两种，单作用液压缸只能实现单向运动，即压力油只通向液压缸的一腔，反向运动必须依靠外力（如弹簧或自重等）来实现；双作用液压缸在两个方向上的运动都由压力油推动来实现，可实现双向运动。下面介绍几种常用的液压缸。

1. 活塞式液压缸

活塞式液压缸采用活塞作为在缸体内相对往复运动的组件，根据其使用要求不同可分为双杆活塞式液压缸和单杆活塞式液压缸两种结构形式。

1）双杆活塞式液压缸

双杆活塞式液压缸的活塞两端都有活塞杆伸出。图4-7为双杆活塞式液压缸的结构示意图及图形符号，它主要由缸筒4、活塞5、活塞杆1和缸盖3等组成，缸筒与缸盖用法兰连接，活塞与缸筒内壁之间采用间隙密封。由于双杆活塞式液压缸两端活塞杆的直径通常是相等的，所以左、右两腔的有效面积也相等，若供油压力和流量不变，则活塞（或缸体）往复运动速度和推力也都相等。因此，这种液压缸常用于要求往返运动速度和负载都相同的场合，如磨床液压系统。

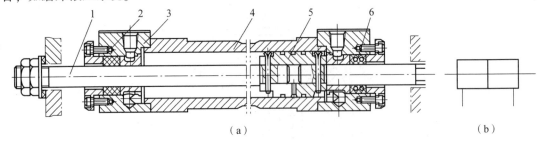

1—活塞杆；2—压盖；3—缸盖；4—缸筒；5—活塞；6—密封圈。

图4-7　双杆活塞式液压缸的结构示意图及图形符号

(a)结构示意图；(b)图形符号

双杆活塞式液压缸根据安装方式的不同又分为缸筒固定式和活塞杆固定式两种。图4-8(a)所示为缸筒固定双杆活塞式液压缸，又称为实心双杆活塞缸，它的进、出油口设置在缸筒两端，活塞通过活塞杆带动工作台移动。当液压缸的左腔进油时，活塞向右移动，右腔活塞杆向外伸出，左腔活塞杆向内缩进，液压缸右腔油液流回油箱；反之，活塞反向移动。当活塞的有效行程为l时，工作台的移动范围为$3l$，所以其工作台占地面积大，一般适用于小型机床。

图4-8(b)所示为活塞杆固定双杆活塞式液压缸，又称为空心双杆活塞式液压缸，它的进、出油口可以设置在固定不动的空心活塞杆两端，使液压油可以从活塞杆中进出，也可以设置在缸筒的两端，但必须使用软管连接。活塞杆通过支架固定在机床上，缸筒与工作台相连，动力通过缸筒传出。当液压缸的左腔进油时，缸体向左移动，右腔回油；反之，当液压缸的右腔进油时，缸体则向右运动。这种安装形式中，工作台的移动范围等于活塞有效行程l的2倍，因此占地面积小，常用于大中型机床。

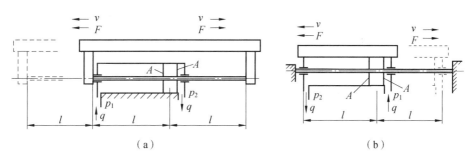

图 4-8 双杆活塞式液压缸的安装方式

(a)缸筒固定式;(b)活塞杆固定式

当分别向左、右两腔输入相同压力和流量的压力油时,活塞左、右两个方向上输出的推力 F 和速度 v 分别为

$$F = A(p_1 - p_2) = \frac{\pi}{4}(D^2 - d^2)(p_1 - p_2) \qquad (4-9)$$

$$v = \frac{q}{A} = \frac{4q}{\pi(D^2 - d^2)} \qquad (4-10)$$

式中:A——活塞的有效工作面积;

D——活塞直径;

d——活塞杆直径;

q——输入液压缸的流量;

p_1、p_2——进油腔、回油腔的压力。

由于双杆活塞式液压缸有两根活塞杆,因此刚度和稳定性较好。在工作时,双杆活塞式液压缸也可以设计成一个活塞杆是受拉的,而另一个活塞杆不受力,因此活塞杆可以做得细些。

2)单杆活塞式液压缸

单杆活塞式液压缸是活塞只有一端带活塞杆的液压缸,它又有单作用和双作用之分。图4-9为双作用单杆活塞式液压缸的结构示意图及图形符号,其两端进出油口都可以通压力油或回油,以实现双向运动,故称为双作用缸。单杆活塞式液压缸也有缸体固定和活塞杆固定两种安装方式,无论哪种安装方式,工作台移动范围都等于其活塞有效行程的 2 倍。

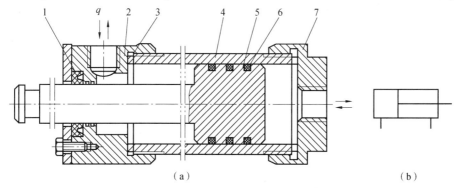

1、6—密封圈;2、7—端盖;3—垫圈;4—缸体;5—带杆活塞。

图 4-9 双作用单杆活塞式液压缸的结构示意图及图形符号

(a)结构示意图;(b)图形符号

单杆活塞式液压缸的活塞在两腔的有效作用面积不相等，当向液压缸两腔分别供油，且压力和流量都不变时，活塞在两个方向上的运动速度和推力都不相等，即运动具有不对称性。其油路连接方式有图4-10所示的3种情况。

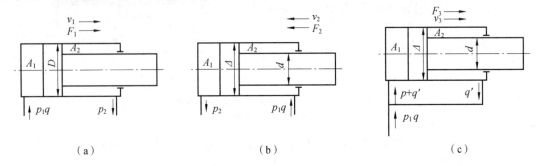

图4-10 单杆活塞式液压缸的油路连接方式
(a)无杆腔进油；(b)有杆腔进油；(c)差动连接

（1）如图4-10（a）所示，当无杆腔通压力油，有杆腔通回油时，活塞上所产生的推力 F_1 和速度 v_1 分别为

$$F_1 = (p_1 A_1 - p_2 A_2) = \frac{\pi}{4}\left[(p_1 - p_2)D^2 + p_2 d^2\right] \tag{4-11}$$

$$v_1 = \frac{q}{A_1} = \frac{4q}{\pi D^2} \tag{4-12}$$

（2）如图4-10（b）所示，当有杆腔通压力油，无杆腔通回油时，活塞上所产生的推力 F_2 和速度 v_2 分别为

$$F_2 = (p_1 A_2 - p_2 A_1) = \frac{\pi}{4}\left[p_1(D^2 - d^2) - p_2 D^2\right] \tag{4-13}$$

$$v_2 = \frac{q}{A_2} = \frac{4q}{\pi(D^2 - d^2)} \tag{4-14}$$

比较式（4-11）~式（4-14）可知，由于 $A_1 > A_2$，所以 $F_1 > F_2$，$v_1 < v_2$，即无杆腔进油时，推力大，速度低；有杆腔进油时，推力小，速度高。把液压缸往复运动的速度 v_2、v_1 之比称为速度比，记作 λ_v，则

$$\lambda_v = \frac{v_2}{v_1} = \frac{D^2}{D^2 - d^2} \tag{4-15}$$

由式（4-15）可以看出，活塞杆越细，速度比就越接近于1，液压缸在两个方向上运动速度的差值越小。相反，活塞杆越粗，液压缸在两个方向运动的速度差就越大。

在液压缸的活塞往复运动速度有一定要求的情况下，活塞杆直径 d 通常根据液压缸速度比 λ_v 的要求以及缸内径 D 来确定，由式（4-15）可得

$$d = D\sqrt{\frac{\lambda_v - 1}{\lambda_v}} \tag{4-16}$$

（3）如图4-10（c）所示，当单杆活塞式液压缸在其左右两腔同时接通压力油时，称为差动连接。差动连接时，液压缸左右两腔的油液压力相同，但由于无杆腔的有效面积大于有杆腔的有效面积，活塞向右的作用力大于向左的作用力，故活塞向右运动；与此同时，右腔中

挤出的油液(流量为 q')也进入左腔,加大了流入左腔的流量($q + q'$),从而也加快了活塞的运动速度。实际上活塞在运动时,由于差动连接时两腔间的管路中有压力损失,所以右腔中油液的压力稍大于左腔中油液的压力,而这个差值一般较小,可以忽略不计,则差动连接时活塞推力 F_3 为

$$F_3 = p_1(A_1 - A_2) = \frac{\pi}{4}p_1 d^2 \tag{4-17}$$

右腔中排出的油液流量 $q' = A_2 v_3$,进入左腔的流量为 $q + q' = A_1 v_3$,通过整理可得到运动速度 v_3 为

$$v_3 = \frac{q + q'}{A_1} = \frac{q + \frac{\pi}{4}(D^2 - d^2)v_3}{\frac{\pi}{4}D^2}$$

即

$$v_3 = \frac{4q}{\pi d^2} \tag{4-18}$$

由式(4-17)和式(4-18)可知,差动连接时,单杆活塞式液压缸的有效工作面积是活塞杆的横截面积,与非差动连接无杆腔进油工况相比,在输入油液的压力和流量不变的情况下,活塞杆运动速度较大,而推力较小。在实际应用中,液压系统常通过控制阀来改变单杆活塞式液压缸的油路连接,使它有不同的工作方式,从而获得快进(差动连接)+工进(无杆腔进油)+快退(有杆腔进油)的工作循环。差动连接是在不增加液压泵流量的情况下,实现快速运动的有效方法,这种连接方式被广泛应用于组合机床的液压动力系统和其他机械设备的快速运动中。

2. 柱塞式液压缸

由于活塞式液压缸的缸孔加工精度要求很高,当行程较长时,加工难度大,因此制造成本很高。在生产实际中,一些场合所用的液压缸并不要求双向控制,而柱塞式液压缸正是满足了这种使用要求的一种价格低廉的液压缸。

柱塞式液压缸以柱塞作为在缸体内相对往复运动的组件。图4-11为柱塞式液压缸的结构示意图及图形符号,它主要由缸体1、柱塞2、缸盖5、导向套3和密封圈4等零件组成,压力油从左端进入缸内,推动柱塞向右移动。这种液压缸由于缸筒内壁和柱塞不接触,运动时由缸盖上的导向套来导向,因此缸筒的内壁不需精加工,甚至可以不加工,大大简化了缸体的制造工艺,常用于工作行程较长的场合,如龙门刨床、大型拉床,矿用液压支架等。

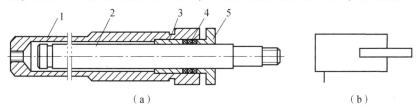

（a）　　　　　　　　　　　　　　　　　　（b）

1—缸体;2—柱塞;3—导向套;4—密封圈;5—缸盖。

图4-11　柱塞式液压缸的结构示意图及图形符号

（a）结构示意图;（b）图形符号

柱塞式液压缸是一种单作用液压缸，其工作原理如图4-12(a)所示，柱塞与工作部件连接，缸筒固定在机体上。当压力油进入缸筒时，液压力可推动柱塞带动运动部件向右运动。可以看出，单作用柱塞式液压缸只能实现一个方向的液压传动，柱塞回程要靠其他外力或柱塞的自重(垂直安装时)实现。若需要实现双向运动，需要将柱塞式液压缸成对反向布置，每个液压缸控制一个方向的运动参数，如图4-12(b)所示为双作用柱塞式液压缸的工作原理。

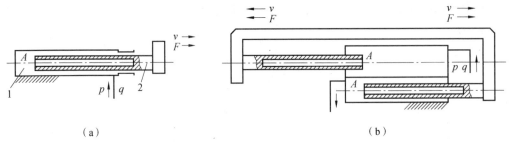

（a）   （b）

1—缸筒；2—柱塞。

图4-12　柱塞式液压缸的工作原理

（a）单作用式；（b）双作用式

柱塞式液压缸输出的推力 F 和速度 v 分别为

$$F = pA = \frac{\pi d^2}{4}p \tag{4-19}$$

$$v = \frac{q}{A} = \frac{4q}{\pi d^2} \tag{4-20}$$

式中：A——为活塞的有效工作面积；

　　d——柱塞直径；

　　p——液体的工作压力；

　　q——输入液压缸的流量。

由于柱塞式液压缸的柱塞端面是受压面，其面积大小决定了柱塞缸的推力和输出速度。为了保证柱塞缸有足够的推力和稳定性，一般柱塞较粗，质量较大，水平安装时，柱塞压向一边，容易造成密封件和导向套的单边磨损，因此柱塞缸适宜垂直立式安装使用。水平安装使用时，为了减轻质量，柱塞常做成空心的。

3. 摆动式液压缸

摆动式液压缸输出转矩，并实现往复摆动，有时也称为摆动马达。它在结构上有单叶片式和双叶片式两种形式，如图4-13所示。定子块3固定在缸体1上，用以隔离高低压油腔，叶片2和叶片轴4固连在一体。当压力油从进油口进入缸体，推动叶片和叶片轴一起作顺时针方向转动，回油从缸筒的回油口排出。单叶片摆动式液压缸的摆动角度较大，可达300°，而双叶片摆动式液压缸的摆动角度较小，一般不大于150°。当输入油液的压力和流量不变时，双叶片摆动式液压缸的输出转矩是单叶片摆动式液压缸的两倍，而摆动角速度则是单叶片摆动式液压缸的一半。

对于摆动式液压缸，当其进、出口压力分别为 p_1 和 p_2，输入流量为 q 时，它的输出转

矩 T 和回转角速度 ω 分别为

$$T = b \int_{R_1}^{R_2} (p_1 - p_2) \, r \mathrm{d}r = \frac{b}{2} (R_2^2 - R_1^2)(p_1 - p_2) \qquad (4-21)$$

$$\omega = 2\pi n = \frac{2q}{b(R_2^2 - R_1^2)} \qquad (4-22)$$

式中：b——叶片的宽度；

R_1、R_2——叶片底部、顶部的回转半径。

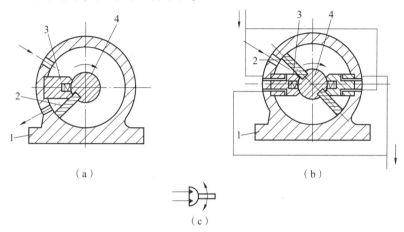

1—缸体；2—叶片；3—定子块；4—叶片轴。

图 4-13　摆动式液压缸的结构示意图和图形符号

（a）单叶片式；（b）双叶片式；（c）图形符号

摆动式液压缸的主要特点是结构简单、紧凑，输出转矩大，但叶片和壳体、叶片和挡块之间的密封困难，限制了其工作压力的进一步提高，从而也限制了输出转矩的进一步提高。因此，摆动式液压缸一般只用于中、低压系统中往复摆动、转位或间歇运动的场合，如机床的送料装置、间歇进给机构的回转夹具、工业机器人手臂和手腕的回转装置等。

4. 组合式液压缸

1）增压缸

增压缸也称增压器，它能将输入的低压油转变为高压油供往液压系统中的高压支路使用。在某些短时或局部需要高压液体的液压系统中，常将增压缸与低压大流量泵配合使用。

增压缸有单作用和双作用两种形式，图 4-14（a）所示为单作用增压缸的工作原理，它由一个活塞直径为 D 的大液压缸和一个活塞直径为 d 的小液压缸在机械上串联而成，大液压缸作为原动缸，小液压缸作为输出缸。当压力油以 p_1 的压力输入到左端大活塞时，大活塞推动与其连成一体的小活塞，由于大活塞和小活塞面积不同，于是小活塞输出压力为 p_2 的高压液体。当大活塞直径为 D，小活塞直径为 d 时，有

$$p_2 = p_1 (D/d)^2 = Kp_1 \qquad (4-23)$$

式中：$K = D^2/d^2$，称为增压比，它代表了增压缸的增压能力。

可以看出，增压缸的增压能力是在降低有效能量的基础上得到的，也就是说增压缸仅仅是增大输出压力，并不能增大输出能量。需要说明的是，增压缸不是将液压能转换为机械能

的执行元件，而是传递液压能，使之增压的一种液压元件。

单作用增压缸在小活塞运动到终点时，不能再输出高压液体，需要将活塞退回到左端位置，再向右行时才又输出高压液体，即只能断续增压。为了克服这一缺点，可采用双作用增压缸，如图 4-14(b)所示，由两个高压端连续向系统供油。

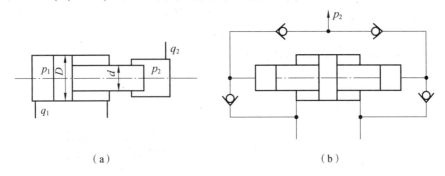

图 4-14　增压缸的工作原理
(a)单作用增压缸；(b)双作用增压缸

2)伸缩式液压缸

伸缩式液压缸又称多级液压缸，它是由两个或多个活塞(或柱塞)式液压缸套装而成的，前一级缸的活塞杆或柱塞是后一级的缸筒，伸出时可获得很长的工作行程，缩回时可保持很小的结构尺寸。

伸缩式液压缸也有单作用式和双作用式两种形式，如图 4-15 所示，前者靠外力回程，后者靠液压回程。伸缩式液压缸的外伸动作是逐级进行的，首先是最大直径的缸筒以最低的油液压力开始外伸，当到达行程终点后，稍小直径的缸筒开始外伸，直径最小的末级最后伸出。

图 4-15　伸缩式液压缸的结构示意图
(a)单作用式；(b)双作用式

图 4-16 为二级双作用伸缩式液压缸的结构示意图，一级活塞 2 是二级活塞 4 的缸筒，当压力油从 A 口进入后，压力油同时作用在一级和二级活塞上，使它们一起在较低的压力推动下克服外负载向外伸出；当一级活塞运动到终点时，油压上升，二级活塞则在较高压力作用下继续外伸，直到行程终点，回油腔的油液经 B 口流回油箱。当改变通油方向，由 B 口通入压力油时，二级活塞先缩回，当其与一级活塞接触后，两级活塞一起缩回，压力油经 A 口流回油箱。

在输入压力和流量不变的前提下，伸缩式液压缸的推力和速度是分级变化的，i 级活塞缸的推力 F_i 和速度 v_i 分别为

$$F_i = p \frac{1}{4}\pi D_i^2 \qquad (4-24)$$

$$v_i = \frac{4q}{\pi D_i^2} \tag{4-25}$$

式中：D_i ——第 i 级活塞(或柱塞)的直径；

　　p ——液体的工作压力；

　　q ——输入液压缸的流量。

可以看出，随着伸缩式液压缸工作级数的变大，外伸缸筒直径越来越小，推力逐渐减小，工作速度变快；空载缩回的顺序与伸出的顺序相反，一般是从小活塞到大活塞，收缩后液压缸总长度较短，占用空间小，结构紧凑。因此，伸缩式液压缸适用于工程机械和其他行走机械，如起重机伸缩臂、车辆自卸装置等。

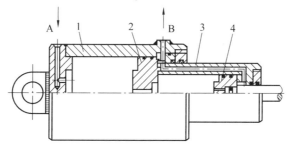

1——级缸筒；2——级活塞；3—二级缸筒；4—二级活塞。

图 4-16　二级双作用伸缩式液压缸的结构示意图

3)齿轮缸

齿轮缸又称无杆活塞式液压缸，它由两个柱塞式液压缸和一套齿轮齿条传动装置组成。图 4-17 所示为齿轮缸的工作原理，当压力油推动活塞左右直线往复运动时，活塞的移动经齿轮齿条传动装置变成了齿轮的旋转运动，用于实现工作部件的周期性往复旋转运动，它多用于自动线、组合机床等转位或分度机构中。

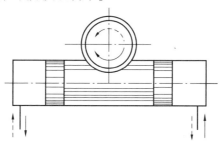

图 4-17　齿轮缸的工作原理

4.2.2　液压缸的典型结构和组成

1. 液压缸的典型结构

图 4-18 为双作用单杆活塞式液压缸的结构示意图，它主要由缸底 1、缸筒 11、缸盖 15、活塞 8、活塞杆 12、导向套 13 等零件组成。缸筒一端与缸底焊接，另一端与缸盖采用螺钉连接，以便拆装检修，在两端设置有油口 A 和 B。活塞与活塞杆利用半环 5、挡环 4 和弹簧卡圈 3 组成的半环式结构连在一起，并用弹簧卡圈进行轴向定位，装拆方便。活塞和活塞杆的内孔由 O 形密封圈 10 密封。活塞与缸孔的密封采用的是一对 Y 形聚氨酯密封圈 6，

由于活塞与缸孔有一定间隙，因此采用支承环 9 进行定心导向。较长的导向套则可保证活塞杆不偏离中心，导向套的外径和内孔分别采用 O 形密封圈 14 和 Y 形密封圈 16 密封，并采用防尘圈 19 防止灰尘进入缸内。为了防止活塞运动到左端与缸底发生碰撞，活塞杆带有缓冲柱塞 2。

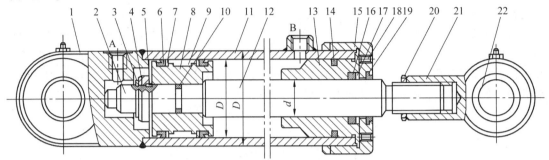

1—缸底；2—缓冲柱塞；3—弹簧卡圈；4—挡环；5—半环；6、10、14、16—密封圈；
7—挡圈；8—活塞；9—支承环；11—缸筒；12—活塞杆；13—导向套；15—缸盖；
17—挡圈；18—锁紧螺钉；19—防尘圈；20—锁紧螺母；21—耳环；22—耳环衬套圈。

图 4-18　双作用单杆活塞式液压缸的结构示意图

图 4-19 为空心双杆活塞式液压缸的结构示意图。液压缸的左右两腔是通过油口 b 和 d 经活塞杆 1、15 的中心孔与左右径向孔 a 和 c 相通的。由于活塞杆固定在床身上，缸体 10 固定在工作台上，当径向孔 c 接通压力油，径向孔 a 接通回油时，工作台向右移动；反之，则向左移动。缸盖 18、24 通过螺钉（图中未画出）与压板 11、20 相连，左缸盖 24 空套在托架 3 孔内，可以自由伸缩。空心活塞杆的一端用堵头 2 堵死，并通过锥销 9、22 与活塞 8 相连。缸筒相对于活塞运动由左右两个导向套 6、19 导向。活塞与缸筒之间、缸盖与活塞杆之间以及缸盖与缸筒之间分别用 O 形密封圈 7、V 形密封圈 4、17 和纸垫 13、23 进行密封，以防止油液的内、外泄漏。缸筒在接近行程的左右终端时，径向孔 a 和 c 的开口逐渐减小，对移动部件起制动缓冲作用。为了排除液压缸中剩留的空气，缸盖上设置有排气孔 5、14，经导向套环槽的侧面孔道（图中未画出）引出与排气阀相连。

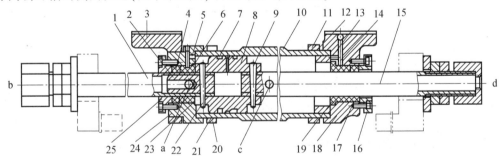

1、15—活塞杆；2—堵头；3—托架；4、17—V 形密封圈；5、14—排气孔；
6、19—导向套；7—O 形密封圈；8—活塞；9、22—锥销；10—缸体；11、20—压板；
12、21—钢丝环；13、23—纸垫；16、25—压盖；18、24—缸盖。

图 4-19　空心双活塞杆式液压缸的结构示意图

2. 液压缸的组成

从典型液压缸的结构可以看出，液压缸通常由缸体组件（缸筒和缸盖）、活塞组件（活塞、活塞杆和连接件等)、密封装置、缓冲装置和排气装置 5 部分组成。缓冲装置与排气装置视具体应用场合而定,其他装置则必不可少。下面对液压缸的这几部分结构进行具体分析。

1)缸体组件

缸体组件包括缸筒和缸盖,缸筒是液压缸的主体,其内孔一般采用镗削、绞孔、滚压等精密加工工艺制造,要求表面粗糙度 Ra 值为 $0.1 \sim 0.4 \, \mu m$,使活塞及其密封件、支承件能顺利滑动,从而保证密封效果,减少磨损。由于缸筒要承受很大的液压力,因此,应具有足够的强度和刚度。缸盖装在缸筒两端,与缸筒形成封闭油腔,同样承受很大的液压力,因此,缸盖及其连接件都应有足够的强度。设计时既要考虑强度,又要选择工艺性较好的结构形式。

一般来说,缸体组件的使用材料和连接方式与工作压力 p 有关,当 $p<10$ MPa 时,使用铸铁;当 10 MPa$\leqslant p<20$ MPa 时,使用无缝钢管;当 $p\geqslant 20$ MPa 时,使用铸钢或锻钢。

图 4-20 所示为常见缸体组件连接形式,其中图 4-20(a)为法兰连接形式,其特点是结构简单,加工方便,也容易装拆,但是要求缸筒端部有足够的壁厚,用以安装螺栓或旋入螺钉,常用于铸铁制的缸筒上。图 4-20(b)为半环连接形式,可分为外半环连接和内半环连接两种形式,工艺性好,结构紧凑,质量较轻,但由于缸筒外壁开了环形槽而削弱了强度,因此有时要加厚缸壁,常用于无缝钢管或锻钢制的缸筒上。图 4-20(c)为螺纹连接形式,有外螺纹连接和内螺纹连接两种形式,其特点是体积小,质量轻,结构紧凑,但缸筒端部结构复杂,外径加工时要求保证内外径同心,装拆要使用专用工具,一般用于要求外形尺寸小、质量轻的场合。图 4-20(d)所示为拉杆连接形式,这种连接形式结构简单,工艺性好,通用性强,但缸盖的体积和质量较大,拉杆受力后会拉伸变长,影响效果,只适用于长度不大的中、低压液压缸。图 4-20(e)所示为焊接连接形式,其结构简单,强度高,尺寸小,但缸底处内径不易加工,且焊接时易引起缸筒变形。

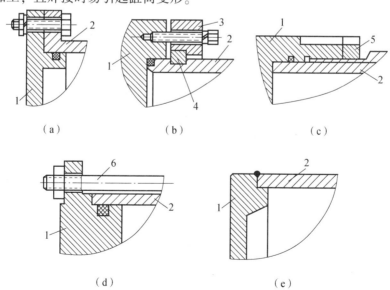

1—缸盖;2—缸筒;3—压板;4—半环;5—防松螺帽;6—拉杆。

图 4-20 常见缸体组件的连接形式

(a)法兰连接形式;(b)半环连接形式;(c)螺纹连接形式;(d)拉杆连接形式;(e)焊接连接形式

2）活塞组件

活塞组件由活塞、活塞杆和连接件等组成。随液压缸的工作压力、安装方式和工作条件的不同，活塞组件有多种结构形式。对于短行程的液压缸，可以把活塞杆与活塞做成一体，这是最简单的形式。但当行程较长时，这种整体式活塞组件的加工较麻烦，所以常把活塞与活塞杆分开制造，然后连接成一体。

图 4-21 所示为常见活塞组件的连接形式，其中图 4-21(a)所示为螺纹连接形式，它结构简单，拆装方便，但一般需备螺母防松装置，适用于负载较小、受力无冲击的液压缸中。在高压大负载场合，特别是在工作设备振动较大的情况下，活塞杆会因车削螺纹而削弱，锁紧也会发生松动。螺纹连接形式常被半环连接形式所替代。图 4-21(b)和(c)所示分别为单半环连接形式和双半环连接形式。活塞杆上切了一个环形槽，槽内放置两个半环，用以夹紧活塞，半环用轴套套住，轴套又用弹簧卡圈挡住，这种方式的连接强度高，结构复杂，常用于液压机或工程机械中。图 4-21(d)所示为锥销连接形式，用锥销把活塞固连在活塞杆上。这种连接方式适用于双出杆式活塞，对于轻载的磨床更为适宜。

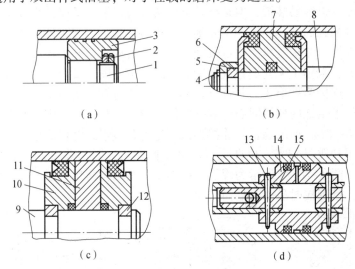

1、8、9、15—活塞杆；2—螺母；3、7、11、14—活塞；4—弹簧卡圈；
5—轴套；6、12—半环；10—密封圈座；13—锥销。

图 4-21 常见活塞组件的连接形式

(a)螺纹连接形式；(b)单半环连接形式；(c)双半环连接形式；(d)锥销连接形式

3）密封装置

液压缸的密封装置主要用来防止液压油的泄漏，良好的密封是液压缸传递动力、正常动作的保证，泄漏会使容积效率降低，严重时还会使系统压力上不去，甚至无法工作，而且外泄还会污染工作环境。因此，为了防止泄漏的产生，液压缸中要采取必要的密封措施。

在液压缸中主要密封的部位是活塞、活塞杆和缸盖等处，通常采用的密封方式有以下3种。

（1）间隙密封

图 4-22 所示为间隙密封，这是一种最简单的密封方式，它依靠两运动件配合面之间保持一很小的间隙，在间隙中产生液体摩擦阻力来防止泄漏。为了提高密封能力，常在活塞的表面上开出几条环形槽，当油液从高压腔向低压腔泄漏时，由于油路截面突然改变，在小槽

中形成旋涡而产生阻力，使油液的泄漏量减少。此外，这些槽还可以防止活塞轴线的偏移，从而有利于保持配合间隙，保证润滑效果，减少活塞与缸壁的磨损。这种密封方式结构简单，摩擦阻力小，可耐高温，但泄漏大，加工要求高，磨损后无法恢复原有能力，只能在尺寸较小、压力较低、相对运动速度较高的缸筒和活塞间使用。

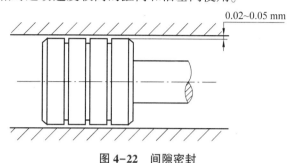

0.02~0.05 mm

图 4-22　间隙密封

（2）摩擦环密封

图 4-23 所示为摩擦环密封，它依靠套在活塞环环形槽内的弹性金属环（摩擦环）紧贴缸筒内壁实现密封。它的密封效果较间隙密封好，适应的压力和温度范围宽，能自动补偿磨损和温度变化的影响，能在高速中工作，摩擦力小，工作可靠，寿命长，但加工要求高，拆装不方便，适用于缸筒和活塞之间的密封。

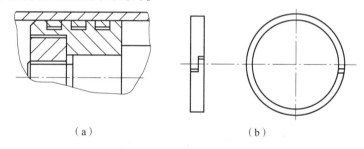

（a）　　　　　　　　　　（b）

图 4-23　摩擦环密封
（a）摩擦环的安装；（b）摩擦环

（3）密封圈密封

密封圈密封利用橡胶或塑料的弹性使各种截面的环形圈贴紧在静、动配合面之间来防止泄漏。它结构简单，制造方便，磨损后有自动补偿能力，性能可靠，在缸筒和活塞之间、缸盖和活塞杆之间、活塞和活塞杆之间、缸筒和缸盖之间都能使用，如图 6-23、图 6-28 和图 6-29 中的 O 形、Y 形和 V 形密封圈，不同种类的密封圈所采用的密封机理也不尽相同，有关密封圈的结构、材料、安装和使用等详见 6.5 节密封装置。

另外，对于活塞杆外伸部分来说，由于它很容易把脏物带入液压缸，使油液受污染，使密封件磨损，因此常需在活塞杆密封处增添防尘圈，并放在向着活塞杆外伸的一端。

4）缓冲装置

液压缸一般会设置缓冲装置，特别是对大型、高速或要求高的液压缸，为了防止活塞在行程终点时和缸盖发生碰撞，引起噪声、冲击，甚至损坏零件，则必须设置缓冲装置。

缓冲装置的工作原理是使活塞或缸筒在其行程终端时，封住活塞和缸盖之间的部分油路，强迫它从小孔或细缝中挤出，以产生很大的阻力，使工作部件受到制动，逐渐减慢运动速度，避免活塞和缸盖相互撞击。常见缓冲装置的结构形式如图4-24所示。

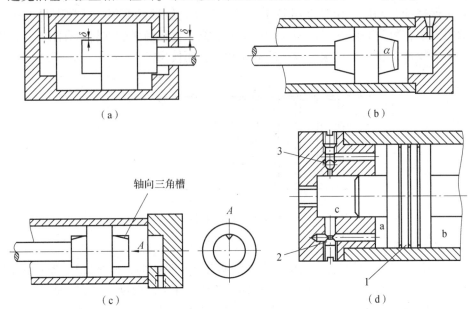

1—活塞；2—节流阀；3—单向阀。

图4-24　常见缓冲装置的结构形式

(a)圆柱形环状间隙形式；(b)圆锥形环状间隙形式；(c)可变节流槽形式；(d)可调节流孔形式

(1)圆柱形环状间隙形式

如图4-24(a)所示，当缓冲柱塞进入与其相配的缸盖上的内孔时，缸盖和缓冲活塞之间形成缓冲油腔，被封闭的油液只能通过间隙δ排出，使活塞速度降低。这种缓冲装置结构简单，便于设计和降低制造成本。但由于其节流面积不变，故在缓冲行程开始时产生的缓冲制动力很大，且随着活塞速度的降低，其缓冲作用逐渐减弱，缓冲效果较差。适用于移动部件惯性不大、移动速度不太高的场合。

(2)圆锥形环状间隙形式

如图4-24(b)所示，将活塞设计成圆锥形，使缓冲间隙随着行程的增大而逐渐减小，从而使阻力逐渐增大，其机械能的吸收较均匀，缓冲效果更好。

(3)可变节流槽形式

如图4-24(c)所示，在缓冲柱塞上开有轴向三角槽，随着柱塞逐渐进入配合孔中，节流面积越来越小，在回油腔中形成缓冲压力。这种缓冲装置的缓冲作用均匀，冲击压力小，制动位置精度高，但需要专门设计。

(4)可调节流孔形式

如图4-24(d)所示，在缸盖上装有针形节流阀和单向阀，当缓冲凸台进入凹腔c后，活塞与缸盖间(a腔)的油液经节流阀的开口流入c腔而排出，增大了回油阻力，使活塞运动速度减慢，实现制动缓冲。节流阀的开口大小可以调节，从而改变缓冲压力的大小，以适应液压缸不同负载和速度工况对缓冲的要求。当活塞反向运动时，压力油由c腔经单向阀进入a腔，活塞也不会因推力不足而产生启动缓慢或困难等现象。

5）排气装置

液压缸在安装过程中或长时间停放时，液压缸和管道系统中往往会混入空气，使系统工作不稳定，产生振动、爬行或前冲等现象，严重时还会使系统不能正常工作，因此液压系统在开始工作前应使系统中的空气排出。

对于要求不高的液压缸，往往不设专门的排气装置，而是在液压缸的最高处（往往是空气聚积的地方）设置进出油口，使液压缸内空气随油液排往油箱，再从油箱溢出。对于速度稳定性要求较高的液压缸，则需要设置排气装置。排气装置通常有两种形式，一种是在液压缸的最高处开排气孔，如图 4-25（a）所示；另一种是在液压缸的最高位置处安装排气塞，如图 4-25（b）、（c）所示。两种排气装置都是在液压缸排气时打开，待液压缸空载全行程往复运动数次，排气完毕后关闭。

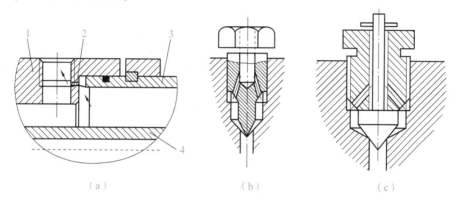

（a） （b） （c）

1—缸盖；2—放气小孔；3—缸体；4—活塞杆。

图 4-25 液压缸排气装置的形式

（a）开排气孔；（b）、（c）安装排气塞

4.2.3 液压缸的设计计算

1. 液压缸的设计内容和步骤

液压缸是液压系统的执行元件，它和主机工作机构有直接的联系。对于不同的机械设备及其工作机构，液压缸具有不同的用途和工作要求。因此，在进行液压缸设计之前，必须对整个液压系统进行工况分析，选定系统的工作压力，然后根据使用要求进行设计。

液压缸设计的主要内容和步骤如下：

（1）选择液压缸的类型和各部分结构形式；

（2）确定液压缸的基本工作参数和结构尺寸，包括工作负载、工作速度和速比、工作行程和导向长度、缸体内径、活塞杆直径和缸的长度等；

（3）结构强度的计算和校核，包括缸筒壁厚强度计算，活塞杆的强度和稳定性验算，以及各部分连接结构的强度计算；

（4）导向、密封、防尘、排气和缓冲等装置的设计；

（5）绘制装配图和零件图，编写设计说明书。

应当指出，对于不同类型和结构和液压缸，其设计内容必然有所不同，而且各参数之间往往具有各种内在联系，需要综合考虑并反复验算后才能获得比较满意的结果，所以设计步骤也不是固定不变的。

2. 工作压力的确定

液压缸的推力 F 是由油液的工作压力 p 和活塞的有效工作面积 A 来确定的,当负载 F 一定时, p 取得高, A 就小,缸的结构就越紧凑; p 取得低, A 就大,缸的结构尺寸就大。设计时,液压缸的工作压力可按负载大小由表 4-1 确定,也可按液压设备类型参考表 4-2 来确定,当表 4-1 和表 4-2 的压力值不在同一范围时,一般取上限。

表 4-1 液压缸工作压力与负载之间的关系

负载 F/kN	<5	5~10	10~20	20~30	30~50	>50
工作压力 p/MPa	<0.8~1.0	1.5~2.0	2.5~3.0	3.0~4.0	4.0~5.0	>6.0

表 4-2 各类液压设备常用工作压力

设备类型	磨床	车床、铣床钻床、镗床	组合机床	龙门钢床拉床	注塑机、农业机械、小工程机械	液压压力机、重型机械、起重运输机械
工作压力 p/MPa	0.8~2	2~4	3~5	8~10	10~16	20~32

3. 液压缸主要尺寸的确定

液压缸的主要结构尺寸包括缸筒内径 D、活塞杆直径 d、缸筒长度 L 和最小导向长度 H,上述参数主要根据液压缸的负载、活塞运动速度和行程等因素来确定。

1)缸筒内径 D 和活塞杆直径 d

(1)对于动力较大的液压设备(如拉床、刨床、车床、组合机床、液压机等),液压缸的缸筒内径 D 通常根据负载来确定,其计算公式推导如下。

当无杆腔进压力油驱动负载时,液压缸内径 D 与负载 F 和工作压力 p 的关系由式(4-11)得

$$D = \sqrt{\frac{4F_1}{\pi(p_1 - p_2)} - \frac{d^2 p_2}{p_1 - p_2}} \qquad (4\text{-}26)$$

在液压系统设计中,常选取回油压力 $p_2 = 0$,则上式可简化为

$$D = \sqrt{\frac{4F_1}{\pi p_1}} \qquad (4\text{-}27)$$

当有杆腔进油驱动负载时,液压缸内径 D 与活塞杆直径 d、负载 F 和工作压力 p 的关系由式(4-13)得

$$D = \sqrt{\frac{4F_2}{\pi(p_1 - p_2)} + \frac{d^2 p_1}{p_1 - p_2}} \qquad (4\text{-}28)$$

若选回油压力 $p_2 = 0$,则上式可简化为

$$D = \sqrt{\frac{4F_2}{\pi p_1} + d^2} \qquad (4\text{-}29)$$

设 $\lambda = d/D$,并将 $d = \lambda D$ 带入上式,化简整理可得

$$D = \sqrt{\frac{4F_2}{\pi p_1(1 - \lambda^2)}} \qquad (4\text{-}30)$$

式中: λ ——活塞杆直径 d 与缸筒内径 D 的比值,其数值与活塞杆受力的性质及缸的工作压力有关,可参考表 4-3 选取。

表 4-3　系数 λ 的推荐值

工作压力 p/MPa	<5	5~7	>7
活塞杆受拉力时 λ 值	0.3~0.45		
活塞杆受压力时 λ 值	0.5~0.55	0.6~0.7	0.7

算出缸筒内径 D 之后，即可求出活塞杆直径 d。

（2）对于动力较小的液压设备，如磨床、珩磨及研磨机床等，液压缸的内径和活塞杆直径可按往复运动速度的比值，即速度比 λ_v 来确定。由式（4-15）推导可得

$$D = d\sqrt{\frac{\lambda_v}{\lambda_v - 1}} \tag{4-31}$$

由上式可知，若液压缸的往复速度已定，只要按结构要求选定活塞杆直径 d，即可计算出液压缸内径 D，或按速度比 λ_v 从有关表格中直接查出 D 的数值。

用上述方法计算出的缸筒内径 D 和活塞杆直径 d，必须根据 GB/T 786.1—2021 选取最近的标准值，这样有利于缸体、活塞杆加工制造及液压缸有关配套标准件选用。

2）缸筒长度 L

液压缸的缸筒长度 L 由最大工作行程长度决定，一般不大于缸体内径的 30 倍。

3）液压缸的其他长度

如图 4-26 所示，活塞宽度 B 根据缸的工作压力和密封方式确定，一般取 $B=(0.6~1)D$。导向套滑动面的长度 A 与缸筒内径 D 和活塞杆直径 d 有关，当 $D<80$ mm 时，取 $A=(0.6~1.0)D$；当 $D\geqslant80$ mm 时，取 $A=(0.6~1.0)d$。

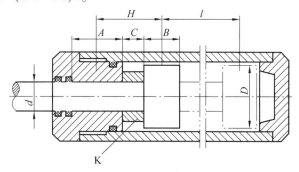

图 4-26　液压缸的其他长度

当活塞杆全部外伸时，从活塞支承面中点到导向套滑动面中点的距离称为最小导向长度 H。如果导向长度过小，将使液压缸的初始挠度（间隙引起的挠度）增大，从而影响液压缸的稳定性，因此设计时必须保证有一定的最小导向长度。

对于一般的液压缸，当液压缸的最大行程为 l，缸筒内径为 D 时，其最小导向长度 H 应满足下式

$$H \geqslant \frac{l}{20} + \frac{D}{2} \tag{4-32}$$

为了保证最小导向长度，过分增大 A 和 B 都是不适宜的，必要时可在导向套与活塞之间装一隔套（图 4-26 中零件 K），隔套的长度 C 由需要的最小导向长度 H 决定，即

$$C = H - \frac{1}{2}(A + B) \tag{4-33}$$

4. 液压缸的校核

1) 缸筒壁厚 δ 的校核

在一般中、低压液压系统中，液压缸的壁厚不用计算的方法确定，而是由结构和工艺上的需要来确定。只有当液压缸的工作压力较高且直径较大时，才有必要对其最薄弱部位的壁厚进行强度校核。

当 $D/\delta \geq 10$ 时，可按薄壁圆筒的计算公式进行校核

$$\delta \geq \frac{p_y D}{2[\sigma]} \tag{4-34}$$

当 $D/\delta < 10$ 时，可按厚壁圆筒的计算公式进行校核

$$\delta \geq \frac{D}{2}\left(\sqrt{\frac{[\sigma] + 0.4p_y}{[\sigma] - 1.3p_y}} - 1\right) \tag{4-35}$$

式中：D——缸筒直径；

p_y——缸筒试验压力，当缸的额定压力 $p_n \leq 16$ MPa 时取 $p_y = 1.5p_n$，当 $p_n > 16$ MPa 时取 $p_y = 1.25p_n$；

$[\sigma]$——缸筒材料的许用应力，$[\sigma] = \sigma_b/n$，σ_b 为材料抗拉强度，n 为安全系数，一般取 $n = 5$。

在使用式(4-34)和式(4-35)进行校核时，若液压缸缸筒与缸盖采用半环连接，则 δ 应取缸筒壁厚最小处的值。

2) 活塞杆直径的校核

当活塞杆长径比 $l/d < 10$ 时，若活塞杆受纯压缩或纯拉伸，则活塞杆强度按下式进行校核

$$d \geq \sqrt{\frac{4F}{\pi[\sigma]}} \tag{4-36}$$

式中：F——活塞杆上的作用力；

$[\sigma]$——活塞杆材料的许用应力，$[\sigma] = \sigma_b/1.4$。

当活塞杆长径比 $l/d > 10$ 且受压时，应按照材料力学中的有关公式进行稳定性校核。

3) 液压缸盖固定螺栓直径校核

液压缸缸盖固定螺栓在工作过程中同时承受拉应力和扭应力，其直径可按下式校核

$$d_s \geq \sqrt{\frac{5.2kF}{\pi z[\sigma]}} \tag{4-37}$$

式中：F——液压缸负载；

z——固定螺栓个数；

k——螺纹拧紧系数，$k = 1.12 \sim 1.5$；

$[\sigma]$——螺栓材料的许用应力，$[\sigma] = \sigma_s/(1.2 \sim 2.5)$，$\sigma_s$ 为材料的屈服极限。

5. 液压缸设计中应注意的问题

液压缸的设计是否合理，直接影响到它的使用性能和维护工作。所以，在设计液压缸时要注意以下几个方面的内容。

(1)液压缸设计应尽量避免采用非标准尺寸，液压缸的很多尺寸都是根据具体需要设计的，但是在选取这些尺寸时，必须考虑标准尺寸，尤其是缸筒内径、活塞杆直径、密封圈的有关尺寸，更不能按实际需要任意选取，否则可能选不到合适的密封圈。

(2)避免液压缸的活塞杆在受压状态下承受最大负载，应保证其在受压状态下具有良好的稳定性。

(3)应考虑液压缸行程终点处的制动问题和液压缸的排气问题，必要时应设计相应的缓冲装置和排气装置。

(4)液压缸各部分的结构需根据推荐的结构形式和设计标准进行设计，尽可能做到结构简单、紧凑，加工、装配和维修方便。

(5)在保证能满足运动行程和负载力的条件下，应避免液压缸的轮廓尺寸过大。

习　题 ▶▶ ▶

4-1　液压马达与液压泵在结构上有哪些差异？

4-2　高速液压马达和低速液压马达分别有哪些特点和适用场合？

4-3　活塞式液压缸有几种结构形式？各有何特点？它们分别用在什么场合？

4-4　多级伸缩缸在外伸、内缩时，不同直径的柱塞以什么样的顺序运动？为什么？

4-5　液压缸的哪些部位需要密封？常见的密封方法有哪些？

4-6　液压缸设计中应注意哪些问题？

4-7　已知某液压马达的输出转矩 $T_M = 170$ N·m，转速 $n = 2\,700$ r/min，排量 $V = 84$ mL/r，机械效率 $\eta_{mM} = 0.85$，容积效率 $\eta_{vM} = 0.9$，求马达所需供油压力和流量。

4-8　液压泵和液压马达组成系统中，已知泵输出油压 $p_p = 10$ MPa，排量 $V_p = 1 \times 10^{-5}$ m³/r，机械效率 $\eta_{mp} = 0.95$，容积效率 $\eta_{vp} = 0.9$；液压马达的排量 $V_M = 1 \times 10^{-5}$ m³/r，机械效率 $\eta_{mM} = 0.95$，容积效率 $\eta_{vM} = 0.9$，若各种损失忽略不计，试求：

(1)液压泵转速 n_p 为 1 500 r/min 时的理论流量 q_{pt}，实际流量 q_p；

(2)液压泵输出的液压功率 P_{op}，所需的驱动功率 P_{ip}；

(3)液压马达输出转速 n_M；

(4)液压马达输出转矩 T_M；

(5)液压马达输出功率 P_{oM}。

4-9　设有一双杆活塞式液压缸，缸体内径 $D = 10$ cm，活塞杆直径 $d = 0.7D$，若要求活塞杆运动的速度 $v = 8$ cm/s，液压缸所需要的流量 q 是多少？

4-10　已知单杆液压缸缸筒直径 $D = 50$ mm，活塞杆直径 $d = 35$ mm，液压泵供油流量为 $q = 10$ L/min，试求：

(1)液压缸差动连接时的运动速度；

(2)若缸在差动阶段所能克服的外负载 $F = 1\,000$ N，缸内油液压力有多大(不计管内压力损失)？

4-11　题 4-11 图所示为一柱塞缸，其中柱塞固定，缸筒运动，压力油从空心柱塞中通入，压力为 p，流量为 q，柱塞外径为 d、内径为 d_0，试求缸筒运动速度 v 和产生的推力 F。

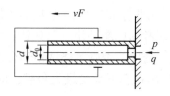

题 4-11 图

4-12 题 4-12 图所示为两个结构和尺寸均相同相互串联的液压缸，无杆腔面积 $A_1 = 100\ cm^2$，有杆腔面积 $A_2 = 80\ cm^2$，缸 1 输入压力 $p = 0.9\ MPa$，输入流量 $q = 12\ L/min$。不计泄漏和损失，试求：

(1) 两缸承受相同负载时 $(F_1 = F_2)$，负载和速度各为多少？

(2) 缸 1 不承受负载时 $(F_1 = 0)$，缸 2 能承受多少负载？

(3) 缸 2 不承受负载时 $(F_2 = 0)$，缸 1 能承受多少负载？

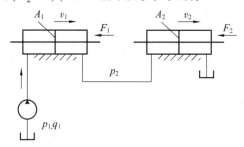

题 4-12 图

4-13 题 4-13 图所示的液压系统中，液压泵的铭牌参数为 $q = 18\ L/min$，$p = 6.3\ MPa$，设活塞直径 $D = 90\ mm$，活塞杆直径 $d = 60\ mm$，在不计压力损失且 $F = 28\ 000\ N$ 时，试求在各图示情况下压力表的指示压力。

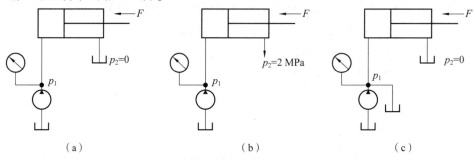

（a）   （b）   （c）

题 4-13 图

4-14 设计一单杆活塞式液压缸，要求快进时为差动连接，快进和快退（有杆腔进油）时的速度均为 6 m/min，工进（无杆腔进油，非差动连接）时可驱动的负载为 $F = 25\ 000\ N$，回油背压为 0.25 MPa，采用额定压力为 6.3 MPa、额定流量为 25 L/min 的液压泵，试求：

(1) 缸筒内径和活塞杆直径各是多少？

(2) 缸筒壁厚最小值（缸筒材料选用无缝钢管）是多少？

第五章
液压控制元件

在液压系统中，除了需要液压泵供油和液压缸(液压马达)作为执行元件来驱动工作装置，还必须安装一定数量的液压控制元件来对油液的流动方向、压力高低以及流量大小进行控制，以便执行元件能按照负载的预期要求进行工作。因此，液压控制元件(主要是各种液压控制阀)是直接影响液压系统工作过程和工作特性的重要元件。

5.1 液压控制阀概述

各类液压控制阀虽然形式不一样，控制的功能各有所异，但具有共性。在结构上，所有液压控制阀都由阀体、阀芯和驱使阀芯动作的操纵装置(如弹簧、电磁铁)等组成；在工作原理上，所有阀的阀口大小，进、出油口间的压差，以及通过阀的流量之间的关系都符合孔口流量公式 $q = KA_T\Delta p^m$，其中 K 为孔口流通参数，A_T 为孔口通流截面积，Δp 为孔口两端压力差，m 是由节流口形状决定的节流阀指数，只是各种阀控制的参数各不相同而已。例如，压力控制阀控制的是液压油压力，流量控制阀控制的是液压油流量等。根据用途、操纵方式和连接方式的不同可将液压控制阀进行分类，如表5-1所示。

表5-1 液压控制阀的分类

分类方法	种类	详细分类
按用途分	压力控制阀	溢流阀、减压阀、顺序阀、比例压力控制阀、压力继电器等
	流量控制阀	节流阀、调速阀、分流阀、比例流量控制阀等
	方向控制阀	单向阀、液控单向阀、换向阀、比例方向控制阀等
按操纵方式分	人力操纵阀	手把及手轮、踏板、杠杆
	机械操纵阀	挡块、弹簧、液压、气动
	电动操纵阀	电磁铁控制、电-液联合控制
按连接方式分	管式连接	螺纹式连接、法兰式连接
	板式及叠加式连接	单层连接板式、双层连接板式、集成块连接、叠加阀
	插装式连接	螺纹式插装、法兰式插装

液压系统对液压控制阀的基本要求如下。

（1）动作灵敏，使用可靠，工作时冲击和振动要小。

（2）阀口全开时，流体压力损失小；阀口关闭时，密封性能好。

（3）所控制的参量（压力或流量）稳定，受外界干扰时变化量要小。

（4）结构紧凑，安装、调试、维护方便，通用性好。

5.2 方向控制阀

5.2.1 单向阀

单向阀有普通单向阀和液控单向阀两种。

1. 普通单向阀

普通单向阀简称单向阀，是一种只允许油液正向流动，不允许逆向倒流的阀。要求其正向流通时压力损失小，反向截止时密封性能好。

1）结构原理

普通单向阀按进出油液流向的不同分为直通式和直角式两种结构，分别如图 5-1（a）、（b）所示。它由阀体、阀芯和弹簧等组成。当液流从进油口 P_1 流入时，油液压力克服弹簧阻力和阀体 1 与阀芯 2 之间的摩擦力，顶开带有锥端的阀芯（在流量较小时，为简化制造，也可用钢球作为阀芯），从出油口 P_2 流出。当液流反向从 P_2 流入时，油液压力使阀芯紧密地压在阀座上，故不能逆流。图 5-1（c）所示的是单向阀的图形符号。

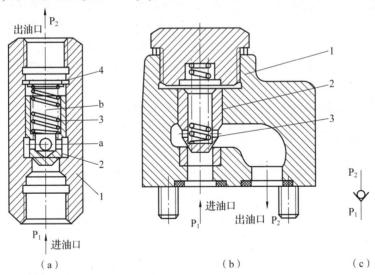

1—阀体；2—阀芯；3—弹簧；4—挡圈。

图 5-1 普通单向阀的结构示意和图形符号

（a）直通式；（b）直角式；（c）图形符号

单向阀的开启压力是指正向导通时进油口 P_1 和出油口 P_2 的压力差。为使单向阀灵敏可靠，压力损失较小，并具有可靠的密封性能，开启压力大小要合适，一般为 0.04 MPa 左右，通过其额定流量时的压力损失不应超过 0.3 MPa。单向阀产品技术参数如表 5-2 所示。

表 5-2　单向阀产品技术参数

型号	通径/mm	压力/MPa	流量/(L·min⁻¹)	生产单位
DF DIF	10　20　32 50　80	21~31.5	25~1 200	榆次液压件厂 大连液压件厂 长江液压件厂二厂
S	6　8　10　15 20　25　30	31.5	10~260	德国力士乐公司 北京液压件厂

普通单向阀常被安装在泵的出口，一方面防止系统的压力冲击影响泵的正常工作，另一方面在泵不工作时防止系统的油液倒流经泵回油箱。普通单向阀还被用来分隔高、低压油路以防止干扰，并与其他阀并联组成复合阀，如单向减压阀、单向节流阀等。当安装在系统的回油路使回油具有一定背压，或安装在泵的卸荷回路使泵维持一定的控制压力时，应更换刚度较大的弹簧，其正向开启压力一般为 0.3~0.5 MPa，此时该阀被称为背压阀。

2. 液控单向阀

液控单向阀是可以实现油液逆向流动的单向阀。图 5-2 为液控单向阀的结构示意图和图形符号，由图可知，液控单向阀在结构上比普通单向阀多一个控制油口 K、控制活塞 1 和顶杆 2。当控制油口 K 处无压力油作用时，液控单向阀与普通单向阀工作相同，即压力油从 P_1 口进入时，可以从 P_2 口流出。反之，压力油从 P_2 口进入时不能从 P_1 口流出。当控制油口 K 处通入压力油时，控制活塞受到向右的液压作用力，右侧 a 腔和泄油口（图中未示出）相通，活塞右移，通过顶杆将阀芯 3 顶开，使油口 P_2 与 P_1 相通，油液流动方向可以自由改变。由此可见，液控单向阀比普通单向阀多了一种功能，即反向可控开启。

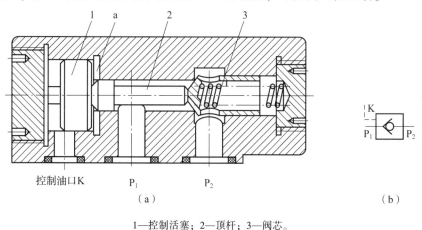

1—控制活塞；2—顶杆；3—阀芯。

图 5-2　液控单向阀的结构示意图和图形符号

(a)结构示意图；(b)图形符号

图 5-3 所示为带有卸荷阀芯的液控单向阀，其中图 5-3(a)的连接方式为法兰式，图 5-3(b)的连接方式为板式带有电磁先导阀。

以图 5-3(a)为例说明其工作原理。主阀芯(锥阀)2 上、下端开有一个轴向小孔和 4 个径向孔，轴向小孔由一个小的卸荷阀芯(锥阀)3 封闭。当 B 腔的高压油液需反向流入 A 腔

（一般为液压缸保压结束后的工况），控制压力油将控制活塞 6 向上顶起时，控制活塞首先将卸荷阀芯向上顶起一较小的距离，使 B 腔的高压油瞬间通过主阀芯的径向小孔及轴向小孔与卸荷阀芯下端之间的环形缝隙流出，B 腔的油液压力降低，实现释压；然后，主阀芯被控制活塞顶开，使反向油液顺利通过。由于卸荷阀芯的控制面积较小，仅需要用较小的力就可以顶开卸荷阀芯，从而大大降低了反向开启所需的控制压力。其控制压力仅为工作压力的 5%，而不带卸荷阀芯的液控单向阀的控制压力高达工作压力的 40% ~ 50%。所以，带有卸荷阀芯的液控单向阀特别适用于高压大流量液压系统。

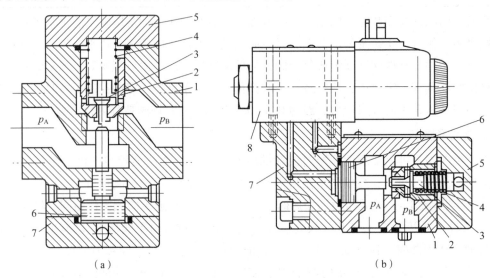

1—阀体；2—主阀芯；3—卸荷阀芯；4—弹簧；5—上盖；6—控制活塞；7—下盖；8—电磁先导阀。

图 5-3　带有卸荷阀芯的液控单向阀

（a）法兰式；（b）板式带有电磁先导阀

图 5-3（b）中的电磁先导阀 8 固定在单向阀的下盖 7 上，用于控制压力油的通断，可以简化油路系统，使液压系统结构紧凑。

液控单向阀具有良好的反向密封性能，常用于执行元件需要长时间保压、锁紧的场合和平衡回路。液控单向阀产品技术参数如表 5-3 所示。

表 5-3　液控单向阀产品技术参数

型号	通径/mm	压力 MPa	流量/(L·min⁻¹)	生产单位
DFY	10　20　32 50　80	21	25 ~ 1 200	榆次液压件厂 大连液压件厂
SV/SL	10　15　20 25　30	31.5	80 ~ 400	德国力士乐公司 北京液压件厂 上海立新液压件厂

3. 机控单向阀

如图 5-4 所示，在单向阀阀芯 1 前加一个顶杆 2，顶杆在弹簧 3 的作用下其顶端与阀芯有一定间隙 δ，此时就像普通单向阀一样，B 管嘴到 A 管嘴可单向流通，A 管嘴到 B 管嘴液流被截止。当外部机构顶动顶杆，使其向左移动时会顶开阀芯，而后 A 管嘴到 B 管嘴亦可流通。

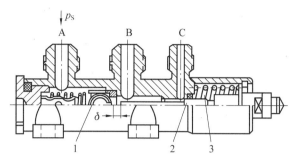

1—单向阀阀芯；2—顶杆；3—弹簧。

图 5-4　机控单向阀（协调活门）

飞机上常用这种阀在收上起落架和关闭轮舱护板动作之间进行协调，故又称协调活门，它在系统中串联于轮舱护板作动筒收上腔之前（A 管嘴接油源，B 管嘴接护板作动筒的收上腔）。在起落架收进轮舱后，起落架支柱碰撞协调活门的顶杆右端，向左推动顶杆并顶开阀芯，高压油就由 A 管嘴进，B 管嘴出，通向轮舱护板收放作动筒的收上腔，使轮舱护板关闭，这样完成先收起落架后关轮舱护板的准确程序。协调活门上还有一个 C 管嘴与系统的回油路相通，其作用是在阀口由于密封不良而渗油时，将渗油引导回油箱而不致使轮舱护板部分关闭，等于顶杆被压向左移时，顶杆同时将 C 管嘴封闭，油液不再可能经 C 管嘴回油箱，只能从 A 管嘴到 B 管嘴去驱动作动筒将轮舱护板正确关闭。

5.2.2　换向阀

换向阀利用阀芯对阀体的相对运动，使液压油路接通、关断或变换油流的方向，从而实现液压执行元件及其驱动机构的启动、停止或变换运动方向。

1. 换向阀的分类

换向阀按结构类型及运动方式可分为滑阀式、转阀式和锥阀式；按安装方式可分为管式、板式、法兰式等；按阀体连通的主油路数可分为二通、三通、四通等；按阀芯在阀体内的工作位置可分为二位、三位、四位等；按操纵阀芯运动的方式可分为手动、机动、电磁动、液动、电液动等；按阀芯的定位方式可分为钢球定位和弹簧复位两种。其中，滑阀式换向阀在液压系统应用广泛，因此本节主要介绍滑阀式换向阀。

2. 换向阀的工作原理

换向阀的工作原理如图 5-5 所示，当液压缸两腔不通液压油时，活塞处于停机状态。若使换向阀的阀芯左移，阀体上的油口 P 和 A 连通、B 和 T 连通。这时，液压油经 P、A 进入液压缸左腔，右腔油液经 B、T 回油箱，活塞向右运动。反之，若使阀芯右移，则 P 和 B 连通，A 和 T 连通，活塞便向左运动。

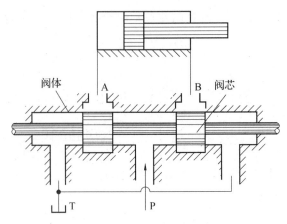

图 5-5　换向阀的工作原理

3. 图形符号

一个换向阀完整的图形符号包括工作位置数、通路数、在各个位置上油口连通关系、操纵方式、复位方式和定位方式等。表5-4列出了几种常用换向阀的结构原理、图形符号及使用场合。

表5-4　几种常用换向阀的结构原理、图形符号及使用场合

名称	结构原理	图形符号	使用场合	
二位二通阀	A P	A⁄P	控制油路的接通与切断(相当于一个开关)	
二位三通阀	A P B	A B⁄P	控制液流方向(从一个方向变换成另一个方向)	
二位四通阀	A P B T	A B⁄P T	不能使执行元件在任一位置上停止运动	执行元件正反向运动时回油方式相同
三位四通阀	A P B T	A B⁄P T	控制执行元件换向	能使执行元件在任一位置上停止运动
二位五通阀	T₁ A P B T₂	A B⁄T₁ P T₂	不能使执行元件在任一位置上停止运动	执行元件正反向运动时可以得到不同的回油方式
三位五通阀	T₁ A P B T₂	AB⁄T₁ P T₂	能使执行元件在任一位置上停止运动	

换向阀图形符号的含义如下。

(1)用方框表示阀的工作位置，有几个方框就表示有几"位"。

（2）方框内的箭头表示在这一位置上油路处于接通状态，但箭头方向并不一定表示油流的实际流向。方框内符号"⊤"或"⊥"表示此通路被阀芯封闭，即该油路不通。

（3）一个方框中箭头首尾或封闭符号与方框的交点表示阀的接出通路，其交点数即为滑阀的通路数。

（4）靠近操纵方式的方框，为控制力作用下的工作位置。

（5）一般阀与系统供油路连接的进油口用字母 P 表示；阀与系统回油路连接的回油口用字母 T 表示(或字母 O)；而阀与执行元件连接的工作油口则用字母 A、B 等表示。

4. 滑阀式换向阀的中位机能与操纵方式

滑阀式换向阀处于中间位置或原始位置时，阀中各油口的连通方式称为换向阀的滑阀机能。滑阀机能直接影响执行元件的工作状态，不同的滑阀机能可满足系统的不同要求。

对三位四(五)通滑阀，左、右工作位置用于执行元件的换向，中位则有多种机能以满足该执行元件处于非运动状态时系统的不同要求。下面主要介绍三位四(五)通滑阀的几种常用中位机能，如表5-5所示，不同中位机能的滑阀，其阀体是通用的，仅阀芯的台肩尺寸和形状不同。

表 5-5　三位四(五)通滑阀的几种常用中位机能

机能代号	结构原理图	中位图形符号		机能特点和作用
		三位四通	三位五通	
O				各油口全部封闭，缸两腔封闭，系统不卸荷。液压缸充满油，从静止到启动平稳；制动时运动惯性引起液压冲击较大；换向位置精度高。在气动中称为中位封闭式
H				各油口全部连通，系统卸荷，缸成浮动状态。液压缸两腔接油箱，从静止到启动有冲击；制动时油口互通，故制动较 O 型平稳；但换向位置变动大
P				压力油口 P 与缸两腔连通可形成差动回路，回油口封闭。从静止到启动较平稳；制动时缸两腔均通压力油，故制动平稳；换向位置变动比 H 型的小，应用广泛。在气动中称为中位加压式
Y				油泵不卸荷，缸两腔通回油，缸成浮动状态。由于缸两腔接油箱，从静止到启动有冲击，制动性能介于 O 型与 H 型之间。在气动中称为中位泄压式
K				油泵卸荷，液压缸一腔封闭一腔接回油箱。两个方向换向时性能不同

续表

机能代号	结构原理图	中位图形符号		机能特点和作用
		三位四通	三位五通	
M	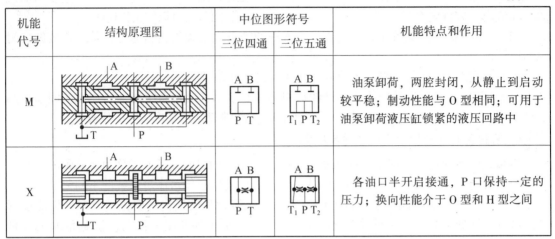	A B P T	A B T₁ P T₂	油泵卸荷，两腔封闭，从静止到启动较平稳；制动性能与 O 型相同；可用于油泵卸荷液压缸锁紧的液压回路中
X	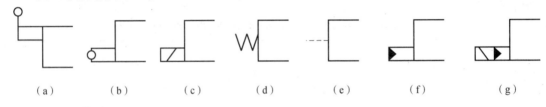	A B P T	A B T₁ P T₂	各油口半开启接通，P 口保持一定的压力；换向性能介于 O 型和 H 型之间

常见的滑阀操纵方式如图 5-6 所示。

图 5-6　常见的滑阀操纵方式

（a）手动；（b）机动；（c）电磁控制；（d）弹簧控制；（e）液动；（f）液压先导控制；（g）电液控制

5. 常见的换向阀

1）机动换向阀

机动换向阀又称行程阀，主要用来控制机械运动部件的行程。它借助于安装在工作台上的挡铁或凸轮来迫使阀芯移动，从而控制油液的流动方向。图 5-7 为二位四通机动换向阀的结构示意图和图形符号。机动换向阀通常是弹簧复位式的二位阀。其结构简单，动作可靠，换向位置精度高，通过改变挡块的迎角 α 和凸轮外形，可使阀芯获得合适的换位速度，以减少换向冲击。

机动换向阀的规格型号参见有关产品样本。

2）手动换向阀

手动换向阀的阀芯运动是借助于手动杠杆操纵来实现的，分为手动操纵和脚踏操纵两种。图 5-8 所示为三位四通手动换向阀的结构示意和图形符号，用手操纵杠杆即可推动阀芯相对阀体移动，改变工作位置。图 5-8（a）为弹簧钢球定位式。钢球定位式的阀芯在外力撤去后可固定在某一工作位置，适用于一个工作位置需停留较长时间的场合；图 5-8（b）为弹簧自动复位式。弹簧复位或对中式的阀芯在外力撤去后将回复到常位。这种方式因具有"记忆"功能，特别适用于换向频

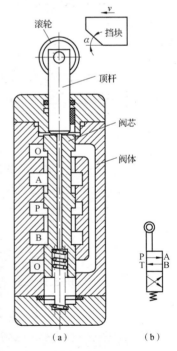

图 5-7　二位四通机动换向阀的
结构示意图和图形符号

（a）结构示意图；（b）图形符号

繁、换向阀较多、要求动作可靠的场合。

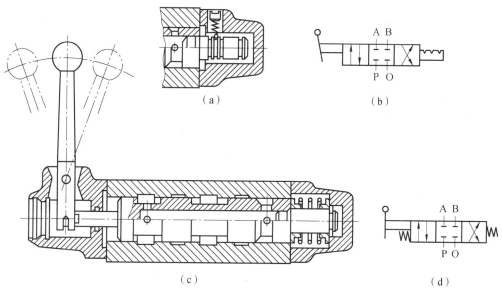

图 5-8 三位四通手动换向阀的结构示意图和图形符号

(a)弹簧钢球定位式结构示意图；(b)弹簧钢球定位式图形符号；

(c)弹簧自动复位式结构示意图；(d)弹簧自动复位式图形符号

手动换向阀结构简单，动作可靠，有的还可以人为地控制阀口的大小，从而控制执行元件的运动速度。但由于需要人工操纵，故只适用于间歇动作而且要求人工控制的场合。例如，推土机、汽车起重机、叉车等油路的控制都是手动换向的。在使用时必须将定位装置或弹簧腔的泄漏油排除，否则漏油的积聚会产生阻力影响阀的操纵，甚至不能实现换向动作。

3) 电磁换向阀

电磁换向阀是利用电磁铁的通电吸合与断电释放而直接推动阀芯来控制液流方向的，是液压系统与电气系统之间的信号转换元件。电气信号由液压设备中的各类按钮开关、限位开关、行程开关等电气元件发出，从而使液压系统方便地实现各种操作及自动的顺序动作。图5-9为三位四通电磁换向阀的结构示意图和图形符号。阀的两端各有一个电磁铁和一个对中弹簧，阀芯在常态时处于中位。当右端电磁铁通电吸合时，衔铁通过推杆将阀芯推至左端，换向阀就在右位工作；反之，左端电磁铁通电吸合时，换向阀就在左位工作。

图 5-10 所示为两位四通电磁换向阀的图形符号，图 5-10(a)所示为弹簧复位式，图5-10(b)所示为双电磁铁钢球定位式，该阀在电磁铁断电时仍能保持通电时的状态，具有"记忆"功能。因此不但节约了能源，延长了电磁铁的使用寿命，而且不会因为电源因故中断引起系统失灵或出现事故，常用于自动化机械及自动线上。

电磁铁按使用电源的不同，可分为交流和直流两种。交流电磁铁使用方便，不需要专门的电源，吸合、释放快，动作时间为 0.01~0.03 s，但换向冲击力大，噪声大，换向频率低，一般为 10 次/min，不得超过 30 次/min，而且当阀芯被卡住或电压低等原因导致吸合不上时，易烧坏线圈。直流电磁铁工作可靠，吸合、释放动作时间为 0.05~0.08 s，允许使用的切换频率较高，一般可达 120 次/min，最高可达 300 次/min，且冲击小、体积小、寿命长。但需有直流电源，成本较高。此外，还有一种本整型电磁铁，本身带有整流器，通入的交流电经整流后再供给直流电磁铁，因而兼有前述两者的优点。目前，国外新发展了一种油浸式电磁铁，衔铁和激磁线圈都浸在油液中工作，它具有寿命更长、工作更平稳可靠等特点，但由于造价较高，应用面不广。

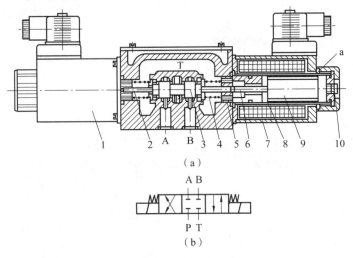

（a）

（b）

1—阀体；2—阀芯；3—弹簧座；4—弹簧；5—挡快；6—推杆；7—线圈；8—密封导磁套；9—衔铁；10—防气螺钉

图5-9　三位四通电磁换向阀的结构示意图和图形符号

（a）结构示意图；（b）图形符号

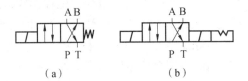

（a）　　　　　　　　　（b）

图5-10　二位四通电磁换向阀的图形符号

（a）弹簧复位式；（b）双电磁铁钢球定位式

电磁换向阀产品技术参数如表5-6所示。

表5-6　电磁换向阀产品技术参数

型号	通径/mm	压力/MPa	流量/(L·min⁻¹)	生产单位
联合设计 H系列	6　10	31.5	10~40	榆次液压件厂 大连液压件厂
联合设计 B、C系列	6　10	21.14	7~30	上海液压件一厂 南通液压件厂
WE	5　6　10	21~31.5	16~100	德国力士乐公司 沈阳液压件厂

4）液动换向阀

液动换向阀是通过控制油路的压力来推动阀芯移动的换向阀。液动换向阀的结构示意图和图形符号如图5-11所示。阀芯是利用其两端密封腔中油液的压差来移动的，当控制油路的压力油从阀右边的控制油口 K_2 进入滑阀右腔时，K_1 接通回油，阀芯向左移动，使压力油口 P 与

B 相通，A 与 T 相通；当 K_1 接通压力油，K_2 接通回油时，阀芯向右移动，使得 P 与 A 相通，B 与 T 相通；当 K_1、K_2 都接通回油时，阀芯在两端弹簧和定位套作用下回到中间位置。

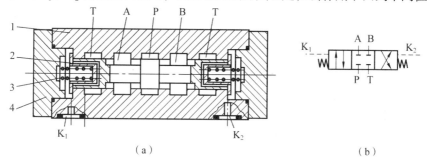

1—阀体；2—阀芯；3—弹簧；4—端盖。

图 5-11　液动换向阀的结构示意图和图形符号

（a）结构示意图；（b）图形符号

5）电液换向阀

电液换向阀由电磁换向阀和液动换向阀组合而成。图 5-12 为电液换向阀的结构示意图、工作原理和图形符号。其中液动换向阀实现主油路的换向，称为主阀；电磁换向阀改变液动换向阀的控制油路方向，称为先导阀。虽然电磁换向阀布置灵活，易于实现自动化，但电磁铁吸力有限，难于切换大的流量；而液动换向阀一般较少单独使用，需用一个小换向阀来改变控制油的流向，故标准元件通常将电磁阀与液动阀组合在一起组成电液换向阀。

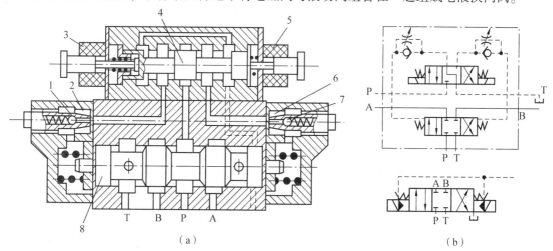

1、7—单向阀；2、6—节流阀；3、5—电磁铁；4—电磁阀阀芯；8—液动阀阀芯（主阀芯）。

图 5-12　电液换向阀的结构示意图、工作原理和图形符号

由图可见，当两个电磁铁都不通电时，电磁阀阀芯 4 处于中位，液动阀阀芯（主阀芯）8 因其两端都接通油箱，也处于中位。电磁铁 3 通电时，电磁阀阀芯移向右位，压力油经单向阀 1 接通主阀芯的左端，其右端的油则经节流阀 6 和电磁阀而接通油箱，于是主阀芯右移，移动速度由节流阀 6 的开口大小决定。同理，当电磁铁 5 通电，电磁阀阀芯移向左位时，主阀芯也移向左位，其移动速度由节流阀 2 的开口大小决定。

在电液换向阀中，控制主油路的主阀芯不是靠电磁铁的吸力直接推动的，而是靠电磁铁操纵控制油路上的压力油推动的，因此推力可以很大，操纵也很方便。此外，主阀芯向左或向右的移动速度可分别由节流阀 2 或 6 来调节,这就使系统中的执行元件能够得到平稳无冲击的换向。所以,这种操纵型式的换向性能是较好的,适用于高压、大流量的场合。

电液换向阀产品技术参数如表 5-7 所示。

表 5-7 电液换向阀产品技术参数

型号	通径/mm	压力/MPa	流量/(L·min⁻¹)	生产单位
联合设计 E Y D	16 20 32 50 65 80	21 31.5	75~1 250	榆次液压件厂 邵阳液压件厂 上海液压件一厂
WEH	16 25 32	31.5	170~1 100	德国力士乐公司 北京液压件厂 上海立新液压件厂 沈阳液压件厂

6)转阀式换向阀

转阀式换向阀是通过手动或机动使阀芯旋转换位,实现改变油路状态的换向阀。图 5-13 为三位四通 O 型转阀式换向阀的结构示意图和图形符号。在图示位置时,P 通过环槽 c 和阀芯上的轴向槽 b 与 A 相通,B 通过阀芯上的轴向槽 e 和环槽 a 与 T 相通。若将手柄 2 顺时针方向转动 90°,则 P 通过槽 c 和 d 与 B 相通,A 通过槽 e 和 a 与 T 相通。如果将手柄转动 45°至中位,则四个油口全部关闭。通过挡块拨杆 3、4 可使转阀机动换向。转阀式换向阀由于密封性差、径向力不易平衡及结构尺寸受到限制,一般用于压力较低、流量较小的场合。

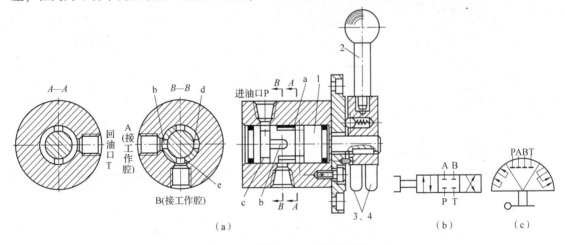

（a）

（b）   （c）

1—阀芯；2—手柄；3、4—挡块拨动杆。

图 5-13 三位四通 O 型转阀式换向阀的结构示意图和图形符号

（a）结构示意图；（b）、（c）图形符号

5.3 压力控制阀

在液压系统中,用于调节或控制系统中液体压力的一类阀称为压力控制阀,简称压力

阀。压力阀按照功能和用途可分为溢流阀、减压阀、顺序阀以及压力继电器等。不同压力阀工作原理上的共同特点是根据阀芯受力平衡原理，利用被控液流的压力对阀芯的作用力与其他作用力(如弹簧力、电磁力等)的平衡条件，调节或控制阀芯开口量的大小来改变液流阻力的大小，从而达到调节和控制液体压力的目的。在具体的液压系统中，根据工作需要的不同，对压力控制的要求是各不相同的。

5.3.1　溢流阀

1. 溢流阀的结构和工作原理

溢流阀的主要作用是对液压系统定压或进行安全保护。几乎在所有的液压系统中都要用到溢流阀，其性能好坏对整个液压系统的正常工作有很大影响。溢流阀按控制方式分为直动式溢流阀和先导式溢流阀。在液压系统中溢流阀旁接在液压泵的出口，保证系统压力恒定或限制其最高压力，有时也旁接在执行元件的进口，对执行元件起安全保护作用。

1)直动式溢流阀

图 5-14(a)为直动式溢流阀的结构示意图。图 5-14(b)所示为直动式溢流阀的图形符号，也是溢流阀的一般符号。该阀由阀芯、阀体、弹簧、阀盖、调节杆、调节螺母等零件组成。图示位置，阀芯 3 在上端弹簧力的作用下处于最下端位置，阀芯台肩的封油长度将进、回油口隔断。来自进油口 P 的压力油经阀芯上的径向孔和阻尼孔 a 通入阀芯的底部，阀芯的下端便受到压力为 p 的油液的作用，如果作用面积为 A，则压力作用于该面上的力为 pA。调压弹簧 2 作用在阀芯上的预紧力为 F_s。当进油口压力 p 不高时($pA < F_s$)，阀芯处于下端(图示位置)，将进油的阀口 P 和回油口 T 隔开，即不溢流。当进油口 P 油压升高到能克服弹簧阻力(即 $pA > F_s$)时，便推开锥阀芯上移使阀口打开，油液就从进油口 P 流入，再从回油口 T 流回油箱。

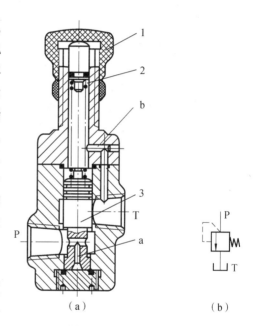

1—调节螺母；2—调压弹簧；3—阀芯。

图 5-14　直动式溢流阀的结构示意图和图形符号

(a)结构示意图；(b)图形符号

拧动调节螺母 1 改变弹簧预压缩量，便可调整溢流阀的溢流压力。阻尼孔 a 的作用是增加液阻以减少阀芯的振动。泄油口可将泄漏到弹簧腔的油引到回油口 T。这种溢流阀因液压油压力直接作用于阀芯，故称为直动式溢流阀。

直动式溢流阀结构简单，灵敏度高。但当控制较高压力或大流量时，需要安装刚度较大的硬弹簧，不但手动调节困难，而且溢流阀口开度略有变化便引起较大的压力变化。所以直动式溢流阀一般用于调定压力小于 2.5 MPa 的小流量场合，在中、高压系统中，多采用先导式溢流阀。

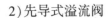

2）先导式溢流阀

图5-15（a）为先导式溢流阀的结构示意图，图5-15（b）所示为先导式溢流阀的图形符号。该阀由先导阀和主阀两部分组成。压力油从进油口（图中未示出）进入进油腔P后，经主阀芯5的轴向孔f进入主阀芯下端的控制油腔，同时油液又经阻尼孔e进入主阀芯上端的弹簧腔，再经孔c和d作用于先导阀的锥阀芯3上，此时远程控制口K不接通。当系统压力较低时，先导阀关闭，主阀芯两端压力相等，主阀芯在平衡弹簧4的作用下处于最下端（图示位置），主阀溢流口封闭。当系统压力升高时，主阀上腔的压力也随之升高，直至大于先导阀调压弹簧2的调定压力时，先导阀被打开，主阀上腔的压力油经锥阀阀口、小孔a、油腔T流回油箱。由于液压油流经阻尼孔e时会消耗能量，在主阀芯阻尼孔的两端会形成一定压力差，压力差产生的作用力将克服平衡弹簧的弹力使主阀芯上移，主阀溢流阀口开启，P和T接通实现溢流作用。拧动调节螺母1即可调节调压弹簧的预压缩量，从而调整系统压力。

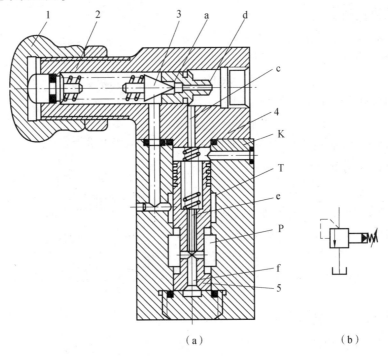

（a）　　　　　　　　　　　（b）

1—调节螺母；2—调压弹簧；3—锥阀芯；4—平衡弹簧；5—主阀芯。

图5-15　先导式溢流阀的结构示意图和图形符号

（a）结构示意图；（b）图形符号

在先导式溢流阀中，先导阀用于控制和调节溢流压力，主阀通过控制溢流口的启闭而稳定压力。由于需要通过先导阀的流量较小，锥阀的阀孔尺寸也较小，调压弹簧的刚度也就不大，因此调压比较轻便。主阀芯因两端均受油液压力作用，平衡弹簧只需很小刚度。当溢流量变化而引起主阀平衡弹簧压缩量变化时，溢流阀所控制的压力变化也就较小，故先导式溢流阀稳定性能优于直动式溢流阀。但先导式溢流阀必须在先导阀和主阀都动作后才能起控制压力作用，因此不如直动式溢流阀反应快。远程控制口K在一般情况下是不用的，若 K 口接远程调压阀，就可以对主阀进行远程控制。K 口接二位二通阀，通油箱，可使泵卸荷。

与直动式溢流阀相比，先导式溢流阀具有以下特点。

（1）阀的进口压力是通过先导阀芯和主阀阀芯两次比较得来的，压力值主要由先导阀弹簧的预压缩量确定，故该弹簧为溢流阀的调压弹簧。流经先导阀的流量很小，一般仅占主阀额定流量的 1%左右，因此先导阀阀座孔直径 d 很小。这样，即使是高压阀，先导阀弹簧的刚度也不大，阀的调节性能有了很大改善。而溢流流量的大部分经主阀阀口流回油箱，主阀弹簧只在阀口关闭时起复位作用，弹簧力很小。

（2）主阀芯的开启是利用液流流经阻尼孔形成的压力差来实现的。由于流经阻尼孔的流量很小，为形成足够开启阀芯的压力差，阻尼孔一般为细长孔。有的溢流阀的阻尼孔开在主阀芯上，孔径 $d = 0.8 \sim 1.2$ mm，孔长 $L = 8 \sim 12$ mm，因此，阻尼孔工作时易堵塞，而一旦堵塞则导致主阀口常开无法调节压力。

（3）远程控制口 K 接电磁换向阀则可组成电磁溢流阀，电磁换向阀在不同工作位置可实现系统的卸载或调压；若在远程控制口 K 接调压阀则可以实现远程控制或多级调压。

2. 溢流阀的应用

1）调压溢流

在采用定量泵供油的液压系统中，溢流阀通常并联在液压泵的出口处，在其进油路或回油路上设置节流阀或调速阀，使泵油的一部分进入液压缸工作，而多余的油须经溢流阀流回油箱，溢流阀处于其调定压力下的常开状态。调节弹簧的压紧力，也就调节了系统的工作压力。因此，在这种情况下，溢流阀的作用即为调压溢流，如图 5-16（a）所示。

2）安全保护

液压系统采用变量泵供油时，系统内没有多余的油需要溢流，其工作压力由负载决定。这时，与泵并联的溢流阀只有在过载时才打开，以保障系统的安全。因此，这种系统中的溢流阀又称为安全阀，它是常闭的，如图 5-16（b）所示。

3）使泵卸荷

如图 5-16（c）所示，先导式溢流阀对泵起调压溢流作用。当二位二通阀的电磁铁通电后，溢流阀远程控制口与油箱接通。此时，由于主阀弹簧很软，主阀芯在进口压力很低的情况下，即可迅速抬起，使泵卸荷，以减少能量消耗。此时，泵接近于空载运转，功耗很小，即处于卸荷状态。这种卸荷方法所用的二位二通阀可以是通径很小的阀。由于在实用中经常采用这种卸荷方法，为此常将溢流阀和串联在该阀远程控制口的电磁换向阀组合成一个元件，称为电磁溢流阀。

4）远程调压

当先导式溢流阀的远程控制口与调压较低的溢流阀连通时，其主阀芯上腔的油压只要达到低压阀的调定压力，主阀芯即可抬起溢流（其先导式溢流阀不再起调压作用），即实现远程调压。如图 5-16（d）所示，当电磁阀的电磁铁通电时，电磁阀的右位工作，将先导式溢流阀的远程控制口与低压调压阀连通，实现远程调压。

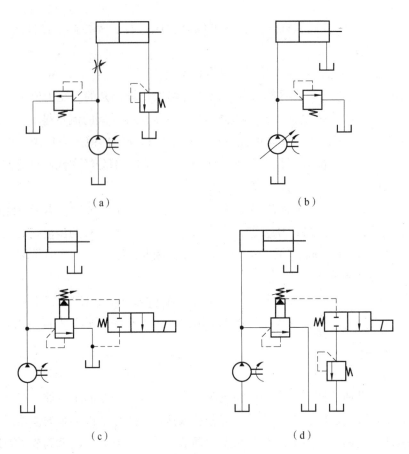

（a）　　　　　　　　　　（b）

（c）　　　　　　　　　　（d）

图 5-16　溢流阀的应用

（a）调压溢流；（b）安全保护；（c）使泵卸荷；（d）远程调压

5.3.2　减压阀

减压阀是一种将阀的进口压力经过减压后使出口压力降低并稳定的阀，又称为定值输出减压阀。按调节要求不同可分为用于保证出口压力为定值的定值减压阀；用于保证进出口压力差不变的定差减压阀；用于保证进出口压力成比例的定比减压阀。其中，定值减压阀应用最广，又简称为减压阀。这里只介绍定值减压阀。

1. 减压阀的结构及工作原理

减压阀也有直动式和先导式两种，图 5-17 为直动式减压阀的结构示意图和图形符号。P_1 口是进油口，P_2 口是出油口，当阀芯处在原始位置上时，它的阀口 a 是打开的，阀的进、出口连通。这个阀的阀芯由出口处的压力控制，出口压力未达到调定压力时阀口全开，阀芯不动。当出口压力达到调定压力时，阀芯上移，阀口开度 x_R 关小。如忽略其他阻力，仅考虑阀芯上的液压力和弹簧力相平衡的条件，则可以认为出口压力基本上维持在某一定值（调定值）上。这时如出口压力减小，阀芯下移，阀口开度 x_R 开大，阀口处阻力减小，压降减小，使出口压力回升，达到调定值。反之，如出口压力增大，则阀芯上移，阀口开度 x_R 关小，阀口处阻力加大，压降增大，使出口压力下降，达到调定值。

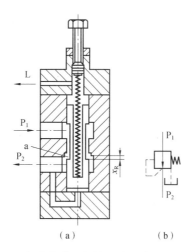

图 5-17　直动式减压阀的结构示意图和图形符号

（a）结构示意图；（b）图形符号

图 5-18 为先导式减压阀的结构示意图和图形符号。进口液压油经主阀阀口（减压缝隙）流至出口时，压力为 p_2。与此同时，出口液压油经过主阀芯 3 下腔，然后经主阀芯上的阻尼孔 e 到主阀芯上腔和先导阀的前腔。在负载较小、出口压力 p_2 低于调压压力时，先导阀关闭，主阀芯阻尼孔无液流通过，主阀芯上、下两腔压力相等，主阀芯在弹簧的作用下处于最下端，阀口全开，不起减压作用。若出口压力 p_2 随负载增大超过调压弹簧的调定压力时，先导阀阀口开启，主阀出口液压油经主阀芯阻尼孔到主阀芯上腔、先导阀口，再经泄油口回油箱。因阻尼孔的阻尼作用，主阀上、下两腔出现压力差（$p_2 - p_3$），主阀芯在压力差的作用下克服上端弹簧的阻力向上运动，主阀阀口减小而起到减压作用。当出口压力 p_2 下降到调定值时，先导阀芯和主阀芯同时处于受力平衡，出口压力保持稳定不变。通过调节调压弹簧的预压缩量，即调节弹簧力的大小可改变阀的出口压力。

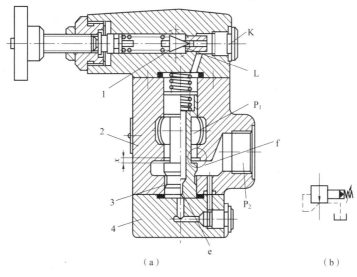

1—先导阀；2—阀体座；3—主阀芯；4—阀盖。

图 5-18　先导式减压阀的结构示意图和图形符号

（a）结构示意图；（b）图形符号

将先导式减压阀和先导式溢流阀进行比较，它们之间有以下几点不同之处。

（1）减压阀保持出口压力基本不变，而溢流阀保持进口处压力基本不变。

（2）在不工作时，减压阀进、出油口互通，而溢流阀进、出油口不通。

（3）为保证减压阀出口压力的调定值恒定，它的先导阀弹簧腔需通过泄油口单独外接油箱；而溢流阀的出油口是通油箱的，所以其先导阀的弹簧腔和泄漏油可通过阀体上的通道和出油口相通，不必单独外接油箱。

2. 减压阀的应用

减压阀在夹紧油路、控制油路和润滑油路中应用较多。图 5-19 所示为减压阀用于夹紧油路的工作原理，液压泵除供给主油路压力油外，还经分支路上的减压阀为夹紧缸提供较泵油压力低的稳定压力油，其夹紧力大小由减压阀来调节控制。

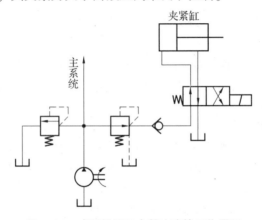

图 5-19　减压阀用于夹紧油路的工作原理

5.3.3　顺序阀

顺序阀利用液压系统中的压力变化来控制油路的通断，从而实现多个液压元件按一定的顺序动作。顺序阀按结构分为直动式和先导式；按控制液压油来源又分为内控式和外控式。

1. 顺序阀的结构和工作原理

顺序阀的工作原理和溢流阀相似，其主要区别是溢流阀的出油口接油箱，而顺序阀的出油口接执行元件。顺序阀的内泄漏油不能用通道与出油口相连，而必须用专门的泄油口接通油箱。图 5-20(a) 为直动式顺序阀的结构示意图，远程控制口 K 用螺塞堵住，外泄油口 L 通油箱。压力油从进油口 P_1（两个）通入，经阀体上的孔道 a 和端盖上的阻尼孔 b 流到控制活塞底部，当其推力能克服阀芯上调压弹簧的阻力时，阀芯上升，使进、出油口 P_1 和 P_2 连通。经阀芯与阀体间的缝隙进入弹簧腔的油液从外泄油口 L 泄入油箱。此种油口连通情况称为内控外泄顺序阀，其图形符号如图 5-20(b) 所示。如果将图 5-20(a) 中的端盖旋转 90° 或 180°，切断进油流往控制活塞下腔的通路，并去除远程控制口 K 的螺塞，引入控制压力油，便称为外控外泄式顺序阀，其图形符号如图 5-20(c) 所示。若将阀盖旋转 90°，可使弹簧腔与出油口 P_2 相连（图中未剖出），并将外泄油口 L 堵塞，便成为外控内泄式顺序阀，其图形符号如图 5-20(d)所示，它常用于使泵卸荷，故又称卸荷阀。

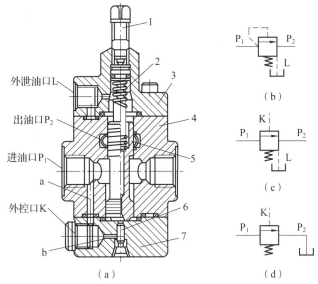

1—调节螺钉；2—弹簧；3—阀盖；4—阀体；5—阀芯；5—控制活塞；7—端盖。

图 5-20 直动式顺序阀的结构示意图和图形符号

(a)结构示意图；(b)、(c)、(d)图形符号

直动式顺序阀的最高工作压力可达 14 MPa，最高控制压力为 7 MPa。对性能要求较高的高压大流量系统，应采用先导式顺序阀。先导式顺序阀的结构与先导式溢流阀大体相似，其工作原理也基本相同，并同样有内控外泄、外控外泄和外控内泄等几种不同的控制泄油方式。

国产 XF 型顺序阀即为图 5-20 所示的结构，威格士系列的 R 型顺序阀的结构也与此相近。

现将顺序阀的特点归纳如下。

(1)内控外泄顺序阀与内控外泄溢流阀的相同点是阀口常闭，由进口压力控制阀口的开启。它们之间的区别是内控外泄顺序阀靠出口液压油来工作，当因负载建立的出口压力高于阀的调定压力时，阀的进口压力等于出口压力，作用在阀芯上的液压力大于弹簧力和液动力，阀口全开；当负载所建立的出口压力低于作用在阀芯上的调定压力时，阀的进口压力等于调定压力，作用在阀芯上的液压力、弹簧力、液动力保持平衡，阀开口的大小一定，满足压力流量方程。因阀的出口压力不等于 0，故弹簧腔的内泄漏油需单独引回油箱。

(2)内控内泄顺序阀的图形符号和动作原理与内控内泄溢流阀相同，但实际使用时，内控内泄顺序阀串联在液压系统的回油路中使回油具有一定的压力，而内控内泄溢流阀则旁接在主油路中，如泵的出口、液压缸的进口。因为它们在性能要求上存在一定的差异，所以二者不能混用。

(3)外控内泄顺序阀在功能上等同于液动二位二通阀，其出口接回油箱，因作用在阀芯上的液压力为外力，而且大于阀芯的弹簧力，因此工作时阀口处于全开状态，用于双泵供油回路时可使大流量泵卸载。

(4)外控外泄顺序阀除可作为液动开关阀外，还可用于变重力负载系统中，称之为限速锁。

2. 顺序阀的应用

1)顺序动作回路

图 5-21 所示为机床夹具用顺序阀实现工件先定位后夹紧的顺序动作回路。当换向阀右位工作时，压力油首先进入定位缸下腔，完成定位动作后，系统压力升高，达到顺序阀调定压力(为保证工作压力可靠，顺序阀的调定压力应比定位缸高 0.5～0.8 MPa)时，顺序阀打开，压力油经顺序阀进入夹紧缸下腔，实现液压夹紧。当换向阀左位工作时，压力油同时进入定位缸和夹紧缸上腔，拔出定位销，松开工件，夹紧缸通过单向阀回油。

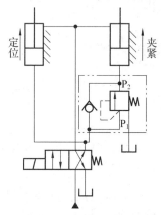

图 5-21　顺序动作回路

2)平衡回路

为了保持垂直放置的液压缸不因自重而自行下落，可将单向阀与顺序阀并联构成的单向顺序阀接入油路，如图 5-22(a)所示，此油路即为平衡回路，此单向顺序阀又称为平衡阀。顺序阀的开启压力要足以支撑运动部件的自重，当换向阀处于中位时，液压缸即可悬停。

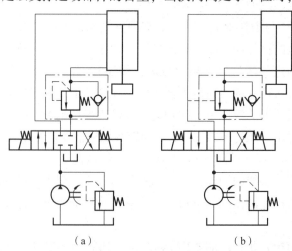

（a）　　　　　　　　　（b）

图 5-22　平衡回路

(a)用单向顺序阀的平衡回路；(b)用液控顺序阀的平衡回路

回路的特点及应用：顺序阀的压力调定后，若工作负载变小，系统的功率损失将增加；由于顺序阀和换向阀存在泄漏，活塞不可能长时间停在任意位置上。该回路适用于工作负载固定且活塞锁紧精度要求不高的场合。

图5-22(b)所示为用液控顺序阀的平衡回路。当电磁阀处于左位时，压力油进入液压缸上腔，并进入液控顺序阀的控制口，打开顺序阀使背压消失。当电磁阀处于中位时，液压缸上腔卸压，使液控顺序阀迅速关闭，以防止活塞和工作部件因自重下降，并锁紧。

回路的特点及应用：液控顺序阀的启闭取决于控制口的油压，此回路的效率较高；当只有液压缸上腔进油时，活塞才下行，比较可靠；活塞下行时平稳性较差，其原因是，当由于运动部件重力作用而下降过快时，系统压力下降，使液控顺序阀关闭，活塞停止下行，使缸上腔油压升高，又打开液控顺序阀，因此液控顺序阀始终工作在启闭的过渡状态，因而影响工作的平稳性。此回路适用于运动部件质量不很大，停留时间较短的系统。

5.3.4　压力继电器

压力继电器是一种将油液的压力信号转换成电信号的电液控制元件。当油液压力达到压力继电器的调定压力时，即发出电信号，以控制电磁铁、电磁离合器、继电器等元件动作，使油路卸压、换向，执行元件实现顺序动作，或关闭电动机，使系统停止工作，起安全保护作用等。常用的压力继电器都是由压力与位移转换装置和微动开关两部分组成的。按压力与位移转换装置的结构划分，有柱塞式、弹簧管式、膜片式和波纹管式4类，其中以柱塞式最常用。

图5-23为单触点柱塞式压力继电器的结构示意图和图形符号。液压油从进油口P进入后作用在柱塞5的底部，如果液压油的压力已达到弹簧的调定值，它便克服弹簧的阻力和柱塞表面的摩擦力推动柱塞上升，通过顶杆2触动微动开关4发出电信号。拧动调节螺钉3可改变弹簧的压缩量，相应就调节了发出电信号时的控制油压力。当系统压力较低时，在弹簧力的作用下，柱塞下移，压力继电器复位切断电信号。

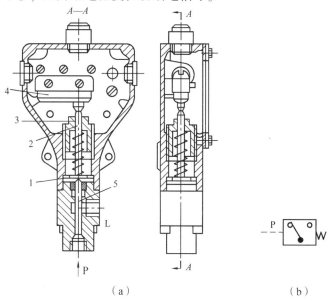

1—限位挡块；2—顶杆；3—调节螺钉；4—微动开关；5—柱塞。

图5-23　单触点柱塞式压力继电器的结构示意图和图形符号

（a)结构示意图；(b)图形符号

压力继电器发出电信号时的压力称为开启压力，切断电信号时的压力称为闭合压力。开启时，柱塞、顶杆移动时所受到的摩擦力的方向与压力的方向相反；闭合时，柱塞、顶杆移动时所受到的摩擦力的方向与压力的方向相同。因此，开启压力比闭合压力大，两者之差称为通断调节区间。通断调节区间要足够大，否则，系统压力脉动变化时，压力继电器发出的电信号会时断时续。

5.3.5　压力控制阀的常见故障及排除方法

各种压力控制阀的结构和原理十分相似，在结构上仅有局部不同，有的是进出油口连接差异，有的是阀芯结构形状做局部改变，所以本小节仅把溢流阀和减压阀常见故障及排除方法列举出来。在实际工作中，对于其他的压力控制阀常见故障及排除方法，可以参考溢流阀和减压阀。

1. 溢流阀的常见故障及排除方法

溢流阀的常见故障及排除方法如表5-8所示。

表5-8　溢流阀的常见故障及排除方法

故障现象	产生原因	排除方法
压力上不去，达不到调定压力，溢流阀提前开启	(1) 主阀芯与滑套配合间隙内有污物或主阀芯卡死在打开位置； (2) 主阀芯阻尼小孔内有污物堵塞； (3) 主阀芯弹簧漏装或折断； (4) 先导阀(针形)与阀座之间有污物黏附，不能密合； (5) 先导阀(针形)与阀座之间密合处产生磨损，针形阀有拉伤、磨损环状凹坑或阀座呈锯齿状甚至有缺口； (6) 调压弹簧失效； (7) 调压弹簧压缩量不够； (8) 远控口未堵住(对安装在多路阀内的溢流阀，若需要溢流阀卸荷，其远控口是由其他方向阀的阀杆移动堵住的)	(1) 拆卸清洗；用尼龙刷等清除主阀芯卸荷槽尖棱边的毛刺；保证阀芯与阀套配合间隙在0.008～0.015 mm内灵活运动； (2) 清洗主阀芯，并用 ϕ0.8 mm细钢丝通小孔，或用压缩空气吹通； (3) 加装主阀芯弹簧或更换主阀芯平衡弹簧； (4) 清洗先导阀； (5) 更换针形阀与阀座； (6) 更换失效弹簧； (7) 重调弹簧，并拧紧紧固螺母； (8) 查明原因，保证泵不卸荷，远控口与油箱之间堵死
当进口压力超过调定压力时，溢流阀也不能开启	(1) 主阀芯与阀套配合间隙内卡有污物或主阀芯有毛刺，使主阀芯卡死在关闭位置上； (2) 调压弹簧失效； (3) 主阀芯液压卡紧； (4) 主阀芯弹簧与调压弹簧装反或主阀芯弹簧误装成较硬弹簧； (5) 调压弹簧腔的泄油孔通道有污物堵塞	(1) 拆卸清洗；用尼龙刷等清除主阀芯卸荷槽尖棱边的毛刺；保证阀芯与阀套配合间隙在0.008～0.015 mm内灵活运动； (2) 更换弹簧； (3) 恢复主阀精度，补卸荷槽；更换主阀芯； (4) 检查更正重装； (5) 清洗，并用压缩空气吹净

故障现象	产生原因	排除方法
压力振摆大，噪声大	（1）主阀芯弹簧腔内积存空气； （2）主阀芯与阀套间有污物或主阀芯有毛刺、配合间隙过大、过小，使主阀芯移动不规则； （3）先导阀（针形）与阀座之间密合处产生磨损；针形阀有拉伤、磨损环状凹坑或阀座成锯齿状甚有缺口； （4）主阀芯阻尼孔时堵时通； （5）主阀芯弹簧或调压弹簧失去弹性，使阀芯运动不规则； （6）主阀芯弹簧与调压弹簧装反或主阀芯弹簧误装成较硬弹簧； （7）二级同心的溢流阀同心度不够	（1）使溢流阀在高压下开启低压开关，反复数次； （2）拆卸清洗；用尼龙刷等清除主阀芯卸荷槽尖棱边的毛刺，保证阀芯与阀套配合间隙在0.008~0.015 mm内灵活运动； （3）更换针形阀与阀座； （4）清洗，并酌情更换变质的液压油； （5）检查更换； （6）检查更正重装； （7）更换不合格产品

2. 减压阀的常见故障及排除方法

减压阀的常见故障及排除方法如表5-9所示。

表5-9　减压阀的常见故障及排除方法

故障现象	产生原因	排除方法
不起减压作用，出油口几乎等于进油口压力	（1）主阀芯与阀体孔之间间隙里有污物，主阀芯与阀体孔的形位公差超差产生液压卡紧；主阀芯或阀体棱边上有毛刺没除去，造成主阀芯卡死在全开位置； （2）主阀芯表面或阀孔拉毛，配合间隙过小； （3）主阀芯短阻尼孔堵塞； （4）泄油孔油塞未拧出； （5）拆修后顶盖方向装错，使输出油孔与泄油孔打通	（1）分别拆卸检查清洗；修复达到精度；去毛刺； （2）研磨阀孔，再配阀芯；配合间隙一般为0.007~0.015 mm； （3）清洗，并用钢丝通孔或用压缩空气吹通； （4）应拧出泄油塞，使该孔与油箱接通，并保持泄油管畅通； （5）检查调整
输出压力达不到调定压力	（1）先导锥阀与阀座密合不良； （2）调压弹簧疲劳变软或折断； （3）主阀和先导阀结合面之间漏油； （4）调压手轮（螺钉）螺纹拉伤，不能调压	（1）更换或研配； （2）更换； （3）检查O形密封圈，若失效应更换；拧紧螺钉； （4）更换
不稳定，有时噪声也大	（1）先导阀与阀座配合不好，或有污物或损伤造成密合不良； （2）调压弹簧失效，造成锥阀时开时闭，振荡； （3）泄油口或泄油管时堵时通； （4）主阀芯阻尼孔时堵时通； （5）主阀芯弹簧变形或失效，使主阀芯失去移动调节作用； （6）主阀芯与阀孔的圆度超过规定； （7）油液中混入空气	（1）研磨修配或更换； （2）更换； （3）检查清洗； （4）检查疏通阻尼孔；换油； （5）更换主阀芯弹簧； （6）研磨修配阀孔，修配滑阀； （7）采取措施排除空气

5.4 流量控制阀

流量控制阀，简称为流量阀，是液压系统中用于调节和控制液流流量的一类阀。通过流量控制阀可以调节或控制执行元件液压缸或液压马达的运动速度。流量控制阀依靠改变阀口通流截面积的大小或通流通道的长短来控制流量，常用的流量控制阀有节流阀、调速阀等。

流量控制阀应满足如下要求：有足够的调节范围；能保证稳定的最小流量；流量受温度和压力变化的影响要小；调节方便；泄漏小等。

5.4.1 流量控制原理及节流口的形式

1. 节流口的流量特性公式

流量控制阀的输出流量与节流口的结构形式有关，实际的节流口都介于理想薄壁孔和细长孔之间，故其流量特性可用小孔流量通用公式来描述

$$q_{\mathrm{v}} = KA_{\mathrm{T}}\Delta p^{m}$$

式中：K——节流系数，一般可视为常数，由节流口形状、液体流态、油液性质等因素决定；

A_{T}——可变节流口的通流截面积（节流阀的开口面积）；

Δp——孔口或缝隙的前后压力差；

m——指数，对于薄壁孔 $m = 0.5$，对于细长孔 $m = 1$，介于两者之间的节流口，$0.5 < m < 1$。

由上式可知，流经节流阀的流量 q_{v} 与阀前后压力差 Δp 和开口面积 A_{T} 之间的关系。当 K、Δp 和 m 一定时，只要改变节流口 A_{T}，就可调节通过节流口的流量 q_{v}。

节流阀的开口面积 A_{T} 调定以后，通过其流量 q_{v} 即不再发生变化，以使执行元件的速度保持稳定不变，这在实际上是做不到的。其主要原因：液压系统负载一般情况下不为定值，负载变化后，执行元件的工作压力也随之变化；与执行元件相连的节流阀，其前后压力差 Δp 发生变化后，流量也就变化。同时，油温变化时引起油的黏度发生变化，小孔流量通用公式中的系数 K 值就发生变化，从而使流量发生变化。另外，油液中的杂质及因氧化而产生的胶质和沥青等胶状物质也会堵塞或积聚在节流口上，积聚物有时又会被高速液流冲掉，使节流口面积时常变化而影响流量稳定性。通流截面积越大，水力直径越大，节流通道越短，节流口就越不容易堵塞，流量稳定性也就越好。流量控制阀有一个保证正常工作的最小流量限制值，称为最小稳定流量。

2. 节流口的形式

任何一个流量控制阀都有一个节流部分，即节流口。改变节流口通流截面积大小，即可达到调节执行装置运动速度的目的。节流口的形式很多，常用的如图 5-24 所示。其中，图 5-24(a) 为针阀式节流口，阀芯做轴向移动，便可调节流量。图 5-24(b) 为偏心槽式节流口，转动阀芯来改变通流截面积大小，即可调节流量。这两种节流口结构简单，工艺性好，但流量不够稳定，易堵塞，一般用于对性能要求不高的场合。图 5-24(c) 为轴向三角沟式节

流口，轴向移动阀芯，便可调节流量。此种节流口结构简单，容易制造，流量稳定性好，不易堵塞，故应用广泛。图5-24(d)为周向缝隙式节流口，阀芯上沿圆周上开有一段狭缝，旋转阀芯可以改变缝隙的通流截面积，使流量得到调节。图5-24(e)为轴向缝隙式节流口，在套筒上开有轴向缝隙，轴向移动阀芯就可以改变缝隙的通流截面积大小以调节流量。后两种节流口性能较好，但结构复杂，加工要求较高，故用于流量调节性能要求高的场合。

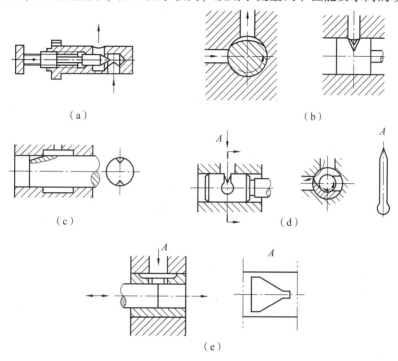

图5-24 常用的节流口的结构形式
(a)针阀式；(b)偏心槽式；(c)轴向三角沟式；(d)周向缝隙式；(e)轴向缝隙式

5.4.2 节流阀

图5-25为节流阀的结构示意图和图形符号。液压油从进油口 P_1 流入，经孔a、阀芯1左端的轴向三角槽、孔b和出油口 P_2 流出。阀芯在弹簧力的作用下始终紧贴在推杆2的端部。节流口所在阀芯的锥部通常开有2个或4个三角槽。调节手轮3，可使推杆沿轴向移动，从而改变进、出油口之间的通流截面积，即可调节流量。

这种节流阀的结构简单、体积小、使用方便、成本低，阀口的调节范围大，流量与阀口前后的压力差成线性关系，有较小的稳定流量，但流道有一定长度，流量易受温度和负载影响，因此只适用于温度和负载变化不大或速度稳定要求不高的液压系统。

实验表明，当节流阀在小开口面积下工作时，虽然阀的前后压力差 Δp 和油液黏度 μ 均保持不变，但流经阀的流量 q_v 会出现时多时少的周期性脉动现象，随着开口的逐渐减小，流量脉动变化加剧，甚至出现间歇式断流，使节流阀完全丧失工作能力，这种现象称为节流阀的堵塞现象。造成堵塞现象的主要原因是油液中的污物堵塞流口，即污物时堵时而冲走造成流量脉动变化；另一个原因是油液中的极化分子和金属表面的吸附作用导致节流缝隙表面形成吸附层，使节流口的大小和形状发生改变。

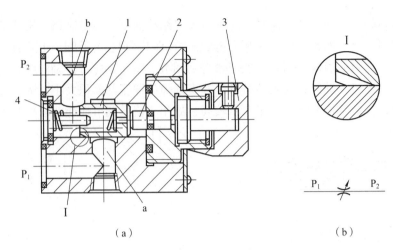

1—阀芯；2—推杆；3—手轮；4—弹簧。

图5-25 节流阀的结构示意图和图形符号

(a)结构示意图；(b)图形符号

节流阀的堵塞现象使节流阀在很小的流量下工作时流量不稳定，导致执行元件出现爬行现象。因此，对节流阀应有一个能正常工作的最小流量限制。这个限制值称为节流阀的最小稳定流量，用于系统则限制了执行元件的最低稳定速度。

5.4.3 调速阀

由于节流阀刚性差，通过阀口的流量因阀口前后压力差变化而波动，因此仅适用于执行元件工作负载不大，且对速度稳定性要求不高的场合。为解决负载变化大的执行元件的速度稳定性问题，应采取措施保证负载变化时，节流阀的前后压力差不变。具体结构有节流阀与定差减压阀串联组成的调速阀，又称为普通调速阀；节流阀与差压式溢流阀并联组成的溢流节流阀，又称为旁通型调速阀。

1. 调速阀的工作原理

图5-26为调速阀的结构示意图和图形符号，其工作原理：压力油进入调速阀后，先经过定差减压阀的阀口 x（压力由 p_1 减至 p_2），然后经过节流阀阀口 y 流出，出口压力为 p_3。从图中可以看到，节流阀进出口压力 p_2、p_3 经过阀体上的流道被引到定差减压阀阀芯的两端（p_3 引到阀芯弹簧端，p_2 引到阀芯无弹簧端）。节流阀的进、出口压力差（$p_2 - p_3$）由定差减压阀确定为定值，因此，对应于一定的节流阀开口面积 A_T、流经阀的流量 q_v 一定。设调速阀的进口压力 p_1 为定值，在出口压力 p_3 因负载增大而增加导致调速阀的进出口压力差（$p_2 - p_3$）突然减小的同时，因 p_3 的增大势必破坏定差减压阀阀芯原有的受力平衡，于是阀芯向阀口增大的方向运动，定差减压阀的减压作用削弱，节流阀进口压力 p_2 随之增大，当 $p_2 - p_3 = F_t/A$ 时，定差减压阀阀芯在新的位置平衡。当出口压力 p_3 因负载减小而导致（$p_2 - p_3$）突然增大时，与上面分析类似，同样可保证（$p_2 - p_3$）基本不变。由此可知，定差减压阀的压力补偿作用，可保证节流阀前后压力差（$p_2 - p_3$）不受负载的干扰，基本保持不变。

调速阀的结构可以是定差减压阀在前，节流阀在后，也可以是节流阀在前，定差减压阀在后。二者在工作原理和性能上完全相同。需要说明的是，为保证定差减压阀能够起压力补偿作用，调速阀进、出口压力差应大于由弹簧力和液动力所确定的最小压力差，否则仅相当于普通节流阀，无法保证流量稳定。使用过程中，如果调速阀中定差减压阀的阀芯运动不灵活或卡死，以及弹簧过软都会造成通过调速阀的流量不稳定。

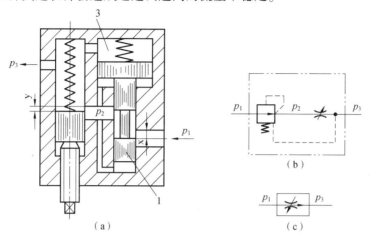

1—定差减压阀阀芯；2—节流阀阀芯；3—弹簧。

图5-26　调速阀的结构示意图和图形符号

(a)结构示意图；(b)图形符号；(c)简化图形符号

2. 调速阀的流量特性

在调速阀中，节流阀既是一个调节元件，又是一个检测元件。当阀的开口面积调定之后，它一方面能够控制流量的大小，另一方面用于检测流量信号并将其转换为阀口前、后压力差，再反馈作用到定差减压阀阀芯的两端与弹簧力相比较。当检测的压力差值偏离预定值时，定差减压阀阀芯产生相应的位移，改变减压缝隙的大小以进行压力补偿，进而保证节流阀前、后压力差基本保持不变。然而，定差减压阀阀芯的位移势必引起弹簧力和液动力的波动，因此，节流阀前、后压力差只能是基本不变，即流经调速阀的流量基本稳定。

节流阀和调速阀的流量特性曲线如图5-27所示。由图可见，当调速阀前、后两端的压力差超过最小值 $\Delta p_{\min}$ 以后，流量是稳定的。而在 $\Delta p_{\min}$ 以内，流量随压力差的变化而变化，其变化规律与节流阀相一致。这是因为当调速阀的压差过低时，将导致其内的定差减压阀阀口全部打开，减压阀处于非工作状态，只剩下节流阀在起作用，故此段曲线和节流阀曲线基本一致。

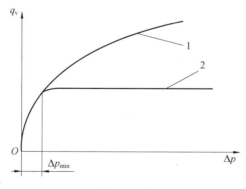

1—节流阀；2—调速阀。

图5-27　节流阀和调速阀的流量特性曲线

3. 旁通型调速阀

旁通型调速阀又称为溢流节流阀，图 5-28 为其结构示意图和图形符号。它由差压式溢流阀 1 和节流阀 2 并联组成，阀体上有一个进油口、二个出油口。其工作原理：液压泵的来油 p_1 引到进油口后，一条支路经节流阀阀口到执行元件，一条支路经差压式溢流阀阀口 x 回油箱。因节流阀的进、出口压力 p_1、p_2 被分别引到差压式溢流阀阀芯的两端，在溢流阀阀芯受力平衡时，压力差(p_1-p_2)被弹簧力确定为基本不变，因此流经节流阀的流量基本稳定。若负载变化引起节流阀出口压力 p_2 增大，差压式溢流阀阀芯弹簧端的液压力将随之增大，阀芯原有的受力平衡被破坏，阀芯向阀口减小的方向位移，阀口减小使其阻尼作用增强，于是进口压力 p_1 增大，阀芯受力重新平衡。因差压式溢流阀的弹簧刚度很小，因此阀芯的位移对弹簧力影响不大，即阀芯在新的位置平衡后，阀芯两端的压力差，也就是节流阀前后压力差(p_1-p_2)保持不变。在负载变化引起节流阀出口压力 p_2 减小时，类似上面的分析，同样可保证节流阀前后压力差(p_1-p_2)基本不变。旁通型调速阀用于调速时只能安装在执行元件的进油路上，其出口压力 p_2 随执行元件的负载而变。由于工作时节流阀进、出口压力差不变，因此阀的进口压力，即系统压力 $p_1=p_2+F_t/A$，这时系统为变压系统。与普通调速阀调速回路相比，旁通型调速阀的调速回路效率较高。

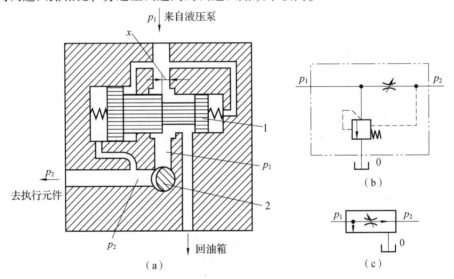

1—差压式溢流阀；2—节流阀。

图 5-28　旁通型调速阀的结构示意图和图形符号

(a)结构示意图；(b)图形符号；(c)简化图形符号

5.5　叠加式液压阀

叠加式液压阀简称叠加阀，它是近三十年内发展起来的集成式液压元件，采用这种阀组成液压系统时，不需要另外的连接块，它以自身的阀体作为连接体直接叠合而成所需的液压系统。叠加阀的工作原理与一般液压阀基本相同，但在具体结构和连接尺寸上则不相同，它自成系列，每个叠加阀既有一般液压元件的控制功能，又起到通道体的作用。每一种通径系列的叠加阀其主油路通道和螺栓连接孔的位置都与所选用的相应通径的换向阀相同，因此同一通径的叠加阀都能按要求叠加起来组成各种不同控制功能的系统。用叠加阀组成的液压系统具有以下特点：

（1）结构紧凑，体积和质量小；

（2）安装简便，装配周期短；

（3）系统如有变化，改变工况，需要增减元件时，组装方便迅速；

（4）元件之间实现无管连接，消除了油管、管接头等引起的泄漏、振动和噪声；

（5）整个系统配置灵活，外观整齐，维护保养容易；

（6）标准化、通用化和集成化程度较高。

通常使用的叠加阀有 $\phi6$ mm、$\phi10$ mm、$\phi16$ mm、$\phi20$ mm 和 $\phi32$ mm 5 个通径系列，额定工作压力为 20 MPa，额定流量为 10~200 L/min。叠加阀的分类与一般液压阀相同，它同样分为压力控制阀、流量控制阀和方向控制阀三大类，其中方向控制阀仅有单向阀类，主换向阀是普通的板式阀，不属于叠加阀。以下介绍两种叠加阀。

1. 叠加式溢流阀

叠加式溢流阀由主阀和先导阀两部分组成，如图 5-29 所示，主阀芯 6 为单向阀二级同心结构，先导阀即为锥阀式结构。图 5-29（a）为 Y_1-F10D-P/T 型溢流阀的结构示意图，其中 Y 表示溢流阀，F 表示压力等级（$p=20$ MPa），10 表示为 $\phi10$ mm 通径系列，D 表示叠加阀，P/T 表示该元件进油口为 P，出油口为 T。图 5-29（b）所示为其图形符号。据使用情况不同，还有 P_1/T 型，其图形符号如图 5-29（c）所示，这种阀主要用于双泵供油系统的高压泵的调压和溢流。

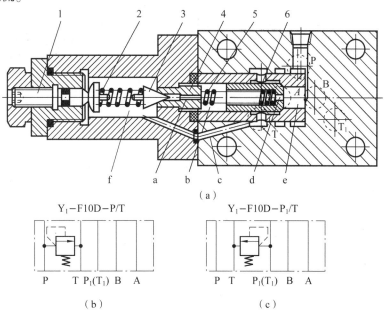

1—推杆；2—先导阀弹簧；3—锥阀；4—阀座；5—弹簧；6—主阀芯。

图 5-29 叠加式溢流阀的结构示意图和图形符号

（a）结构示意图；（b）、（c）图形符号

叠加式溢流阀的工作原理同一般的先导式溢流阀，它利用主阀芯两端的压力差来移动主阀芯，以改变阀口的开度，油腔 e 和进油口 P 相通，e 和回油口 T 相通，压力油作用于主阀芯的右端，同时经阻尼小孔 d 流入阀芯左端，并经小孔 a 作用于锥阀 3 上，当系统压力低于

溢流阀的调定压力时，锥阀关闭，阻尼孔 d 没有液流流过，主阀芯两端液压力相等，主阀芯在弹簧 5 作用下处于关闭位置；当系统压力升高并达到溢流阀的调定值时，锥阀在液压力作用下压缩先导阀弹簧 2 并使阀口打开。于是，主阀腔的油液经锥阀阀口和孔 e 流入 T 口，当油液通过主阀芯上的阻尼孔 d 时，便产生压差，使主阀芯两端产生压力差。在这个压力差的作用下，主阀芯克服弹簧力和摩擦力向左移动，使阀口打开，溢流阀便实现在一定压力下溢流。调节先导阀弹簧的预压缩量便可改变该叠加式溢流阀的调定压力。

2. 叠加式调速阀

图 5-30(a) 为 QA-F6/10D-BU 型单向调速阀的结构示意图，它是一种叠加式调速阀。QA 表示流量阀，F 表示压力等级(20 MPa)，6/10D 表示该阀阀芯通径为 $\phi6$ mm，而其接口尺寸属于 $\phi10$ mm 系列的叠加式液压阀，BU 表示该阀适用于出口节流(回油路)调速的液压缸 B 腔油路。其工作原理与一般调速阀基本相同：当压力为 p 的油液经 B 口进入阀体后，经小孔 f 流至单向阀 1 左侧的弹簧腔，液压力使锥阀式单向阀关闭，压力油经另一孔道进入减压阀 5(分离式阀芯)，油液经控制口后，压力降为 p_1。压力为 p_1 的油液经阀芯中心小孔 a 流入阀芯左侧弹簧腔，同时作用于大阀芯左侧的环形面积上。在油液经节流阀 3 的阀口流入 e 腔并经出油口 B′ 引出的同时，油液又经油槽 d 进入油腔 c，再经孔道 b 进入减压阀大阀芯右侧的弹簧腔。这时，通过节流阀的油液压力为 p_2，减压阀阀芯上受到 p_1、p_2 的压力和弹簧力的作用而处于平衡，从而保证了节流阀两端压力差($p_1 - p_2$)为常数，也就保证了通过节流阀的流量基本不变。图 5-30(b) 所示为其图形符号。

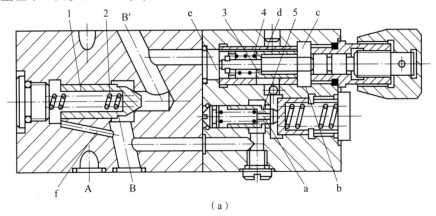

(a)

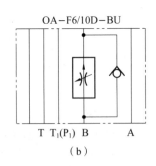

(b)

1—单向阀；2、4—弹簧；3—节流阀；5—减压阀。

图 5-30　叠加式调速阀的结构示意图和图形符号

(a)结构示意图；(b)图形符号

5.6 二通插装阀

二通插装阀是一种插装式二位二通阀,在高压大流量的液压系统中应用很广。由于插装式元件已标准化,因此可将几个插装式元件组成复合阀。按功能可分为插装压力控制阀、插装流量控制阀和插装方向控制阀;按控制方式可分为通断式和比例式插装阀;按安装方式可分为盖板插装阀和螺纹插装阀。它和普通液压阀相比较,具有下述优点:

(1)通流能力强,特别适用于大流量的场合,它的最大通径可达 250 mm,通过的最大流量可达 10 000 L/min;

(2)阀芯动作灵敏,抗堵塞能力强;

(3)密封性好,泄漏小,油液流经阀口压力损失小;

(4)结构简单,易于实现标准化。

从工作原理而言,二通插装阀是一个液控单向阀。图 5-31(a)为二通插装阀的插装式元件的结构示意图,图 5-31(b)为其图形符号。由图可见,插装式元件由阀套 1、阀芯 2 和弹簧 3 组成。A、B 为主油路通口,C 为控制油路通口。设 A、B、C 油口的压力及其作用面积分别为 p_A、p_B、p_C 和 A_1、A_2、A_3,$A_3 = A_1 + A_2$,F_s 为弹簧作用力。如不考虑阀芯的重力和液流的液动力,则当 $p_A A_1 + p_B A_2 > p_C A_3 + F_s$ 时,阀芯开启,油路 A、B 接通。

阀的 A 口通压力油,B 口为输出口,则改变控制口 C 的压力便可控制 B 口的输出。当控制口 C 接油箱时,A、B 接通;当控制口 C 通控制压力 p_C,且 $p_C A_3 + F_s > p_A A_1 + p_B A_2$ 时,阀芯关闭,A、B 不通。

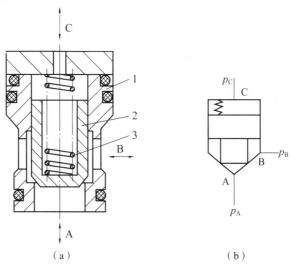

1—阀套;2—阀芯;3—弹簧。

图 5-31 二通插装阀

(a)结构示意图;(b)图形符号

二通插装阀可通过不同的盖板和各种先导阀组合,构成方向控制阀、压力控制阀和流量控制阀。图 5-32 所示为二通插装阀用作方向控制阀的例子。图 5-32(a)为单向阀,当 $p_A > p_B$ 时,阀芯关闭,A、B 不通;当 $p_B > p_A$ 时,阀芯开启,油液可从 B 流向 A。图 5-32(b)为二位二通阀，当电磁阀断电时，阀芯开启，A、B 接通；当电磁铁通电时，阀芯关闭，A、B 不通。图 5-32(c)为二位三通阀，当电磁铁断电时，A、T 接通；当电磁铁通电时，A、P 接通。图 5-32(d)为二位四通阀，当电磁铁断电时，P 和 B 接通，A 和 T 接通；当电磁铁通电时，P 和 A 接通，B 和 T 接通。

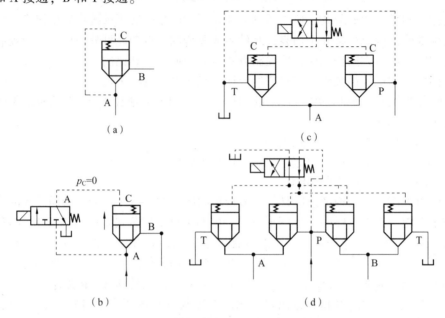

图 5-32　二通插装阀用作方向控制阀的例子

(a)单向阀；(b)二位二通阀；(c)二位三通阀；(d)二位四通阀

对插装阀的控制腔 C 进行压力控制，便可构成压力控制阀。图 5-33 所示为二通插装阀用作压力控制阀的例子。图 5-33(a)中，若 B 接油箱，则插装阀起溢流阀作用；若 B 接另一油口，则插装阀起顺序阀作用。图 5-33(b)中，用常开式滑阀阀芯作减压阀，B 为一次压力油进口，A 为出口。由于控制油取自 A 口，因而能得到恒定的二次压力 p_2，所以这里的插装阀用作减压阀。图 5-33(c)中，插装阀的控制腔再接一个二位二通电磁阀，当电磁铁通电时，插装阀便用作卸荷阀。

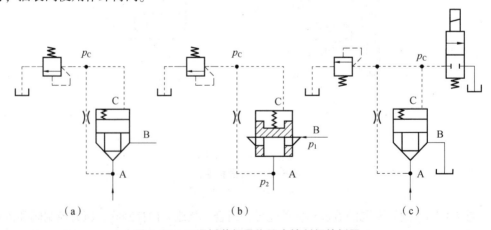

图 5-33　二通插装阀用作压力控制阀的例子

(a)溢流阀或顺序阀；(b)减压阀；(c)卸荷阀

如图 5-34 所示为二通插装阀用作流量控制阀的例子。在阀的顶盖上有阀芯升高限位装置，通过调节限位装置的位置，便可调节阀口通流截面的大小，从而调节了流量。图 5-34 (a) 中插装阀用作节流阀，而图 5-34(b) 中则用作调速阀。

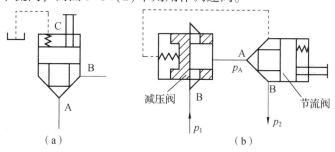

（a）　　　　　　　　　　　（b）

图 5-34　二通插装阀用作流量控制阀的例子
(a)节流阀；(b)调速阀

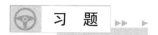

5-1　选择换向阀时应考虑哪些问题？

5-2　分别说明 O 型、M 型、P 型和 H 型三位四通换向阀在中间位置时的性能特点，并指出它们各适用什么场合。

5-3　溢流阀、减压阀和顺序阀各有什么作用？它们在原理上、结构上和图形符号上有何异同？

5-4　先导式溢流阀的阻尼小孔起什么作用？若将其堵塞或加大会出现什么情况？

5-5　在系统中有足够负载的情况下，先导式溢流阀、减压阀及调速阀的进、出油口反接会出现什么现象？

5-6　背压阀的作用是什么？哪些阀可以作背压阀？

5-7　如题 5-7 图所示，两液压系统中溢流阀的调定压力分别为 $p_A = 4$ MPa，$p_B = 3$ MPa，$p_C = 3$ MPa，当系统的负载为无穷大时，泵的出口压力各为多少？

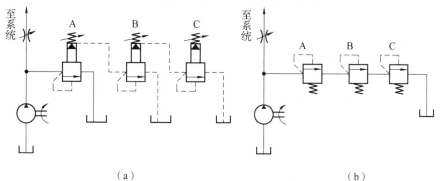

（a）　　　　　　　　　　　　　　（b）

题 5-7 图

5-8　一夹紧回路如题 5-8 图所示。若溢流阀的调定压力 5 MPa，减压阀的调定压力 2.5 MPa。试分析活塞快速运动时和工件夹紧后，A、B 两点的压力各为多少？

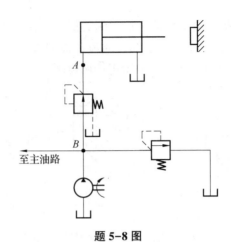

题 5-8 图

5-9 什么叫压力继电器的开启压力、闭合压力、调节区间?

5-10 如题 5-10 图所示,两个减压阀的调定压力不同,当两阀串联时,出口压力取决于哪个减压阀?当两个阀并联时,出口压力取决于哪个减压阀?为什么?

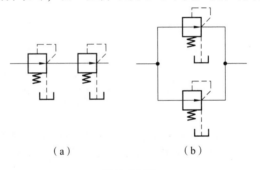

（a）   （b）

题 5-10 图

5-11 3 个溢流阀的调定压力如题 5-11 图所示。试问泵的供油压力有几级?数值各多大?

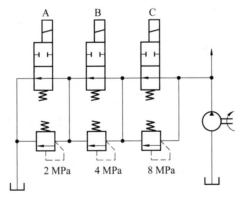

题 5-11 图

5-12 如题 5-12 图所示液压回路中,已知液压缸有效工作面积 $A_1 = A_3 = 100 \ \text{cm}^2$, $A_2 = A_4 = 50 \ \text{cm}^2$,当最大负载 $F_1 = 14 \ \text{kN}$, $F_2 = 4.25 \ \text{kN}$,背压力 $p = 0.15 \ \text{MPa}$,节流阀 2 的压差 $\Delta p = 0.2 \ \text{MPa}$ 时,问:不计管路损失, A、B、C 各点的压力是多少?阀 1、2、3 至少应选用

多大的额定压力？快速进给运动速度 $v_1 = 200$ cm/min，$v_2 = 240$ cm/min，各阀应选用多大的流量？

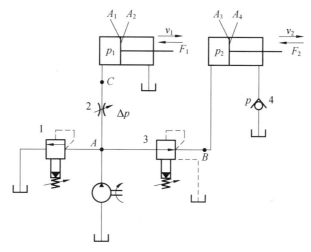

题 5-12 图

第六章
液压辅助元件

液压系统中的辅助元件主要包括油管、管接头、过滤器、蓄能器、油箱、密封装置等。这些元件对液压系统的性能、效率、温升、噪声和寿命有很大的影响。因此，在选择和使用液压系统时，对辅助元件必须予以足够的重视。

6.1　油管和管接头

6.1.1　油管

1. 油管的分类

1)硬管

(1)钢管：价格低廉、耐高压、耐油、抗腐、刚性好，但装配时不易弯曲，常在装拆方便处用作压力管道。常用钢管有冷拔无缝钢管和有缝钢管(焊接钢管)两种。中压以上条件下采用无缝钢管，高压的条件下可采用合金钢管，低压条件下采用焊接钢管。

(2)紫铜管：易弯曲成形，安装方便，管壁光滑，摩擦阻力小，但价格高，耐压能力低，抗振能力差，易使油液氧化，一般用在仪表装配不便处。

2)软管

(1)橡胶管：用于柔性连接，分高压和低压两种。高压橡胶管由耐油橡胶夹钢丝编织网制成，用于压力管路，钢丝网层数越多，耐压能力越高，最高使用压力可达 40 MPa；低压橡胶管由耐油橡胶夹帆布制成，常用在回油管路。

(2)塑料管：耐油、价格低、装配方便，长期使用易老化，常用在压力低于 0.5 MPa 的回油管与泄油管。

(3)尼龙管：一种新型材料油管，乳白色半透明，可观察液体流动情况，在液压行业得到日益广泛的应用；加热后可任意弯曲成形和扩口，冷却后即定形；一般应用在承压能力为 2.5~8 MPa 的液压系统中。

(4)金属波纹软管：由极薄不锈钢无缝管作管坯，外套网状钢丝组合而成。管坯为环状或螺旋状波纹管。与耐油橡胶相比，金属波纹管价格较贵，但其质量轻、体积小、耐高温、清洁度好。金属波纹管的最高工作压力可达 40 MPa，目前仅限于小通径管道。

2. 油管的安装技术要求

1）硬管安装的技术要求

（1）硬管安装时，对于平行或交叉管道，相互之间要有 100 mm 以上的空隙，以防止干扰和振动，也便于安装管接头。在高压大流量场合，为防止管道振动，需每隔 1 m 左右用标准管夹将管道固定在支架上，以防止振动和碰撞。

（2）管道安装时，路线应尽可能短，应横平竖直，布管要整齐，尽量减少转弯，直角转弯要尽量避免。若需要转弯，其弯曲半径应大于管道外径的 3~5 倍，弯曲后管道的椭圆度小于 10%，不得有波浪状变形、凹凸不平及压裂与扭转等不良现象。金属管连接时一定要有适当的弯曲，图 6-1 列举了一些金属管连接实例。

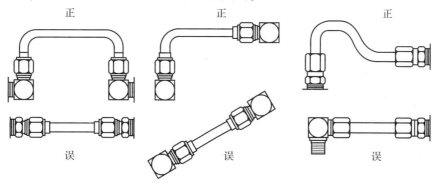

图 6-1　金属管连接实例

（3）在安装前应对钢管内壁进行仔细检查，看是否存在锈蚀现象。一般应用 20% 的硫酸或盐酸进行酸洗，酸洗后用 10% 的苏打水中和，再用温水洗净、干燥、涂油，进行静压试验，确认合格后再安装。

2）软管安装的技术要求

（1）软管弯曲半径应大于软管外径的 10 倍。对于金属波纹管，若用于运动连接，其最小弯曲半径应大于内径的 20 倍。

（2）耐油橡胶软管和金属波纹管与管接头成套供货。弯曲时耐油橡胶软管的弯曲处距管接头的距离至少是外径的 6 倍；金属波纹管的弯曲处距管接头的距离应大于管内径的 2~3 倍。

（3）软管在安装和工作中不允许有拧、扭现象。

（4）耐油橡胶软管用于固定件的直线安装时要有一定的长度余量（一般留有 30% 左右的余量），以适应胶管在工作时 -2%~+4% 的长度变化（油温变化、受拉、振动等因素引起）的需要。

（5）耐油橡胶软管不能靠近热源，要避免与设备上的尖角部分相接触和摩擦，以免划伤管子。

6.1.2　管接头

管接头是油管与油管、油管与液压元件之间的可拆卸连接。管接头应满足拆装方便、密封性好、连接牢固、外形尺寸小、压降小、工艺性好等要求。

常用的管接头种类很多，按接头的通路分，有直通式、角通式、三通式和四通式；按接头与阀体或阀板的连接方式分，有螺纹式、法兰式等；按油管与接头的连接方式分，有管端

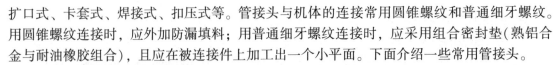

扩口式、卡套式、焊接式、扣压式等。管接头与机体的连接常用圆锥螺纹和普通细牙螺纹。用圆锥螺纹连接时，应外加防漏填料；用普通细牙螺纹连接时，应采用组合密封垫(熟铝合金与耐油橡胶组合)，且应在被连接件上加工出一个小平面。下面介绍一些常用管接头。

1. 管端扩口式管接头

管端扩口式管接头适用于铜管和薄壁钢管之间的连接，其结构示意图如图6-2所示。接管2先扩成喇叭口(74°~90°)，再用接头螺母3把导套4连同接管一起压紧在接头体1上形成密封。装配时的拧紧力通过接头螺母转换成轴向压紧力，由导套传递给接管的管口部分，使扩口锥面与接头体密封锥面之间获得接触比压。在起刚性密封作用的同时，也起连接作用并承受由管内流体压力所产生的接头体与接管之间的轴向分力。这种管接头的最高压力一般小于16 MPa。

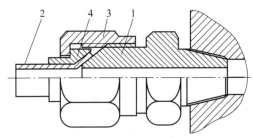

1—接头体；2—接管；3—接头螺母；4—导套。

图6-2　管端扩口式管接头的结构示意图

2. 卡套式管接头

如图6-3所示，卡套式管接头的基本结构由接头体1、卡套4和螺母3这3个基本零件组成。卡套是一个在内圆端部带有锋利刃口的金属环，装配时刃口切入被连接的油管而起到连接和密封的作用。

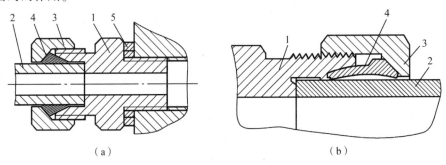

（a）　　　　　　　　　　　　　　　（b）

1—接头体；2—接管；3—螺母；4—卡套；5—组合密封垫。

图6-3　卡套式管接头的结构示意图

装配时，首先把螺母和卡套套在接管2上，然后把油管插入接头体的内孔(靠紧)，把卡套安装在接头体内锥孔与油管中的间隙内，再把螺母旋紧在接头体上，旋至螺母90°与卡套尾的86°锥面充分接触为止。在用扳手紧固螺母之前，务必使被连接的油管端面与接头体止推面相接触，然后一面旋紧螺母一面用手转动油管，当油管不能转动时，表明卡套在螺母推动和接头锥面的挤压下已开始卡住油管，继续旋紧螺母1~4/3圈使卡套的刃口切入油管，形成卡套与油管之间的密封，卡套前端外表面与接头体内锥面间所形成的球面接触密封为另一密封面。

卡套式管接头所用油管外径一般不超过 42 mm，使用压力可达 40 MPa，工作可靠，拆装方便，但对卡套的制造工艺要求较高。

3. 焊接式管接头

如图 6-4 所示，焊接式管接头是将管子的一端与管接头上的接管 2 焊接起来后，再通过管接头上的螺母 3、接头体 1 等与其他管子式元件连接起来的一类管接头。接头体与接管之间的密封可采用图 6-4 所示的 O 形密封圈 4 来密封。除此之外，还可采用球面压紧的方法或加金属密封垫圈的方法加以密封。管接头也可用如图 6-5(a) 所示的球面压紧，或加金属密封圈，用如图 6-5(b) 所示的方法来密封。后两种密封方法承压能力较低，球面密封的接头加工较困难。接头体与元件连接处，可采用图 6-5 所示的圆锥螺纹，也可采用细牙圆柱螺纹(见图 6-4)，并加组合密封垫圈 5 防漏。

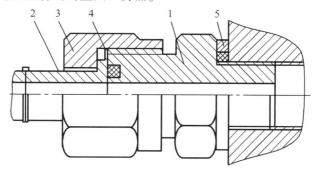

1—接头体；2—接管；3—螺母；4—O 形密封圈；5—组合密封垫。

图 6-4 焊接式管接头的结构示意图

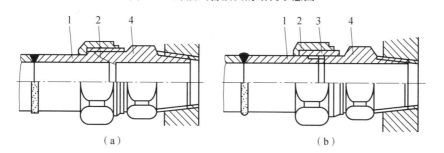

（a） （b）

1—接管；2—螺母；3—密封圈；4—接头体。

图 6-5 球面压紧和加金属密封圈的焊接式管接头

(a)球面压紧；(b)加金属密封垫圈

焊接式钢管接头的优点是结构简单，制造方便，耐高压(32 MPa)，密封性能好；缺点是对钢管与接管的焊接质量要求较高。

4. 软管接头

软管接头一般与钢丝编织的高压橡胶软管配合使用，它分可拆式和扣压式两种。

如图 6-6 所示，可拆式软管接头主要由接头螺母 1、接头体 2、外套 3 和胶管 4 组成。胶管夹在两者之间，拧紧后，连接部分胶管被压缩，从而达到连接和密封的作用。

如图 6-7 所示，扣压式软管接头由接头螺母 1、接头芯 2、接头套 3 和胶管 4 组成。装配前先剥去胶管上的一层外胶，然后把接头套套在剥去外胶的胶管上再插入接头芯，然后将接头套在压床上用压模进行挤压收缩，使接头套内锥面上的环形齿嵌入钢丝层达到牢固的连接，也使接头芯外锥面与胶管内胶层压紧而达到密封的目的。注意：软管接头的规格是以软管内径为依据的，金属管接头则是以金属管外径为依据的。

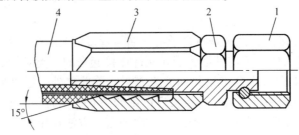

1—接头螺母；2—接头体；3—外套；4—胶管。

图6-6 可拆式软管接头的结构示意图

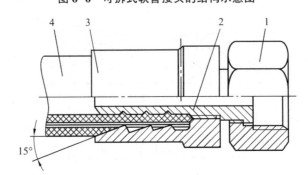

1—接头螺母；2—接头芯；3—接头套；4—胶管。

图6-7 扣压式软管接头的结构示意图

5. 快速接头

快速接头是一种不需要任何工具，能实现迅速连接或断开的油管接头，适用于需要经常拆卸的液压管路。图6-8为快速接头的结构示意图。图中各零件位置为油路接通时的位置。它有两个接头体3和9，接头体两端分别与管道连接。外套8把接头体3上的3个或8个钢球7压落在接头体9上的V形槽中，使两接头体连接起来。锥阀芯2和5互相挤紧顶开使油路接通。当需要断开油路时，可用力将外套向左推移，同时拉出接头体9，此时弹簧4使外套回位。锥阀芯2和5分别在各自弹簧1和6的作用下外伸，顶在接头体3和9的阀座上而关闭油路，并使两边管子内的油封闭在管中，不致流出。

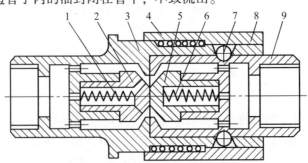

1、4、6—弹簧；2、5—锥阀芯；3、9—接头体；7—钢球；8—外套。

图6-8 快速接头的结构示意图

6. 法兰式管接头

如图 6-9 所示，法兰式管接头是把钢管 1 焊接在法兰 2 上，再用螺钉连接起来，两法兰之间用 O 形密封圈密封。这种管接头结构坚固，工作可靠，防振性好；但外形尺寸较大，适用于高压、大流量管路。

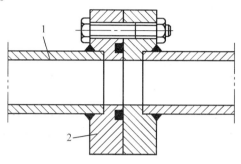

1—钢管；2—法兰。

图 6-9　法兰式管接头的结构示意图

6.2　过滤器

6.2.1　过滤器的作用及主要性能参数

1. 过滤器的作用

在液压系统中，由于系统内的形成或系统外的侵入，液压油中难免会存在污染物，这些污染物不仅会加速液压元件的磨损，而且会堵塞阀件的小孔，卡住阀芯，划伤密封件，使液压阀失灵，系统产生故障。因此，必须对液压油中的杂质和污染物进行清理。目前，控制液压油洁净程度的最有效方法就是采用过滤器。过滤器的主要功用就是对液压油进行过滤，控制油液的洁净程度，其图形符号如图 6-10 所示。

（a）　　　　　　（b）

图 6-10　过滤器的图形符号

（a）粗滤；（b）精滤

2. 过滤器的主要性能参数

过滤器的主要性能参数有过滤精度、通流能力、压力损失等，其中过滤精度为主要指标。

1）过滤精度

过滤器的工作原理是用具有一定尺寸过滤孔的滤芯对污染物进行过滤。过滤精度是指介质流经过滤器时滤芯能够滤除的最小杂质颗粒度的大小，以公称直径 d 表示，单位为 mm。颗粒度越小，其过滤精度越高，一般分为四级：粗过滤器 $d \geqslant 0.1$ mm，普通过滤器 $d \geqslant 0.01$ mm，精过滤器 $d \geqslant 0.005$ mm，特精过滤器 $d \geqslant 0.001$ mm。

过滤精度选用的原则：使所过滤污染物中颗粒的尺寸要小于液压元件密封间隙尺寸的一半。系统压力越高，液压件内相对运动零件的配合间隙越小。因此，需要的过滤器的过滤精度也就越高。液压系统的过滤精度主要取决于系统的压力。表 6-1 为各种液压系统过滤精度推荐值。

表 6-1　各种液压系统过滤精度推荐值

系统类别	润滑系统	传动系统		伺服系统	特殊要求系统
压力/MPa	0~2.5	≤7	>7 ≤35	≤21	≤35
颗粒度/mm	≤0.1	≤0.05	≤0.025 ≤0.005	≤0.005	≤0.001

2）通流能力

过滤器的通流能力一般用额定流量表示，它与过滤器滤芯的过滤面积成正比。

3）压力损失

过滤器的压力损失值在额定流量下的进出油口间的压差。一般过滤器的通流能力越好，压力损失也越小。

4）其他性能

过滤器的其他性能主要指滤芯强度、滤芯寿命、滤芯耐腐蚀性等定性指标。对于不同过滤器，这些性能会有较大的差异，可以通过比较来确定各自的优劣。

6.2.2　过滤器的类型

根据过滤材料和结构形式不同，过滤器分网式过滤器、线隙式过滤器、烧结式过滤器、纸芯式过滤器和磁性过滤器。按过滤原理来分，过滤器有表面型过滤器、深度型过滤器和吸附型过滤器。

1. 表面型过滤器

表面型过滤器被滤除的污染物截留在滤芯元件油液上游一面，整个过滤作用是由一个几何面来实现的，就像丝网一样把污染物阻留在其外表面。滤芯材料具有均匀的标定小孔，可以滤除大于标定小孔的污染物。由于污染物积聚在滤芯表面，所以此种过滤器极易堵塞。最常用表面型过滤器的有网式过滤器和线隙式过滤器两种。图 6-11(a)所示为网式过滤器的结构示意，它是用细铜丝网 1 作为过滤材料，包在周围开有很多窗孔的塑料或金属筒形骨架 2 上。一般滤去 $d > 0.08$ mm 的杂质颗粒，阻力小，其压力损失不超过 0.01 MPa，安装在液压泵吸油口处，保护泵不受大粒度机械杂质的损坏。此种过滤器结构简单，清洗方便。图 6-11(b)所示为线隙式过滤器的结构示意，3 是壳体，滤芯是用铜（铝）线 5 绕在筒形骨架 2 的外圆上，利用线间的缝隙进行过滤。一般滤去 $d \geqslant 0.03$ mm 的杂质颗粒，压力损失为 0.07~0.35 MPa，常用在回油低压管路或泵吸油口。此种过滤器结构简单，滤芯材料强度低，不易清洗。

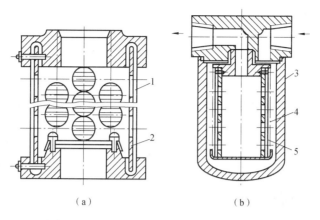

（a）　　　　　　　　　　（b）

1—细铜丝网；2、4—筒形骨架；3—壳体；5—铜（铝）线。

图 6-11　表面型过滤器的结构示意

（a）网式过滤器；（b）线隙式过滤器

2. 深度型过滤器

深度型过滤器的滤芯由多孔可透性材料制成，材料内部具有曲折迂回的通道，较大的杂质颗粒被拦截在滤芯的外表面，较小的杂质颗粒进入滤材内部，撞到通道壁上，滤芯的吸附及迂回曲折通道有利于杂质颗粒的沉积和截留。这种滤芯过滤精度高，纳垢容量大，但堵塞后无法清洗，一般用于高压、泄油管路需精过滤的场合。常用的滤芯材料有纸芯、烧结金属和毛毡等。

图 6-12（a）为带堵塞状态信号装置的纸芯式过滤器的结构示意图。这种过滤器与线隙式过滤器的结构类似，只是以滤芯为纸质。滤芯由 3 层组成，外层 2 为粗眼钢板网，中层 3 为折叠成星状的滤纸，里层 4 由金属丝网与滤纸折叠组成，这样可提高滤芯强度，延长寿命。油液进入过滤器，通过滤芯后流出。该过滤器可滤除直径为 0.005~0.030 mm 的杂质颗粒，压力损失为 0.08~0.40 MPa，常用于对油液要求较高的场合。其特点是结构紧凑，通油能力大，但堵塞后无法清洗，需要更换纸芯。纸芯式过滤器的滤芯能承受的压力差较小（0.35 MPa），为保证过滤器能正常工作，防止杂质颗粒聚积在滤芯上引起压差增大而压破纸芯，在其顶部安装堵塞状态信号装置 1。信号装置与过滤器并联，其结构示意图和工作原理如图 6-13 所示。滤芯上、下游的压差（$p_1 - p_2$）作用在活塞 2 上，与弹簧 5 的推力相平衡。当纸芯逐渐堵塞时，压差加大，以至推动活塞和永久磁铁 4 右移，感簧管 6 受磁铁作用吸合，接通电路，报警器 7 发出堵塞信号——发亮或发声，提醒操作人员更换滤芯。电路上若增设延时继电器，还可在发出信号一定时间后实现自动停机保护。

图 6-12（b）为烧结式过滤器的结构示意图，其滤芯由颗粒状锡青铜粉压制后烧结而成。它利用铜粉颗粒之间的微孔滤去油液中的杂质颗粒。选择不同粒度的粉末能得到不同的过滤精度。油液从左侧油孔进入，经杯状滤芯过滤后，从下部油孔流出。它可过滤直径在 0.01~0.10 mm 之间的杂质颗粒，压力损失为 0.03~0.20 MPa，多用于过滤精度较高的排油或回油路上。这种过滤器制造简单、强度高、耐腐蚀，但使用中烧结颗粒易脱落，堵塞后清洗困难。

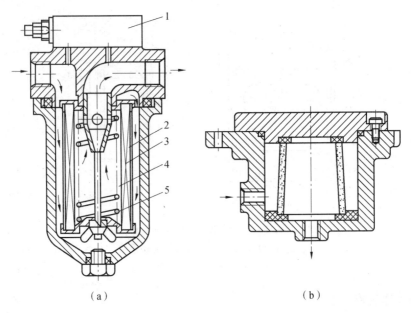

1—堵塞状态信号装置；2—滤芯外层；3—滤芯中层；4—滤芯里层；5—支承弹簧。

图6-12　深度型过滤器的结构示意图

（a）纸芯式过滤器；（b）烧结式过滤器

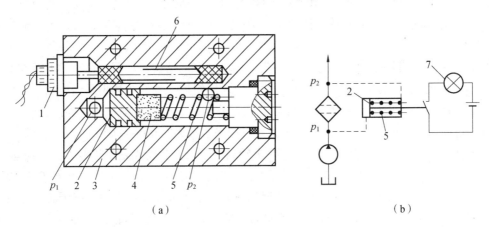

1—接线柱；2—活塞；3—阀体；4—永久磁铁；5—弹簧；6—感簧管；7—报警器。

图6-13　堵塞状态信号装置的结构示意和工作原理

（a）结构示意图；（b）工作原理

3. 吸附型过滤器

吸附型过滤器的滤芯采用永磁性材料，用来过滤油液中的铁屑。它常与其他滤芯一起制成复合式过滤器。

随着过滤器的发展，集粗过滤、半精过滤、精过滤为一体的复合式深度过滤器和双向过滤器已开始应用。

▶ 6.2.3　过滤器的选用

选用过滤器时，主要根据液压系统的技术要求及其滤芯的特点综合考虑。主要考虑的因素有以下几点。

（1）系统的工作压力。系统的工作压力是选择过滤器精度的主要依据之一。系统的工作压力越高，液压元件的配合精度越高，所需要的过滤精度也就越高。

（2）系统的流量。过滤器的通流能力是根据系统的最大流量确定的。一般过滤器的额定流量不能小于系统的流量，否则过滤器的压力损失会增加，过滤器易堵塞，寿命也缩短。但过滤器的额定流量越大，其体积造价和也越大，因此应选择合适的流量。

（3）滤芯的强度。过滤器滤芯的强度是一项重要指标。不同结构的过滤器有不同的强度，高压或冲击大的液压回路应选用强度高的过滤器。

6.2.4 过滤器的安装位置

过滤器在液压系统中有以下几种安装位置。

（1）安装在泵的吸油口。在泵的吸油口安装网式或线隙式过滤器，防止大杂质颗粒进入泵内，同时有较大通流能力，防止空穴现象，如图6-14中1所示。

（2）安装在泵的出口。如图6-14中2所示，安装在泵的出口可保护除泵以外的元件，但需选择过滤精度高，能承受油路上工作压力和冲击压力的过滤器，压力损失一般小于0.35 MPa。此种方式常用于过滤精度要求高的系统及伺服阀和调速阀前，以确保它们的正常工作。为保护过滤器本身，应选用带堵塞发信装置的过滤器。

（3）安装在系统的回油路上。安装在回油路可滤去油液回油箱前侵入系统或系统生成的污染物。由于回油压力低，可采用滤芯强度低的过滤器，其压力降对系统影响不大，为了防止过滤器阻塞，一般与过滤器并联一安全阀或安装堵塞信号装置，如图6-14中3所示。

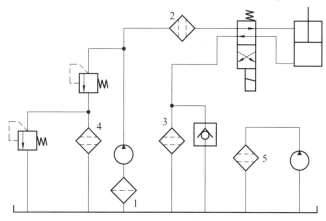

图6-14 过滤器的安装位置

（4）安装在系统的旁路上。如图6-14中4所示，与阀并联，使系统中的油液不断净化。

（5）安装在独立的过滤系统中。在大型液压系统中，可专设液压泵和过滤器组成的独立过滤系统，专门滤去液压系统油箱中的污染物，通过不断循环，提高油液清洁度。专用过滤车也是一种独立的过滤系统，如图6-14中5所示。

使用过滤器时还应注意过滤器只能单向使用，按规定液流方向安装，以利于滤芯清洗和安全。清洗或更换滤芯时，要防止外界污染物侵入液压系统。

到目前为止，液压系统还没有统一的产品规格标准。过滤器制造商按照各自的编制规则，形成各不相同的过滤器规格系列。

6.3 蓄能器

6.3.1 蓄能器的类型和结构

在液压系统中，蓄能器用来储存和释放液体的压力能，还可以用作短时供油和吸收系统的振动和冲击。其工作原理：当系统压力高于蓄能器内液体的压力时，系统中的液体充进蓄能器中，直至蓄能器内、外压力保持相等；反之，当蓄能器内液体的压力高于系统压力时，蓄能器中的液体将流到系统中去，直至蓄能器内、外压力平衡。

目前，常用的蓄能器是利用气体膨胀和压缩进行工作的充气式蓄能器，有活塞式蓄能器和气囊式蓄能器两种。

1. 活塞式蓄能器

活塞式蓄能器的结构示意图如图 6-15 所示。活塞 1 的上部为压缩空气，气体由气门 3 充入，其下部经油孔 a 通入液压系统中，气体和油液在蓄能器中由活塞隔开，利用气体的压缩和膨胀来储存、释放压力能，活塞随下部液压油的储存和释放而在缸筒内滑动。

这种蓄能器的结构简单，工作可靠，安装容易，维护方便，使用寿命长，但是因为活塞有一定的惯性及受到摩擦力作用，反应不够灵敏，所以不宜用于缓和冲击、脉动以及低压系统中。此外，密封件磨损后会使气液混合，也将影响液压系统的工作稳定性。

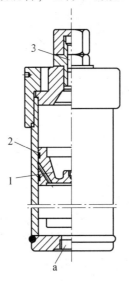

1—活塞；2—缸体；3—气门。

图 6-15 活塞式蓄能器的结构示意图

2. 气囊式蓄能器

气囊式蓄能器的结构示意图如图 6-16 所示。气囊 3 用耐油橡胶制成，固定在耐高压的壳体 2 上部。气囊内充有惰性气体，利用气体的压缩和膨胀来储存、释放压力能。壳体下端的提升阀 4 是用弹簧加载的菌形阀，由此通入液压油。该结构气液密封性能十分可靠，气囊惯性小，反应灵敏，容易维护，但工艺性较差，气囊及壳体制造困难。

此外，还有重力式蓄能器(见图6-17)、弹簧式蓄能器(见图6-18)、气瓶式蓄能器[见图6-19(a)]、隔膜式蓄能器等。蓄能器的图形符号如图6-19(b)所示。

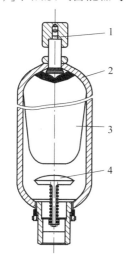

1—充气阀；2—壳体；3—气囊；4—提升阀。

图6-16 气囊式蓄能器的结构示意图

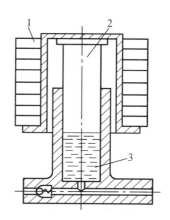

1—重锤；2—柱塞；3—液压油。

图6-17 重力式蓄能器的结构示意图

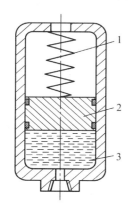

1—弹簧；2—活塞；3—液压油。

图6-18 弹簧式蓄能器的结构示意图

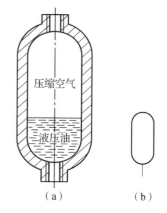

图6-19 气瓶式蓄能器的结构示意图及蓄能器的图形符号

(a)气瓶式蓄能器的结构示意图；(b)蓄能器的图形符号

▶▶ 6.3.2 蓄能器的功用、安装及使用

1. 蓄能器的功用

蓄能器可以在短时间内向液压系统提供具有一定压力的液体，还可以吸收液压系统的压力脉动并减小压力冲击等。其功用主要有以下几个方面。

1)作辅助动力源

当执行元件间歇运动或只作短时高速运动时，可利用蓄能器在执行元件不工作时储存压力油，而在执行元件需快速运动时，由蓄能器与液压泵同时向液压缸供给压力油。这样就可以用流量较小的泵使执行元件获得较快的速度，不但可使功率损耗降低，还可以降低系统的温升。

2）系统保压

当执行元件在较长时间内停止工作且需要保持一定压力时，可利用蓄能器储存的液压油来弥补系统的泄漏，从而保持执行元件工作腔的压力不变。这样，既降低了能耗，又使液压泵卸荷而延长其使用寿命。

3）吸收压力冲击和脉动

在控制阀快速换向、突然关闭或执行元件的运动突然停止时都会产生液压冲击，齿轮泵、柱塞泵、溢流阀等元件工作时也会使系统产生压力和流量脉动，严重时还会引起故障。因此，当液压系统的工作平稳性要求较高时，可在冲击源和脉动源附近设置蓄能器，以起缓和冲击和吸收脉动的作用。

4）用作应急油源

当电源突然中断或液压泵发生故障时，蓄能器能释放出所储存的压力油，使执行元件继续完成必要的动作和避免可能因缺油而引起的故障。

另外，在输送对泵和阀有腐蚀作用或有毒、有害的特殊液体时可用蓄能器作为动力源吸入或排出液体，作为液压泵来使用。

2. 蓄能器的安装及使用

在安装及使用蓄能器时应注意以下几点。

（1）气囊式蓄能器中应使用惰性气体（一般为氮气）。蓄能器绝对禁止使用氧气，以免引起爆炸。

（2）蓄能器是压力容器，搬运和拆装时应将充气阀打开，排出充入的气体，以免因振动或碰撞而发生意外事故。

（3）应将蓄能器的油口向下竖直安装，且有牢固的固定装置。

（4）液压泵与蓄能器之间应设置单向阀，以防止液压泵停止工作时，蓄能器内的液压油向液压泵中倒流；应在蓄能器与液压系统的连接处设置截止阀，以供充气、调整或维修时使用。

（5）蓄能器的充气压力应为液压系统最低工作力的 $25\% \sim 90\%$；而蓄能器的容量，根据其用途不同，可参考相关液压系统设计手册来确定。

（6）不能在蓄能器上进行焊接、铆接及机械加工。

（7）不能在充油状态下拆卸蓄能器。

（8）蓄能器属于压力容器，必须有生产许可证才能生产，所以一般不要自行设计、制造蓄能器，而应该选择专业生产厂家的定型产品。

6.4 油　箱

油箱在液压系统中的主要功用是储存液压系统所需的足够油液，散发油液中的热量，分离油液中气体及沉淀污物。另外，对中小型液压系统，往往把泵和一些元件安装在油箱顶板上使液压系统结构紧凑。

6.4.1　油箱的分类及典型结构

1. 油箱的分类

油箱可分为开式结构和闭式结构两种，开式结构油箱中的油液具有与大气相通的自由液面，多用于各种固定设备；闭式结构油箱中的油液与大气是隔绝的，多用于行走设备及车辆。

开式结构油箱有整体式和分离式两种。整体式油箱是与机械设备机体做在一起的，利用机体空腔部分作为油箱。此种形式结构紧凑，各种漏油易于回收。但散热性差，易使邻近构件发生热变形，从而影响了机械设备精度，而且维修不方便，使机械设备复杂。分离式油箱是一个单独的、与主机分开的装置，它布置灵活，维修保养方便，可减少油箱发热和液压振动对工作精度的影响，便于设计成通用化、系列化的产品，因而得到广泛的应用。对一些小型液压设备，为了节省占地面积或者为了批量生产，常将液压泵与电动机装置及液压控制阀安装在分离油箱的顶部组成一体，称为液压站。对于大中型液压设备，一般采用独立的分离油箱，即油箱与液压泵与电动机及液压控制阀分开放置。当液压泵与电动机安装在油箱侧面时，称为旁置式油箱；当液压泵与电动机安装在油箱下面时，称为下置式油箱(高架油箱)。油箱多为自制。

2. 油箱的典型结构

图 6-20 为分离式油箱的结构示意图。图中 1 为吸油管，2 为网式过滤器，3 为空气过滤器，4 为回油管，5 为顶盖，6 为油面指示器，7、9 为隔板，8 为放油塞。要求较高的油箱还设有加热器、冷却器和油温测量装置。

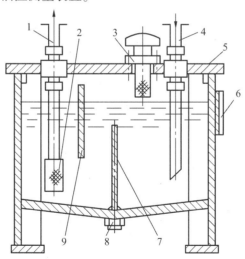

1—吸油管；2—网式过滤器；3—空气过滤器；4—回油管；5—顶盖；6—油面指示器；7、9—隔板；8—放油塞。

图 6-20　分离式油箱的结构示意图

油箱外形以立方体或长六面体为宜。最高油面只允许达到箱内高度的80%。油箱内壁需经喷丸、酸洗和表面清洗。液压泵、电动机和阀的集成装置等直接固定在顶盖上，亦可安装在专门设计的安装板上。安装板与顶盖间应垫上橡胶板，以缓冲振动。油箱底脚高度应为150 mm 以上，以便散热、搬运和放油。

液压泵的吸油管与液压系统回油管之间的距离应尽可能远些，管口插入规定的最低油面以下，但离油箱底要大于管径的 2~3 倍，以免吸入空气和飞溅起泡。回油管口截成 45°斜角且面向箱壁以增大通流截面，有利于散热和沉淀杂质。吸油管端部装有过滤器，并离油箱壁有 3 倍管径的距离，以便从四面都能进油。阀的泄油管口应在液面之上，以免产生背压。液压马达和液压泵的泄油管则应插入液面以下，以免产生气泡。

设置隔板是将吸、回油区分开，迫使油液循环流动，以利散热和杂质沉淀。隔板高度可接近最高液面。通过设置隔板可以获得较大的流程，且与四壁保持接触，散热效果会更佳。

空气过滤器的作用是使油箱与大气相通，保证液压泵的吸油能力，除去空气中的灰尘兼作加油口，一般将其布置在顶盖靠近油箱边处。液位计用于监测油的高度，其窗口尺寸应能满足对最高和最低液位的观察。

油箱底面做成双斜面，或向回油侧倾斜的单斜面。在最低处设置放油口。大容量油箱为便于清洗，常在侧壁上设置清洗窗。

6.4.2　油箱的设计

油箱属于非标准液压器件，在实际情况下常根据工作需要自行设计。油箱设计时主要考虑油箱的容积、结构、散热等问题。

1. 油箱容积的估算

油箱的容积是油箱设计时需要确定的主要参数。油箱容积大时散热效果好，但用油多，成本高；油箱容积小时，占用空间少，成本降低，但散热条件不足。在实际设计时，可用经验公式初步确定油箱的容积，然后再验算油箱的散热量 Q_1，计算系统的发热量 Q_2，当油箱的散热量大于液压系统的发热量时（$Q_1 > Q_2$），油箱容积合适；否则需增大油箱的容积或采取冷却措施（油箱散热量及液压系统发热量计算请查阅有关手册）。

油箱容积的估算经验公式为

$$V > \alpha q$$

式中：V——油箱的容积，L；

q——液压泵的总额定流量，L/min；

α——经验系数，min，低压系统 $\alpha = 2 \sim 4$ min，中压系统 $\alpha = 5 \sim 7$ min，中、高压或高压大功率系统 $\alpha = 6 \sim 12$ min。

2. 设计时的注意事项

在确定容积后，油箱的结构设计就成为实现油箱各项功能的主要工作。设计油箱结构时应注意以下几点。

（1）箱体要有足够的强度和刚度。油箱一般用 2.5~4 mm 厚的钢板焊接而成，尺寸大者要加焊加强筋。

（2）泵的吸油管上应安装 100~200 目的网式过滤器，过滤器与箱底间的距离不应小于20 mm，过滤器不允许露出油面，防止泵卷吸空气产生噪声。系统的回油管要插入油面以下，防止回油冲溅产生气泡。

（3）吸油管与回油管应隔开，二者间的距离尽量远些，应当用几块隔板隔开，以增加油液的循环距离，使油液中的污染物和气泡充分沉淀或析出，隔板高度一般取油面高度的3/4。

（4）防污密封。为防止油液污染，盖板及窗口各连接处均需加密封垫，各油管通过的孔都要加密封圈。

（5）油箱底部应有坡度，箱底与地面间应有一定距离，箱底最低处要设置放油塞。

（6）油箱内壁表面要做专门处理。为防止油箱内壁涂层脱落，新油箱内壁要经喷丸、酸洗和表面清洗，然后可涂一层与工作液相容的塑料薄膜或耐油清漆。

6.4.3　油箱的故障分析与排除

1. 油箱温升严重

油箱起着一个"热飞轮"的作用，可以在短期内吸收热量，也可以防止处于寒冷环境中的液压系统短期空转被过度冷却，油液加热的方法主要有用热水或蒸汽加热和电加热两种方式。由于电加热器使用方便，易于自动控制温度，故应用较广泛。而且，电加热器一般性能比较稳定，不易出现故障，当出现故障直接更换就可以了。但油箱的主要矛盾还是"温升"，严重的温升会导致液压系统多种故障。

1）引起油箱温升严重的原因

（1）油箱设置在高温辐射源附近，环境温度高。例如，注塑机为熔融塑料采用了一套大功率的加热装置，这正好提供了高温环境，容易导致油箱温升。

（2）液压系统的各种压力损失，如溢流损失、节流损失、管路的沿程损失和局部损失等，都会转化为热量造成油液箱升。

（3）油液黏度选择不当，过高或过低。

（4）油箱设计时散热面积不够等。

2）解决温升严重的办法

（1）尽量避开热源，但塑料机械（如注塑机、挤塑机等）因要熔融塑料，一定存在一个"热源"。

（2）正确设计液压系统，如液压系统应该设有卸载回路、蓄能器等，压力、流量和功率要匹配，以减少溢流损失、节流损失和管路损失，减少发热温升。

（3）正确选择液压元件，努力提高液压元件的加工精度和装配精度，减少泄漏损失、容积损失和机械损失带来的发热现象。

（4）正确配管，减少因管路过细过长、弯曲过多、分支与汇流不当带来的沿途损失和局部损失。

（5）正确选择油液黏度。

（6）油箱设计时，应考虑有充分的散热面积和容量容积。

2. 油箱内油液污染

油箱内油液污染物有装配时残存的、有从外界侵入的，也有内部产生的。

（1）装配时残存的：如油漆剥落片、焊渣等。在装配前必须严格清洗油箱内表面，并先严格去锈去油污，再在油箱内壁涂漆。

（2）从外界侵入的：此时油箱应注意防尘密封，并在油箱顶部安设空气过滤器和大气相通，使空气经过滤后再进入油箱。空气过滤器往往兼作注油口，现已有标准件（EF 型）出售。可配装 100 目左右的铜网过滤器，以过滤加进油箱的油液；也有用纸芯过滤的，效果更好，但与大气相通的能力差些，所以纸芯滤芯容量要大。

为了防止外界侵入油箱内的污染物被吸进泵内，油箱内要安装隔板，以隔开回油区和吸油区，如图6-21所示。通过隔板，可延长回到油箱内油液的停留时间，可防止油液氧化劣化；另一方面也利于污染物的沉淀。

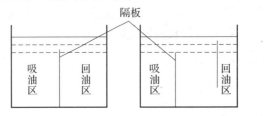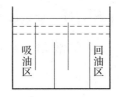

图6-21　油箱内安装隔板

油箱底板应倾斜，底板倾斜程度视油箱的大小和使用油的黏度决定，一般在油箱底板最低部位设置放油塞，使堆积在油箱地板部的污染物得到清除。吸油管离底部最高处的距离要在150 mm以上，以防污染物被吸入。

(3) 内部产生的：如水分、磨损物等。必须选择足够大容量的空气过滤器，以使油箱顶层受热的空气尽快排出，避免在冷的油箱盖上凝结成水珠掉落在油箱内，另一方面大容量的空气过滤器或通气孔，可消除油箱顶层的空间与大气的差异，防止因顶层低于大气压时，从外界带进粉尘。使用防锈性能好的润滑油，可减少磨损物的产生。

6.5　密封装置

液压系统是以流体为工作介质，依靠密封容积变化来传递力和速度的。要使液压系统高效且可靠地工作，就要有效地防止系统内工作介质的内外泄漏，以及外界杂物的侵入。因此，液压系统密封的好坏直接影响系统的工作性能和效率，它是衡量系统性能的一个重要指标。

6.5.1　对密封装置的要求

对密封装置的要求如下。

(1) 在一定的工作压力和温度范围内具有良好的密封性能，并随着压力的增加能自动提高密封性能。

(2) 密封装置与运动件之间摩擦因数小，且摩擦力稳定。

(3) 耐磨性好，寿命长，不易老化，抗腐蚀能力强，不损坏被密封零件表面，磨损后在一定程度上能自动补偿。

(4) 结构简单，制造容易，维护、使用方便，价格低廉。

6.5.2　密封的类型和特点

密封按其工作原理来分可分为非接触式密封和接触式密封。前者主要指间隙密封，后者主要指密封件密封。

1. 间隙密封

间隙密封是靠相对运动件配合面之间的微小间隙来进行密封的，其密封效果取决于间隙的大小、压力差、密封长度和零件表面质量。间隙密封常用于柱塞、活塞或阀的圆柱配合副中。

采用间隙密封的液压阀，在阀芯的外表面开有几条等距离的均压槽，它的主要作用是使径向压力分布均匀，减少液压卡紧力，同时使阀芯在孔中对中性好，以减少间隙的方法来减少泄漏。另外，均压槽所形成的阻力对减少泄漏也有一定的作用。所开均压槽的尺寸一般宽为 0.3~0.5 mm，深为 0.5~1.0 mm。圆柱面间的配合间隙与直径大小有关，对于阀芯与阀孔一般取 0.005~0.017 mm。这种密封的优点是摩擦力小，缺点是磨损后不能自动补偿，主要用于直径较小的圆柱面之间，如液压泵内的柱塞与缸体之间，滑阀的阀芯与阀孔之间的配合。

2. 密封件密封

1）O 形密封圈

O 形密封圈是一种使用最广泛的密封件，其截面为圆形，如图 6-22 所示。其主要材料为合成橡胶，主要用于静密封及滑动密封，转动密封用得较少。

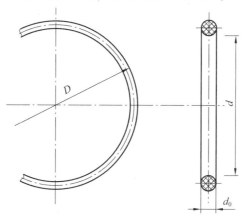

图 6-22 O 形密封圈的结构示意

O 形密封圈的截面及安装示意分别如图 6-23(a)、(b)所示。O 形密封圈的截面直径在装入密封槽后一般压缩 8%~25%。该压缩量使 O 形密封圈在工作介质没有压力或压力很低时，依靠自身的弹性变形密封接触面，如图 6-23(c)所示。当工作介质压力较高时，在压力的作用下，O 形密封圈被压到沟槽的另一侧，如图 6-23(d)所示，此时密封接触面处的压力堵塞了介质泄漏的通道，起密封作用。如果工作介质的压力超过一定限度，O 形圈将从密封槽的间隙中被挤出而受到破坏，如见图 6-23(e)所示，以致密封效果降低或失去密封作用。为避免挤出现象，必要时加密封挡圈。在使用时，对动密封工况，当介质压力大于 10 MPa 时加挡圈；对静密封工况，当介质压力大于 32 MPa 时加挡圈。O 形密封圈单向受压，挡圈加在非受压侧，如图 6-24(a)所示；O 形密封圈双向受压，在 O 形密封圈两侧同时加挡圈，如图 6-24(b)所示。挡圈材料常用聚四氟乙烯、尼龙等。采用挡圈后，会增加密封装置的摩擦阻力。

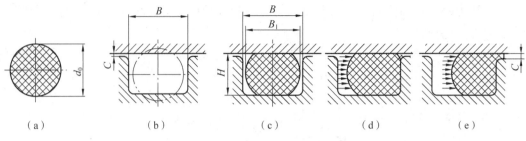

图 6-23 O 形密封圈的工作原理

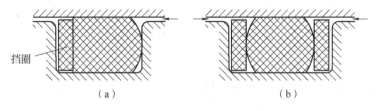

图 6-24 O 形密封圈的挡圈

当 O 形密封圈用于动密封时，可采用内径密封或外径密封；用于静密封时，可采用角密封，如图 6-25 所示。

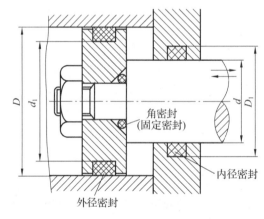

图 6-25 O 形密封圈用于内径密封、外径密封、角密封

O 形密封圈的尺寸系列，安装用沟槽形式、尺寸与公差，以及 O 形密封圈规格、使用范围的选择可查阅有关国家标准。

2）唇形密封圈

唇形密封圈是将密封圈的受压面制成某种唇形的密封件。工作时唇口对着有压力的一边，当介质压力等于 0 或很低时，靠预压缩密封。压力高时，靠介质压力的作用将唇边紧贴密封面，压力越高，贴得越紧，密封越好。唇形密封圈按其截面形状可分为 Y 形、Yx 形、V 形等，主要用于往复运动件的密封。

（1）Y 形密封圈。Y 形密封圈截面形状及密封原理如图 6-26 所示。其主要材料为丁腈橡胶，工作压力可达 20 MPa。工作温度为 −30 ~ 100 ℃。当压力波动大时，要加支承环，如图 6-27 所示，以防止"翻转"现象。当工作压力超过 20 MPa 时，为防止密封圈挤入密封面间隙，应加保护垫圈，保护垫圈一般用聚四氟乙烯或夹布橡胶制成。

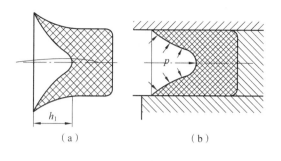

图 6-26　Y 形密封圈的截面形状及密封原理

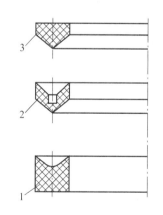

1—挡圈；2—支承环。

图 6-27　Y 形密封圈的支承环和挡圈

Y 形密封圈由于内外唇边对称，因而适用于孔和轴的密封。孔用时按内径选取密封圈，轴用时按外径选取。由于一个 Y 形密封圈只能对一个方向的高压介质起密封作用，因此当两个方向交替出现高压时，应安装两个 Y 形密封圈，它们的唇边分别对着各自的高压介质。

（2）Yx 形密封圈。Yx 形密封圈是一种截面高宽比等于或大于 2 的 Y 形密封圈，如图 6-28 所示。主要材料为聚氨酯橡胶，工作温度为 -30~100 ℃。它克服了 Y 形密封圈易"翻转"的缺点，工作压力可达 31.5 MPa。

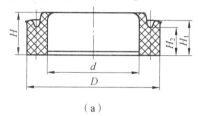

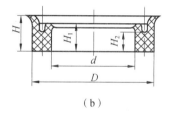

图 6-28　Yx 形密封圈的结构示意

（a）孔用；（b）轴用

（3）V 形密封圈。V 形密封圈由压环、密封环和支承环组成，如图 6-29 所示。当密封压力高于 10 MPa 时，可增加密封环的数量。安装时应注意方向，即开口面向高压介质。密封环的材料一般由橡胶或夹织物橡胶制成。主要用于活塞及活塞杆的往复运动密封，密封性能较 Y 形密封圈差，但可靠性好。密封环个数按工作压力选取。

3）组合密封装置

随着液压技术的应用日益广泛，液压系统（特别是液压缸）对密封装置的要求越来越高，普通密封圈（如 O 形、唇形密封圈）单独使用已难以满足高速低摩擦阻力的要求。因此，出现了组合密封装置，如图 6-30 所示。

图 6-30（a）所示为矩形滑环组合密封装置，它由 O 形密封圈 1 和截面为矩形的聚四氟乙烯塑料滑环 2 组成。滑环紧贴密封面，O 形密封圈为滑环提供弹性预压力，在介质压力等于 0 时构成密封，由于密封间隙紧靠滑环，而不是 O 形密封圈，因此摩擦阻力小而且稳定，可以用于 40 MPa 的高压；往复运动密封时，速度可达 15 m/s；往复摆动与螺旋运动密封时，速度可达 5 m/s。矩形滑环组合密封装置的缺点是抗侧倾能力稍差，在高低压变的场合下工作时易泄漏。

1—压环；2—密封环；3—支承环。

图 6-29　V 形密封圈的结构示意

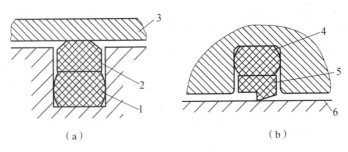

1、4—O形密封圈；2—滑环；3、6—被密封件；5—支承环。

图 6-30 组合密封装置

图6-30(b)所示为由支承环5和O形圈4组成的轴用组合密封装置。由于支承环与被密封件6之间为线密封，其工作原理类似唇形密封。支承环采用一种经特别处理的合成材料，具有极佳的耐磨性、低摩擦和保形性，工作压力可达80 MPa。

组合密封装置充分发挥了橡胶密封圈和滑环各自的长处，不仅工作可靠、摩擦力低，而且稳定性好，使用寿命比普通橡胶密封提高近百倍，在工程上得到广泛的应用。

4）防尘圈

在液压缸中，防尘圈被设置于活塞杆或柱塞密封外侧，用于防止在活塞杆或柱塞运动期间，外界尘埃、砂粒等异物侵入液压缸，以避免引起密封圈、导向环和支承环等的损伤和早期磨损，并污染工作介质，导致液压元件损坏。

（1）普通型防尘圈。普通型防尘圈呈舌形结构，如图 6-31 所示，分为有骨架式和无骨架式两种。普通型防尘圈只有一个防尘唇边，其支承部分的刚性较好、结构简单、装拆方便，制作材料一般为耐磨的丁腈橡胶或聚氨酯橡胶。防尘圈内唇受压时，具有密封作用，并在安装沟槽接触处形成静密封。普通型防尘圈的工作速度不大于 1 m/s，工作温度为 -30~110 ℃，工作介质为石油基液压油和水包油乳化液。

（2）旋转轴用防尘圈。旋转轴用防尘圈是一种用于旋转轴端面密封的防尘装置，其截面形状及安装示意如图 6-32 所示。防尘圈的密封唇缘紧贴轴颈表面，并随轴一起转动。由于离心力的作用，斜面上的尘土等异物均被抛离密封部位，从而起到防尘和密封的作用。这种防尘圈的特点是结构简单，装拆方便，防尘效果好，不受轴的偏心、振摆和跳动等影响，对轴无磨损。

此外，还有旋转轴唇形密封圈（油封）、胶密封、带密封、双向组合唇形密封，各有其特点，可查看相关书籍。

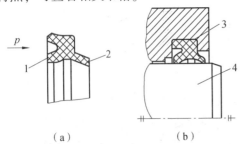

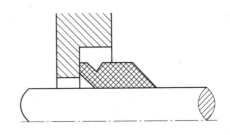

1—内唇；2—防尘唇；3—防尘圈；4—轴。

图 6-31 普通型防尘圈的截面形状及安装示意图　　**图 6-32 旋转轴用防尘圈的截面形状及安装示意图**

(a)截面形状；(b)安装示意图

5）密封件的选择

密封件的品种、规格很多，除了根据需要密封部位的工作条件和要求选择相应的品种、规格，还要注意其他问题，如工作介质的种类、工作温度（以密封部位的温度为基准）、压力的大小和波形、密封耦合面的滑移速度、"挤出"间隙的大小、密封件与耦合面的偏心程度、密封耦合面的表面粗糙度以及密封件与安装槽的形式、结构、尺寸、位置等。

按上述原则选定的密封件应满足如下基本要求：在工作压力下，应具有良好的密封性能，即泄漏在高压下没有明显的增加；密封件长期在流体介质中工作，必须保证其材质与工作介质的相容性好；动密封装置的动、静摩擦阻力要小，摩擦因数要稳定；磨损小，使用寿命长，拆装方便，成本低等。

习 题

6-1 绘制液压系统各附件的图形符号。

6-2 密封的原理和作用是什么？常用哪些密封件？性能如何？怎样选择？

6-3 过滤器有哪几种？各有何特点？适用于什么地方？

6-4 开式油箱与闭式油箱有何不同？

6-5 在什么情况下设置加热器和冷却器？

6-6 常用的油管有哪些？各适用的场合如何？油管安装应注意哪些事项？

6-7 蓄能器有哪些用途？安装使用时应注意哪些问题？

6-8 根据试验，分析哪些原因可能会引起油箱的严重升温。

6-9 根据试验，如何保证油箱的作用能得到最好的发挥？

6-10 查资料，液压油更换的周期是多长？如何正确地更换液压油？

6-11 常用的油管的接头形式有哪些？各适用在什么场合？

第七章
液压基本回路

任何一种液压系统都是由一个或多个液压基本回路组成的。所谓液压基本回路就是能够完成某种特定控制功能的液压元件和管道的组合，按其在液压系统中的功用可分为压力控制回路、速度控制回路和多缸工作控制回路等。熟悉和掌握这些液压基本回路的组成、工作原理和性能，是分析、维护、安装、调试和使用液压系统的重要基础。

7.1 压力控制回路

压力控制回路是利用压力控制阀来控制某个液压系统或局部油路的压力，达到调压、减压、增压、保压、平衡、卸荷等目的，以满足液压执行元件对力或转矩的需求。下面介绍常用压力控制回路。

7.1.1 调压回路

调压回路的功能在于调定或限制液压系统的最高工作压力，或者使执行元件在工作过程的不同阶段实现多级压力变换。常见的调压回路有单级调压回路、远程调压回路、多级调压和比例调压回路等。

1. 单级调压回路

单级调压回路如图7-1(a)所示，在液压泵1的出口位置设有并联的溢流阀2来控制回路的最高工作压力。在此过程中，由于系统压力超出了溢流阀的调定压力，所以溢流阀是常开阀，液压泵1出口的工作压力维持在溢流阀的调定压力不变。

2. 远程调压回路

图7-1(b)所示为远程调压回路，该回路可实现二级调压。将远程调压阀(溢流阀)6接在先导式溢流阀4的远程控制口上，此时液压泵3出口的工作压力可以通过远程调压阀6进行远程调节。远程调压阀6可以安装在操作方便的地方，其调定压力应小于先导式溢流阀4的调定压力。

在图7-1(b)所示情况下，当断开二位二通电磁换向阀5的电源时，液压泵出口的工作压力由先导式溢流阀4调定为最高压力；当接通二位二通电磁换向阀的电源时，液压泵出口的工作压力可以通过远程调压阀6调定为较低压力，此时，远程调压阀6的调定压力必须小于先导式溢流阀4的调定压力，否则无法实现二级调压。当系统压力由远程调压阀6调定时，先导式溢流阀4的先导阀口关闭，但主阀开启，液压泵的溢流流量经主阀返回油箱。

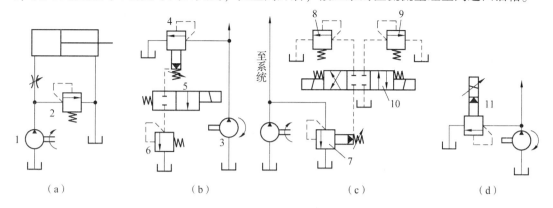

1、3—液压泵；2—溢流阀；4、7—先导式溢流阀；5—二位二通电磁换向阀；6、8、9—远程调压阀；
10—三位四通换向阀；11—先导式比例电磁溢流阀。

图7-1　调压回路
（a）单级调压回路；（b）远程调压回路；（c）多级调压回路；（d）比例调压回路

3. 多级调压回路

图7-1（c）所示为多级调压回路。具有不同调定压力的远程调压阀（溢流阀）8和9，分别通过三位四通换向阀10与先导式溢流阀7的远程控制口相接。在图7-1（c）所示情况下，液压泵出口的工作压力通过先导式溢流阀7调定为最高压力（若三位四通换向阀采用H型的中位机能的电磁阀，则此时液压泵卸荷，即为最低压力）；当换向阀的左、右电磁铁分别通电时，液压泵出口的工作压力分别由远程调压阀8和9调定。远程调压阀8和9的调定压力必须小于先导式溢流阀7的调定压力值。

如果在先导式溢流阀7的远程控制口处多并联几个远程调压阀，且各远程调压阀的出油口分别通过二位二通换向阀来控制，就可以实现多级压力调节。

4. 比例调压回路

图7-1（d）所示为通过电液比例溢流阀进行无级调压的比例调压回路。比例调压回路也可称为无级调压回路。调节先导式比例电磁溢流阀11的输入电流，就可以实现系统压力的无级调节。该回路不但结构简单，压力切换平稳，而且更容易使系统实现远距离控制或程序控制。

▶ 7.1.2　减压回路

减压回路的功用是使系统中某一分支油路具有低于系统压力调定值的稳定工作压力，如机床的夹紧、定位、导轨润滑及液压控制油路等常用减压回路。

最常用的减压回路是在所需低压的支路上串联定值减压阀，如图7-2（a）所示。回路中单向阀2用来当主油路压力低于减压阀1的调定值时，避免液压缸3的压力受到干扰，起短时保压作用。

图7-2（b）所示为二级减压回路。在先导式减压阀4的远程控制口串联换向阀和远程调压阀5，当二位二通换向阀处于图示位置时，油路7方向的压力由先导式减压阀4的调定压力决定；当二位二通换向阀处于右位时，油路7方向的压力由远程调压阀的调定压力决定；远程调压阀的调定压力必须低于先导式减压阀的调定值。液压泵出口的最大工作压力由溢流阀6调定。采用比例减压阀的减压回路可以实现无级减压。

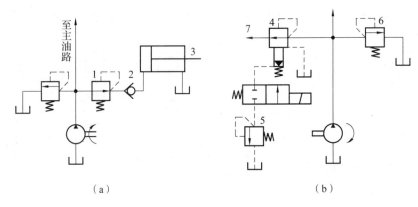

1—减压阀；2—单向阀；3—液压缸；4—先导式减压阀；5—远程调压阀；6—溢流阀。

图 7-2　减压回路

(a)串联定值减压阀的减压回路；(b)二级减压回路

要使减压阀稳定地工作，其最低调定压力应不小于0.5 MPa，最高调定压力应至少比系统压力低0.5 MPa。由于减压阀的泄漏油口向油箱泄油，为保证减压回路中执行元件的调速精度，调速元件应装在减压阀的下游。同时，这种回路不宜用在压力降或流量较大的场合。

7.1.3　卸荷回路

卸荷回路是在液压系统的执行元件短时间不运动时，不频繁启闭驱动泵的原动机，而使泵在很小的输出功率下运转的回路。由于液压泵的输出功率等于压力和流量的乘积，因此卸荷方法有两类：一类是使液压泵的出口直接接回油箱，泵在零压或接近零压下工作，即为压力卸荷；另一类是使液压泵输出流量为零或接近零，即为流量卸荷。采用卸荷回路，可以减少功率损失和系统发热，延长液压泵和原动机的寿命。

1. 采用换向阀中位机能的卸荷回路

定量泵可借助 M 型、H 型或 K 型换向阀中位机能来实现液压泵的降压卸荷。图 7-3(a)所示为采用 M 型中位机能的电液换向阀的卸荷回路，该种回路切换时压力冲击小，但回路中必须设置单向阀，以使系统能保持0.3 MPa 左右的压力，供操纵控制油路之用。

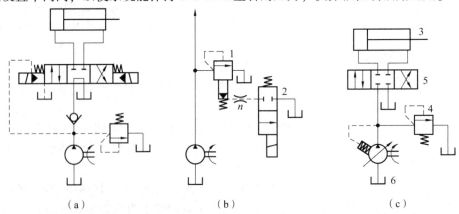

1—先导式溢流阀；2—二位二通电磁阀；3—液压缸；4—溢流阀；5—换向阀；6—变量泵。

图 7-3　卸荷回路

(a)采用换向阀中位机能的卸荷回路；(b)采用先导式溢流阀的卸荷回路；(c)限压式变量泵的卸荷回路

2. 采用先导式溢流阀的卸荷回路

图7-3(b)所示为采用二位二通电磁阀控制先导式溢流阀的卸荷回路。当先导式溢流阀1的远程控制口通过二位二通电磁阀2接通油箱时，液压泵输出的油液以很低的压力经过溢流阀回油箱，即实现卸荷。为了防止卸荷或升压时产生压力冲击，在溢流阀远程控制口与电磁阀之间应设置节流阀阻尼 n。

3. 限压式变量泵的卸荷回路

图7-3(c)所示为限压式变量泵的卸荷回路。限压式变量泵的卸荷回路采用的是流量卸荷。当液压缸3活塞运动到行程终点或换向阀5处于中位时，变量泵6的压力升高，流量减小，当压力接近压力限定螺钉调定的极限值时，变量泵的流量减小到只补充液压缸或换向阀的泄漏，回路实现保压卸荷。系统中的溢流阀4起安全阀的作用，以防止变量泵的压力补偿装置的零漂和动作滞缓导致压力异常。

7.1.4　增压回路

增压回路用来使系统中某一支路获得较系统压力高且流量不大的油液供应。利用增压回路，液压系统可以采用压力较低的液压泵，甚至采用压缩空气动力源来获得较高压力的压力油。增压回路中实现油液压力放大的主要元件是增压器，其增压比为增压器大小活塞的面积之比。

1. 单作用增压器的增压回路

如图7-4(a)所示，单作用增压器的大活塞面积 A_1 比小活塞面积 A_2 大得多。换向阀在左位时，若 p_1 为增压器左腔的输入压力，p_2 为右腔的输出压力，那么有 $p_2 = p_1(A_1/A_2)$；换向阀在右位时，增压器返回，辅助油箱通过单向阀向增压器右腔补油。该回路适合用在要求单向作用力大、行程短、工作时间短的制动器和离合器等工作部件上。如果将单作用增压器做成结构对称的双作用增压器，使其实现往复运动，此时两端小活塞腔便可交替输出高压油，即可成为连续的增压回路。

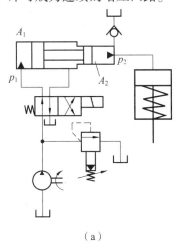
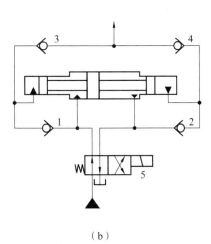

（a）　　　　　　　　　　　　　　　　（b）

1、2、3、4—单向阀；5—换向阀。

图7-4　增压回路

（a）单作用增压器的增压回路；（b）双作用增压器的增压回路

2. 双作用增压器的增压回路

图 7-4(b) 所示为双作用增压器的增压回路，能连续输出高压油。在图示位置，液压泵输出的压力油经换向阀 5 和单向阀 1 进入增压缸左端大、小活塞腔，右端大活塞腔的回油通油箱，右端小活塞腔增压后的高压油经单向阀 4 输出，此时单向阀 2、3 被关闭。当增压缸活塞移到右端时，换向阀得电换向，增压缸活塞向左移动。同理，左端小活塞腔输出的高压油经单向阀 3 输出。这样，即可使增压缸的活塞不断往复运动，两端便交替输出高压油，从而实现了连续增压。

7.1.5 平衡回路

平衡回路的功能在于使执行元件的回油路上保持一定的背压值，以平衡负载，使之不会因自重而自行下落。

1. 采用单向顺序阀的平衡回路

图 7-5(a) 所示为采用单向顺序阀的平衡回路，当 1YA 得电后，换向阀在左位工作，活塞下行，回油路上就存在一定的背压，此时只要将这个背压调得能支承住活塞和与之相连的工作部件自重，活塞就可以平稳地下落。当换向阀处于中位时，活塞就停止运动，不再继续下移。这种回路，当活塞向下快速运动时功率损失大；活塞锁住时，活塞和与之相连的工作部件会因单向顺序阀和换向阀的泄漏而缓慢下落，因此只适用于工作部件自重不大、活塞锁住时定位要求不高的场合。

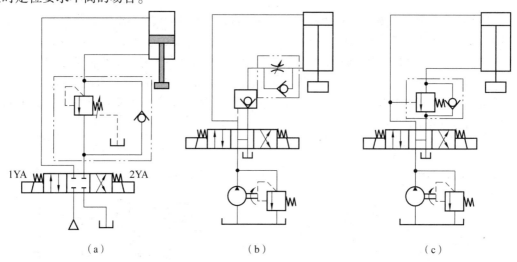

（a）　　　　　　　　（b）　　　　　　　　（c）

图 7-5　平衡回路

（a）采用单向顺序阀的平衡回路；（b）采用液控单向阀的平衡回路；（c）采用远控平衡阀的平衡回路

2. 采用液控单向阀的平衡回路

图 7-5(b) 所示为采用液控单向阀的平衡回路，由于液控单向阀是锥面密封，泄漏量小，因此闭锁性能好，活塞可以较长时间停止不动。当换向阀在中位时，液压缸及重物可以长时间悬空停留。当液压缸下行时，若下腔油液不经过节流阀，直接通过液控单向阀回油箱，则此时运动部件因为无背压平衡会加速下降，致使上腔压力下降，液控单向阀关闭，当液压缸上腔重新建立压力后，液控单向阀又打开。液控单向阀的时开时闭，会造成执行元件的时走

时停，即爬行现象。因此，在液压缸下腔油路中一定要串接单向节流阀。若液控单向阀为内泄式，则单向节流阀只能装在其上游；若液控单向阀为外泄式，则装在上、下游均可。

3. 采用远控平衡阀的平衡回路

图 7-5(c) 所示为采用远控平衡阀的平衡回路。远控平衡阀是一特殊结构的外控顺序阀，它的密封性较好，可以使工作部件悬空停留的时间长；它的阀口随负载增大而自动变小，使液压缸的背压自动增大，不会产生下行时的爬行现象。采用远控平衡阀的平衡回路比一般由外控顺序阀或内控顺序阀组成的平衡回路性能都好。这种远控平衡阀又称为限速锁。

7.1.6 保压回路

保压回路的功能在于使系统在液压缸不动或因工件变形而产生微小位移的工况下保持稳定不变的压力，也就是要求执行机构进口或出口油压维持恒定的回路。在此过程中，执行机构维持不动或移动速度几乎为零。保压时间和压力稳定性是保压回路的两个主要指标。

1. 采用单向阀和液控单向阀的保压回路

最简单的保压回路是采用密封性能较好的单向阀和液控单向阀的回路，如图 7-6(a) 所示，但阀座的磨损和油液的污染会使保压性能降低。它适用于保压时间短、对保压稳定性要求不高的场合。

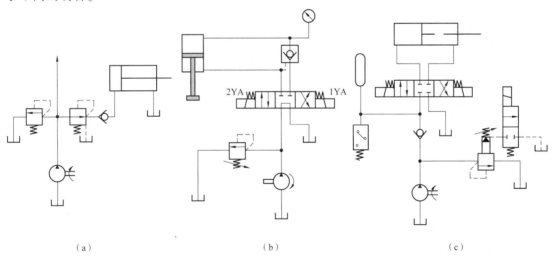

图 7-6 保压回路
(a) 采用单向阀和液控单向阀的保压回路；(b) 自动补油保压回路；(c) 采用蓄能器和压力继电器的保压回路

2. 自动补油保压回路

图 7-6(b) 所示为采用液控单向阀和电接触式压力表的自动补油保压回路。当换向阀 1YA 得电在右位工作时，液压缸上腔压力升至电接触式压力表上触点调定压力，上触点接通，1YA 失电。换向阀切换至中位，泵卸荷，液控单向阀关闭，为液压缸上腔保压。当液压缸上腔压力由于泄漏而下降至电接触式压力表下触点压力时，压力表又发出信号，使 1YA 得电，液压泵重新给液压缸上腔补油，直至压力上升到上触点调定压力。工作液压泵是通过对液压缸间歇补油来保压的。这里也可用专用的小流量高压泵或变量泵持续补油保压，它们

的供油量只要能补偿泄漏即可。这种保压回路保压时间长，压力稳定性较高，适用于保压性能要求较高的液压系统。

3. 采用蓄能器和压力继电器的保压回路

图7-6(c)所示为采用蓄能器和压力继电器的保压回路。当三位四通电磁换向阀在左位工作时，液压泵同时向液压缸左腔和蓄能器供油，液压缸前进夹紧工件。在夹紧工件时进油路压力升高，当压力达到压力继电器调定值时，表示工件已经被夹牢，蓄能器已储备了足够的压力油，此时压力继电器发出电信号，同时使二位二通换向阀的电磁铁通电，控制溢流阀使液压泵卸荷。此时单向阀自动关闭，液压缸若有泄漏，油压下降，则可由蓄能器补油保压。液压缸压力不足(下降到压力继电器的闭合压力)时，压力继电器复位使液压泵重新工作。保压时间取决于蓄能器的容量，调节压力继电器的通断调节区间即可调节液压缸压力的最大值和最小值。

7.2　速度控制回路

速度控制回路是对液压系统中执行元件的运动速度和速度切换实现控制的回路。常见的速度控制回路包括调速回路、快速运动回路和速度换接回路等。

7.2.1　调速回路

液压缸和液压马达是液压传动装置中主要的执行元件，它们的工作速度或转速与输入流量及其几何参数有关。在不计油液的可压缩性和泄漏的情况下：

液压缸的速度

$$v = q/A$$

液压马达的转速

$$n = q/V_M$$

式中：q——输入液压缸或液压马达的流量；

A——液压缸的有效作用面积；

V_M——液压马达的排量。

由以上两式可知，通过改变输入液压执行元件的流量 q 或者改变液压缸的有效面积 A（或液压马达的排量 V_M）均可以实现改变速度的目的。但对于确定的液压缸来说，改变其工作面积的方法是不现实的，一般只能用改变进入液压执行元件的流量或用改变变量液压马达排量的方法来调速。

为了改变进入液压执行元件的流量，可采用变量液压泵来供油，也可采用定量泵和流量控制阀，以改变通过流量阀流量的方法。用定量泵和流量阀来调速时，称为节流调速；用改变变量泵或变量液压马达的排量调速时，称为容积调速；用变量泵和流量阀来达到调速目的时，则称为容积节流调速。

1. 定量泵节流调速回路

定量泵节流调速回路通过改变回路中流量控制元件(节流阀和调速阀)通流截面积的大

小来控制进入执行元件或从执行元件流出的流量，以调节其运动速度。根据流量阀在回路中的位置不同，节流调速回路可以分为进油节流调速、回油节流调速和旁路节流调速 3 种回路。前两种调速回路由于在工作中回路的供油压力不随负载变化而变化，又被称为定压式节流调速回路；而旁路节流调速回路由于回路的供油压力随负载的变化而变化，又被称为变压式节流调速回路。

下面以泵-液压缸回路为例来分析采用节流阀的节流调速回路的速度负载特性、功率特性等性能，分析时忽略油液的压缩性、泄漏、管道压力损失和执行元件的机械摩擦等。

1）进油节流调速回路

将节流阀串联在液压泵和液压缸之间，用它来控制进入液压缸的流量达到调速目的的回路，为进油节流调速回路，如图 7-7(a) 所示。

(1) 速度负载特性。

在图 7-7(a) 中，设泵的输出流量为 q_p，流经节流阀进入液压缸的流量为 q_1，溢流阀的溢流量为 q_y，液压缸两腔压力分别为 p_1 和 p_2。由于液压缸回油腔通油箱，即 $p_2 = 0$，泵的出口压力即溢流阀调定压力为 p_p，液压缸两腔作用面积分别为 A_1 和 A_2，节流阀的通流截面积为 A_T，负载力为 F。

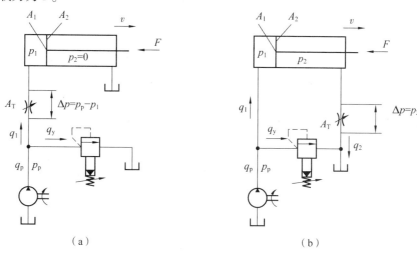

图 7-7　进油、回油节流调速回路
(a) 进油节流调速回路；(b) 回油节流调速回路

于是可得，液压缸活塞运动速度

$$v = q_1 / A_1 \tag{7-1}$$

根据流经节流阀的流量公式可得

$$q_1 = KA_T \Delta p^m = KA_T (p_p - p_1)^m \tag{7-2}$$

液压缸活塞的受力平衡方程

$$p_1 A_1 = p_2 A_2 + F \tag{7-3}$$

因 $p_2 = 0$，故 $p_1 = F/A_1 = p_L$，p_L 为克服负载所需的压力，即负载压力。将 p_1 代入式 (7-2) 得

$$q_1 = KA_T \Delta p^m = KA_T \left(p_p - \frac{F}{A_1} \right)^m \tag{7-4}$$

所以

$$v = \frac{q_1}{A_1} = \frac{KA_{\mathrm{T}}}{A_1}\left(p_{\mathrm{p}} - \frac{F}{A_1}\right)^m \tag{7-5}$$

式(7-5)即为进油节流调速回路的速度负载特性方程，它反映了速度 v 与负载 F 的关系。如果以负载 F 为横坐标，活塞运动速度 v 为纵坐标，将式(7-5)按不同节流阀通流截面积 A_{T} 作图，可以得出一组抛物线，称为进油节流调速回路的速度负载特性曲线，如图7-8所示。

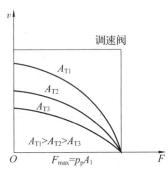

图7-8 进油节流调速回路速度负载特性曲线

从上述公式和图形可以看出，当其他条件保持不变时，活塞的运动速度 v 与节流阀通流截面积 A_{T} 成正比，调节 A_{T} 就能实现无级调速。这种回路的速比最高可达100，即调速范围较大。节流阀通流截面积 A_{T} 一定时，活塞运动速度 v 随负载 F 的增加按抛物线规律下降。当负载 $F=0$ 时，活塞的运动速度为空载速度。当负载 $F=p_{\mathrm{p}}A_1$ 时，无论节流阀通流截面积 A_{T} 怎么变化，节流阀进出口压差始终为0，活塞运动速度 $v=0$，液压泵的流量全部经溢流阀溢流回油箱。由此可知，该回路的最大承载能力为 $F_{\max}=p_{\mathrm{p}}A_1$。不同通流截面积的速度负载特性曲线均交于 $F_{\max}$ 点。

（2）功率特性。

由于进油节流调速回路中液压泵的输出功率为

$$P_{\mathrm{p}} = p_{\mathrm{p}}q_{\mathrm{p}} = 常量$$

液压缸的输出功率为

$$P_1 = Fv = F\frac{q_1}{A_1} = p_1 q_1$$

因此，该回路的功率损失

$$\Delta P = P_{\mathrm{p}} - P_1 = p_{\mathrm{p}}q_{\mathrm{p}} - p_1 q_1 = p_{\mathrm{p}}(q_1 + q_{\mathrm{y}}) - (p_{\mathrm{p}} - \Delta p)q_1 = p_{\mathrm{p}}q_{\mathrm{y}} + \Delta p q_1 \tag{7-6}$$

式中：q_{y}——通过溢流阀的溢流量，$q_{\mathrm{y}} = q_{\mathrm{p}} - q_1$。

由上式可知，这种调速回路的功率损失由两部分组成，即溢流损失 $\Delta P_{\mathrm{y}} = p_{\mathrm{p}}q_{\mathrm{y}}$ 和节流损失 $\Delta P_{\mathrm{T}} = \Delta p q_1$，故这种调速回路的效率较低。

回路的输出功率与输入功率之比被定义为回路效率。进油节流调速回路的效率为

$$\eta_{\mathrm{c}} = \frac{P_1}{P_{\mathrm{p}}} = \frac{Fv}{p_{\mathrm{p}}q_{\mathrm{p}}} = \frac{p_1 q_1}{p_{\mathrm{p}}q_{\mathrm{p}}} \tag{7-7}$$

2）回油节流调速回路

将节流阀串联在液压缸的回油路上，借助节流阀控制液压缸的排油量来实现速度的调节的回路，为回油节流调速回路，如图7-7（b）所示，用上面同样的方法分析可得其速度负载特性和功率特性。

（1）速度负载特性。

液压缸活塞运动速度

$$v = q_2/A_2 \tag{7-8}$$

流经节流阀的流量

$$q_2 = KA_T\Delta p^m = KA_T p_2{}^m \tag{7-9}$$

液压缸活塞的受力平衡方程

$$p_1 A_1 = p_2 A_2 + F$$

由于 $p_1 = p_p$，因此 p_2 可表示为

$$p_2 = p_p\frac{A_1}{A_2} - \frac{F}{A_2} \tag{7-10}$$

于是得速度负载特性方程

$$v = \frac{q_2}{A_2} = \frac{KA_T\left(p_p\dfrac{A_1}{A_2} - \dfrac{F}{A_2}\right)^m}{A_2} \tag{7-11}$$

由式（7-5）与式（7-11）比较看出，回油节流调速回路与进油节流调速回路有相似的速度负载特性，其中最大承载能力 F_{max} 相同。若液压缸两腔有效面积相同（双出杆液压缸），那么两种节流调速回路的速度负载特性和速度刚度就完全一样。因此，对进油节流调速回路的一些分析完全适用于回油节流调速回路。

（2）功率特性。

液压泵输出功率为

$$P_p = p_p q_p = 常量$$

液压缸输出的有效功率为

$$P_1 = Fv = (p_p A_1 - p_2 A_2)v = p_p q_1 - p_2 q_2$$

回油节流调速回路的功率损失为

$$\Delta P = P_p - P_1 = p_p q_p - p_p q_1 + p_2 q_2 = p_p(q_p - q_1) + p_2 q_2 = p_p q_y + \Delta p q_2 \tag{7-12}$$

式中：$p_p q_y$——溢流损失功率；

$\Delta p q_2$——节流损失功率。

所以，它与进油节流调速回路的功率损失相似。

回路效率为

$$\eta_c = \frac{Fv}{p_p q_p} = \frac{p_p q_1 - p_2 q_2}{p_p q_p} = \frac{\left(p_p - p_2\dfrac{A_2}{A_1}\right)q_1}{p_p q_p} \tag{7-13}$$

当使用同一个液压缸和同一个节流阀，且负载 F 和活塞运动速度 v 相同时，则式（7-

13)和式(7-7)是相同的,因此可以认为进油、回油节流调速回路的效率是相同的。但是,应当指出,在回油节流调速回路中,液压缸工作腔和回油腔的压力都比进油节流调速回路的高,特别是负载变化大,当F接近于零时,回油腔的背压有可能比液压泵的供油压力还要高,这样会使节流功率损失大大提高,且加大泄漏,因而其效率实际上比进油节流调速回路的要低。

3)进油与回油节流调速回路的性能差异

(1)承受负值负载的能力。负值负载是指作用力的方向与执行元件运动方向一致的负载。回油节流调速回路中,由于节流阀的作用,液压缸的回油腔形成了一定的背压,因此在负值负载作用下可以有效阻止工作部件前冲。如果要想使进油节流调速回路能够承受负值负载,就需要在回路上加装背压阀。但这样会提高液压泵的供油压力,增加泵的功率消耗。

(2)运动平稳性。在回油节流调速回路中,因为回油路上一直存在背压,可以很好地防止空气从回油路吸入,所以低速运动时不易爬行,高速运动时不易颤振,即运动平稳性好。进油节流调速回路在不加背压阀的情况下不具备上述特点。

(3)油液发热对泄漏的影响。在进油节流调速回路中,经过节流阀后发热的油液会直接进入液压缸,从而增加液压缸的泄漏;而在回油节流调速回路中,油液经过节流阀升温后直接流回油箱,经过冷却后再次进入系统,因此对液压系统的泄漏影响较小。

(4)取压力信号实现程序控制的方法。进油节流调速回路中进油腔的压力随着负载变化而变化,当工作部件触碰到挡铁停止运动后,其压力将增大到溢流阀的调定压力,可取此压力作为控制顺序动作的指令信号。而在回油节流调速回路中,回油腔的压力随负载变化而变化,当工作部件触碰上挡铁后压力将下降为零,可取此零压发信号。因此在有挡铁定位的节流调速回路中,压力继电器的安装位置应与流量控制阀同侧,且紧靠液压缸。

(5)启动性能。回油节流调速回路中如果停车时间较长,液压缸回油腔中的油液会泄漏回油箱,当重新启动时,由于背压不能马上建立,会发生瞬时工作机构的前冲现象。对于进油节流调速,只要在开车时关小节流阀就可以有效避免启动冲击现象。

4)旁路节流调速回路

旁路节流调速回路是将节流阀装在液压缸并联的支路上,如图7-9所示。此时,定量泵输出的流量为q_p,一部分通过节流阀q_T流回油箱,一部分q_1进入液压缸,使活塞获得一定运动速度。通过调节节流阀的通流截面积,就可以调节进入液压缸的流量,从而实现调速。由于回路的溢流功能由节流阀承担,因此正常工作时溢流阀处于关闭状态,溢流阀作安全阀用,其调定压力为最大负载的1.1~1.2倍。液压泵的供油压力p_p取决于负载。

(1)速度负载特性。

推导过程与式(7-5)相同。由节流阀的压力流量方程、连续性方程和活塞的受力平衡方程,可以得出旁路节流调速回路的速度负载特性方程。由于泵的工作压力随负载变化而变化,因此泵的输出流量q_p应计入泵的泄漏量随压力的变化Δq_p,其q_1表达式为

$$q_1 = q_p - q_T = (q_t - \Delta q_p) - KA_T\Delta p^m = q_t - K_1\left(\frac{F}{A_1}\right) - KA_T\left(\frac{F}{A_1}\right)^m$$

式中:q_t——液压泵的理论流量;

K_1——液压泵的泄漏系数；

其他符号意义同前。

所以，液压缸的速度负载特性为

$$v = \frac{q_1}{A_1} = \frac{q_t - K_1\left(\dfrac{F}{A_1}\right) - KA_T\left(\dfrac{F}{A_1}\right)^m}{A_1} \tag{7-14}$$

选取不同的节流阀通流截面积 A_T 可作出一组速度负载特性曲线，如图7-10所示。由式 (7-14) 和图7-10可以得出，在节流阀通流截面积一定的情况下，负载增大时速度会显著下降，负载越大，速度刚性就越大；当负载一定时，节流阀通流截面积越小，速度刚性就越大。这与前两种调速回路正好相反。由于负载变化引起泵的泄漏会对速度产生附加影响，因此这种回路的速度负载特性较前两种回路要差。

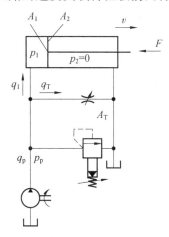

图7-9 旁路节流调速回路

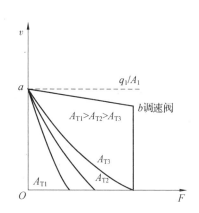

图7-10 旁路节流调速回路速度负载特性曲线

从图7-10可以得出，回路的最大承载能力随着节流阀通流截面积的增加而减小。液压缸的速度为零，泵的全部流量经节流阀流回油箱，继续增大 A_T 已起不到调速的作用，也就是说这种调速回路在低速时承载能力低，调速范围小。

（2）功率特性。

液压泵输出功率为

$$P_p = p_1 q_p$$

液压缸输出的有效功率为

$$P_1 = Fv = p_1 q_1 = p_1(q_p - q_T)$$

回路的功率损失为

$$\Delta P = P_p - P_1 = p_1 q_T \tag{7-15}$$

回路效率为

$$\eta_c = \frac{P_1}{P_p} = \frac{Fv}{p_1 q_p} = \frac{q_1}{q_p} \tag{7-16}$$

由式 (7-15) 和式 (7-16) 可以看出，旁路节流调速回路只有节流损失，而无溢流损失，因而功率损失比前两种调速回路小，效率高。

2. 变量泵容积调速回路

变量泵容积调速回路是指通过改变液压泵(马达)的流量(排量)来调节执行元件的运动速度(转速)的回路。根据改变泵排量的方法不同，该类回路又可分为手动调节容积调速回路和自动调节容积调速回路。前者通过手动变量机构来改变泵的排量，通常为开环控制，可称为容积调速回路。后者一般由压力补偿变量泵与节流元件组合而成，这种回路通常称为容积节流调速回路。

泵-马达调速回路是典型的手动调节容积调速回路。该类回路根据油液循环方式的不同，可以分为开式回路和闭式回路两种。在开式回路中马达的回油直接通回油箱，液压油在油箱中冷却，经过沉淀和过滤后再由液压泵送入系统循环。闭式回路中马达的回油直接与泵的吸油口相连，结构紧凑，但冷却条件差。

1)变量泵-定量马达调速回路

变量泵-定量马达调速回路如图7-11所示。回路中高压管路上设有安全阀4，用以防止回路过载；低压管路上连接一个小流量的辅助泵1，补充变量泵3和定量马达5的泄漏，由溢流阀6调定其供油压力。辅助泵与溢流阀使低压管路始终保持一定的压力，不仅可以改善主泵的吸油条件，而且可以置换部分发热油液，有效降低系统温升。

在上述回路中，液压马达的排量V_M和液压泵的转速n_p可认为是常量。通过改变泵的排量V_p就可以使马达转速n_M和输出功率P_M成比例地变化。回路中马达的输出转矩T_M和工作压力Δp取决于负载转矩，不会因调速而发生变化，因此该类回路又称为恒转矩调速回路。其特性曲线如图7-12所示。这种回路的调速范围一般为$R_c = n_{M\,max}/n_{M\,min} \approx 40$。

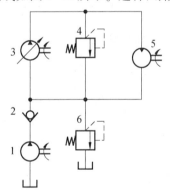

1—辅助泵；2—单向阀；3—变量泵；4—安全阀；5—定量马达。

图7-11　变量泵-定量马达调速回路　　**图7-12　变量泵-定量马达调速回路特性曲线**

2)变量泵-变量马达调速回路

变量泵-变量马达调速回路如图7-13所示。回路中各元件对称布置，改变泵的供油方向，即可实现马达的正反转。补油泵3通过单向阀4和5分别在两个方向上补油，单向阀6和7使溢流阀8在两个方向上都能起过载保护作用。

该类调速回路按低速和高速分段调速。在低速段，先将马达的排量调至最大保持不变，然后将变量泵排量由小调到大，此时马达的转速将由小变大，该过程是恒转矩调速。由于马达的排量大，马达输出转矩也大，回路特性如图 7-14 左半部分所示。在高速段，保持泵的最大排量不变，再将马达排量由大调小。因为泵输送给马达的流量不变，马达转速将继续增大，直到允许的最高转速。由于马达排量逐渐调小，因此马达的输出转矩随之变小。在此过程中，因为泵一直输出恒定的最大功率，马达即处于最大的恒功率状态，所以这一调速过程称为恒功率调速，回路特性曲线如图 7-14 右半部所示。一般生产机械都要求低速时有较大输出转矩，高速时能提供较大功率，这种调速回路正好满足上述要求。

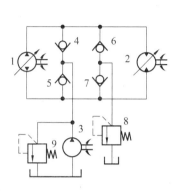 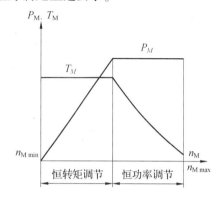

1、2—变量马达；3—补油泵；4、5、6、7—单向阀；8、9 溢流阀。

图 7-13　变量泵-变量马达调速回路　　　**图 7-14　变量泵-变量马达调速回路特性曲线**

3. 容积节流调速回路

1) 限压式变量泵和调速阀的调速回路

限压式变量泵和调速阀的调速回路如图 7-15 所示，采用限压式变量泵供油，进入液压缸或自液压缸流出的流量可通过调速阀来确定，并使变量泵输出的流量与液压缸所需的流量自相适应。因为这种调速无溢流损失，所以效率较高，速度稳定性较好。

此回路的工作原理：限压式变量泵 1 输出的压力油经调速阀 2 进入液压缸的无杆腔，有杆腔的回油经背压阀 3 回油箱。改变调速阀中节流阀通流截面积 A_T 的大小，使经过调速阀进入液压缸的流量 q_1 随之改变，从而实现调节液压缸的运动速度。泵的供油量将跟随并大约等于调速阀需要的流量。例如，如果将调速阀的 A_T 增大到某一值，泵的供油流量还未来得及改变，则出现 $q_p < q_1$，导致调速阀前（即泵的出口）压力下降，反馈作用使变量泵供油流量自动增大，直至 $q_p \approx q_1$；若将调速阀的 A_T 减小到某一值，则将出现 $q_p > q_1$，泵的出口压力将上升，反馈作用使泵的供油流量自动减小，直至 $q_p = q_1$。调整结束后，回路进入稳定工作状态。这时，调速阀的流量稳定，泵与调速阀的流量相适应，泵后压力恒定。

此回路的特性曲线：如图 7-16 所示，曲线 ABC 是限压式变量泵的压力-流量特性曲线，曲线 EDC 是调速阀在某通流截面积 A_T 时的压差-流量特性曲线。回路稳定工作时，泵工作在 F 点，调速阀可工作在 D 点以左平段上的任何点。调速阀正常工作的条件是阀前后至少保持 0.5 MPa 的压差。若调速阀工作在 D 点，且 D 和 F 两点对应的压力差 $\Delta p = 0.5$ MPa，则调速阀的压力损失最小，D 点是最佳稳定工作点。所以，回路稳定工作时液压缸的工作腔压力（即调速阀后压力）p_1 的正常范围为 $p_2 \dfrac{A_2}{A_1} \leqslant p_1 \leqslant (p_p - \Delta p)$。

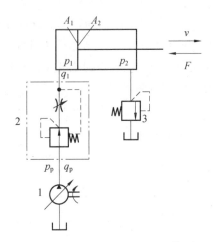

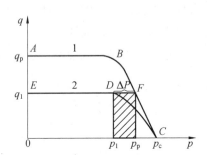

1—限压式变量泵；2—调速阀；3—背压阀。

图7-15　限压式变量泵和调速阀的调速回路

1—限压式变量泵；2—调速阀。

图7-16　限压式变量泵和调速阀的调速回路特性曲线

这种回路在投入工作前，先要调试。调试时，在设计负载（对应 p_1）下，通过调节变量泵的最大排量（即供油曲线 AB 段位置），满足液压缸快进的速度要求；通过调节调速阀的通流截面积 A_T，满足液压缸的工进速度要求；通过调变量泵调压弹簧的预压紧力（即供油曲线的 BC 段位置），尽量满足调速阀前后最佳压差要求。

这种调速回路的效率为

$$\eta_c = \frac{\left(p_1 - p_2 \dfrac{A_2}{A_1}\right) q_1}{p_p q_p} = \frac{p_1 - p_2 \dfrac{A_2}{A_1}}{p_p} \tag{7-17}$$

式（7-17）中没有考虑泵的泄漏损失，当限压式变量泵达到最高压力时，其泄漏量为8%左右。泵的输出流量越小，泵的压力 p_p 就越高；负载越小，则式（7-17）中的压力 p_1 便越小，调速阀相应的压力损失相应增大。因而，在负载小、速度小的场合，这种回路的使用效率很低，一般适用于负载变化不大的中小功率场合。

2）差压式变量泵和节流阀的调速回路

差压式变量泵和节流阀的调速回路如图7-17所示，此回路采用差压式变量泵供油，进入液压缸或自液压缸流出的流量可通过节流阀来确定，这样不但可以使变量泵输出的流量与液压缸所需流量自相适应，而且液压泵的工作压力能自动跟随负载压力的增减而增减。

此回路的工作原理：在图7-17中，液压缸的进油路上设有一个节流阀1，而节流阀两端的压差反馈作用在变量泵的活塞5和柱塞4上。其中，活塞的活塞杆面积和柱塞的面积相等，这样变量泵定子的偏心距大小，也就是泵的流量受到节流阀两端压差的控制。溢流阀2为安全阀，固定阻尼3用于防止定子移动过快引起的振荡。改变节流阀口，就可以控制进入液压缸的流量 q_1，并使泵的输出流量 q_p 自动与 q_1 相适应。若 $q_p > q_1$，泵的供应压力 p_p 将上升，泵的定子在控制活塞的作用下右移，减小偏心距，使 q_p 减小至 $q_p \approx q_1$；相反，若 $q_p < q_1$，泵的供油压力 p_p 将下降，引起定子左移，加大偏心距，使 q_p 增大至 $q_p \approx q_1$。在这种回路中，节流阀两端的压差 $\Delta p = p_p - p_1$ 基本上由作用在变量泵控制活塞上的弹簧力 F_t 来确定。因此，输入液压缸的流量不受负载的变化的影响。此外，此回路能补偿负载变化引起泵的泄漏变化，具有良好的稳定性。

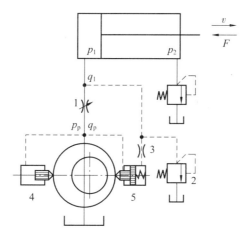

1—节流阀；2—安全阀；3—固定阻尼；4—柱塞；5—活塞。

图 7-17 差压式变量泵和节流阀的调速回路

由于液压泵输出的流量始终与负载流量相适应，泵的工作压力 p_p 始终比负载压力 p_1 大一恒定值 F_t/A_0（A_0 为泵的控制活塞作用面积）。回路不但无溢流损失，而且节流损失较限压式变量泵和调速阀的调速回路小，因此回路效率高，发热小。此回路效率为

$$\eta_c = \frac{p_1 q_1}{p_p q_p} = \frac{p_1}{p_1 + \dfrac{F_t}{A_0}} \tag{7-18}$$

7.2.2 快速运动回路和速度换接回路

1. 快速运动回路

快速运动回路又可称为增速回路，它的功用在于使执行元件获得尽可能大的工作速度，以提高生产率或充分利用功率。一般可采用差动缸、双泵供油、蓄能器和充液增速来实现。

1）液压缸差动连接快速运动回路

如图 7-18 所示，当电磁换向阀通电处于右位时，液压泵供油和液压缸有杆腔的回流合在一起进入液压缸无杆腔，使活塞快速向左运动。这种回路结构简单，应用较多，但液压缸的速度加快有限。差动连接与非差动连接的速度之比为 $v_1'/v_1 = A_1/(A_1 - A_2)$，$A_1$、$A_2$ 分别为液压缸无杆腔、有杆腔的面积。若仍不能满足快速运动的要求，通常需要和其他方法联合使用。在差动回路中，液压缸有杆腔排出的流量和泵的流量合在一起流过的阀和管路应按合成流量来选择其规格，否则可能会导致压力损失过大，泵空载时供油压力过高。

2）双泵供油快速运动回路

图 7-19 所示为双泵供油快速运动回路。高压小流量泵 1 的流量按执行元件最大工作进给速度的需要来确定，工作压力的大小由溢流阀 5 调定；低压大流量泵 2 主要起增速作用，它和泵 1 的流量加在一起应满足执行元件快速运动时所需的流量要求。液控顺序阀 3 的调定压力应比快速运动时最高工作压力高 0.5~0.8 MPa。快速运动时，由于负载较小，系统压力较低，阀 3 处于关闭状态，此时泵 2 输出的油液经单向阀 4 与泵 1 汇合再一起进入执行元件，实现快速运动；若需要工作进给运动，则系统压力升高，阀 3 打开，泵 2 卸荷，阀 4 关闭，此时仅有泵 1 向执行元件供油，实现工作进给运动。这种回路的特点是效率高、功率利用合理，能实现比最大工作进给速度大得多的快速功能。

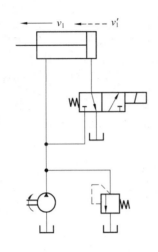

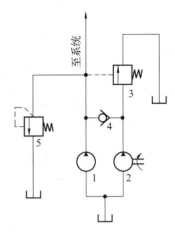

1—高压小流量泵；2—低压大流量泵；3—液控顺序阀；
4—单向阀；5—溢流阀。

图 7-18　液压缸差动连接快速运动回路　　图 7-19　双泵供油快速运动回路

3）采用蓄能器的快速运动回路

图 7-20 所示为采用蓄能器的快速运动回路。采用蓄能器的目的是可以用流量较小的液压泵。系统中短期需要大流量时，此时换向阀 5 的阀芯处于左端或右端位置，由蓄能器 4 和液压泵 1 共同向液压缸 6 供油；当系统停止工作时，换向阀处在中间位置，这时泵便经单向阀 3 向蓄能器供油。蓄能器压力升高后，控制卸荷阀 2 打开阀口，使液压泵卸荷。

4）采用增速缸的快速运动回路

图 7-21 所示为用增速缸的快速运动回路。在这个回路中，当三位四通换向阀左位得电而工作时，压力油经增速缸中的柱塞 1 的孔进入 B 腔，使活塞 2 伸出，获得快速，即 $v=4qp/(\pi d^2)$，A 腔中所需油液经液控单向阀 3 从辅助油箱吸入，活塞伸出到工作位置时由于负载加大，压力升高，打开顺序阀 4，高压油进入 A 腔，同时关闭单向阀。此时，活塞杆 B 在压力油作用下继续外伸，但因有效面积加大，速度变慢而使推力加大。

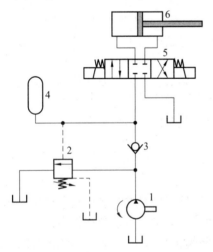

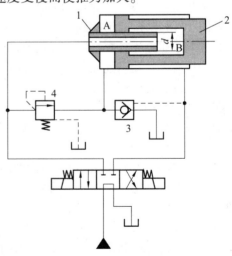

1—液压泵；2—卸荷阀；3—单向阀；4—蓄能器；
5—换向阀；6—液压缸。

1—柱塞；2—活塞；3—液控单向阀；4—顺序阀。

图 7-20　采用蓄能器的快速运动回路　　图 7-21　采用增速缸的快速运动回路

2. 速度换接回路

速度换接回路用于执行元件实现速度的切换，根据切换前后速度的不同，可以分为快速-慢速、两种慢速的换接方式。这种回路应该具有较高的换接平稳性和换接精度。

1）快速-慢速换接回路

图 7-22 所示为采用行程阀的快速-慢速切换回路。当手动换向阀 2 右位和行程阀 4 下位接入回路（图示状态）时，液压缸 3 活塞将快速向右运动，当活塞移动至使挡块压下行程阀时，行程阀关闭，液压油的回油必须通过节流阀 6，活塞的运动切换成慢速状态；当换向阀左位接入回路，液压油经单向阀 5 进入液压缸右腔，活塞快速向左运动。这种换接回路的特点是快速-慢速切换比较平稳，切换点准确，但行程阀的安装位置不能任意布置。

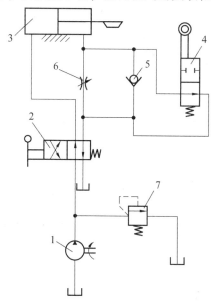

1—液压泵；2—手动换向阀；3—液压缸；4—行程阀；5—单向阀；6—节流阀；7—溢流阀。

图 7-22　采用行程阀的快速-慢速换接回路

2）两种慢速的换接回路

图 7-23 所示为串联调速阀两种慢速的换接回路。当电磁铁 1YA 和 4YA 通电工作时，液压油经调速阀 A 和二位二通电磁换向阀 2 进入液压缸左腔，此时调速阀 B 被短接，活塞运动速度可由调速阀 A 来控制，实现第一种慢速；当电磁铁 1YA、4YA 和 3YA 同时通电工作时，则液压油先经调速阀 A，再经调速阀 B 进入液压缸左腔，活塞运动速度由调速阀 B 控制，实现第二种慢速（此时调速阀 B 的通流截面积必须小于调速阀 A）；当电磁铁 1YA 和 4YA 断电，且电磁铁 2YA 通电工作时，液压油进入液压缸右腔，液压缸左腔油液经二位二通电磁换向阀 3 流回油箱，实现快速退回。这种换接回路因慢速、慢速切换平稳，在机床上应用较多。

图 7-24 所示为并联调速阀两种慢速的换接回路。当电磁铁 1YA、3YA 同时通电工作时，液压油经换向阀 1 的左位进入调速阀 A 和二位三通电磁换向阀 3 的左位进入液压缸左腔，实现第一种慢速；当电磁铁 1YA、3YA 和 4YA 同时通电工作时，液压油经调速阀 B 和二位三通电磁铁换向阀 3 的右位进入液压缸左腔，实现第二种慢速。这种换接回路，在调速

阀 A 工作时，调速阀 B 的通路被切断，相应的调速阀 B 前后两端的压力相等，则调速阀 B 中的定差减压阀口全开，在二位三通电磁换向阀切换瞬间，调速阀 B 前端压力突然下降，在压力减为 0 且阀口还没有关小前，调速阀 B 中节流阀前、后压力差的瞬时值较大，相应瞬时流量也很大，造成瞬时活塞快速前冲现象。同样，当调速阀 A 由断开接入工作状态时，也会出现上述现象。因此，这种换接回路不宜用在工作过程中的速度换接，只可用在速度预选的场合。

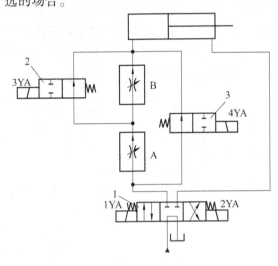

1—三位四通电磁换向阀；2、3—二位二通电磁换向阀。

图 7-23　串联调速阀两种慢速的换接回路

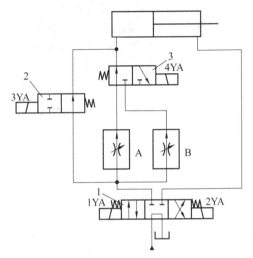

1—三位四通电磁换向阀；2—二位二通电磁换向阀；
3—二位三通电磁换向阀。

图 7-24　并联调速阀两种慢速的换接回路

7.3　多缸工作控制回路

多缸工作控制回路中，多个执行元件由一个油源供油，各执行元件受到回路中压力、流量的相互影响而在动作上受到牵制。多缸工作控制回路常包括顺序动作控制回路、同步动作控制回路和互不干扰控制回路等。

7.3.1　顺序动作控制回路

顺序动作控制回路的功能是使多个液压缸按照预定顺序依次动作。压力控制和行程控制是这种回路常用的两类控制方式。

1. 压力控制顺序动作回路

压力控制顺序动作回路中，多个液压缸顺序动作的控制是利用油路本身的油压变化来实现的，并且常用顺序阀和压力继电器来控制多个液压缸顺序动作。

图 7-25 所示为顺序阀控制顺序动作回路。两个液压缸向右运动的先后顺序是通过单向顺序阀 4 来控制的，而两个液压缸向左运动的先后顺序是由单向顺序阀 3 来控制的。当电磁换向阀未通电时，液压油进入液压缸 1 的左腔和阀 4 的进油口，液压缸 1 右腔中的油液经阀 3 中的单向阀流回油箱，液压缸 1 的活塞向右运动，而此时进油路压力较低，阀 4 处于关闭

状态；当液压缸 1 的活塞向右运动到行程终点碰到挡铁，进油路压力升高到阀 4 的调定压力时，阀 4 打开，液压油进入液压缸 2 的左腔，液压缸 2 的活塞向右运动；当液压缸 2 的活塞向右运动到行程终点，其挡铁压下相应的电气行程开关（图中未画出）而发出电信号时，电磁换向阀通电而换向，此时液压油进入液压缸 2 的右腔和阀 3 的进油口，液压缸 2 左腔中的油液经阀 4 中的单向阀流回油箱，液压缸 2 的活塞向左运动；当液压缸 2 的活塞向左到达行程终点碰到挡铁，进油路压力升高到阀 3 的调定压力时，阀 3 打开，液压缸 1 的活塞向左运动。若液压缸 1 和 2 的活塞向左运动无先后顺序要求，可省去单向顺序阀 3。

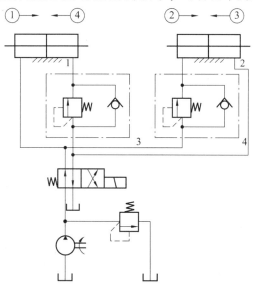

1、2—液压缸；3、4—单向顺序阀。

图 7-25　顺序阀控制顺序动作回路

图 7-26 所示为压力继电器控制顺序动作回路。两液压缸向右运动的先后顺序由压力继电器 1KP 来控制，两液压缸向左运动的先后顺序通过压力继电器 2KP 来控制。当电磁铁 2YA 通电工作时，换向阀 3 右位接入回路，液压油进入液压缸 1 左腔并推动活塞向右运动；当液压缸 1 的活塞向右运动到行程终点而碰到挡铁时，进油路压力升高使压力继电器 1KP 动作发出电信号，相应电磁铁 4YA 通电工作，换向阀 4 右位接入回路，液压缸 2 的活塞向右运动；当液压缸 2 的活塞向右运动到行程终点，其挡铁压下相应的电气行程开关而发出电信号时，电磁铁 4YA 断电而电磁铁 3YA 通电工作，阀 4 换向，液压缸 2 的活塞向左运动；当液压缸 2 的活塞向左运动到终点碰到挡铁时，进油路压力升高而使压力继电器 2KP 动作发出电信号，相应电磁铁 2YA 断电而电磁铁 1YA 通电工作，阀 3 换向，液压缸 1 的活塞向左运动。为了防止压力继电器发出误动作，压力继电器的动作压力应比先动作的液压缸最高工作压力高 0.3~0.5 MPa，但应比溢流阀的调定压力低 0.3~0.5 MPa。

这种回路适用于液压缸数目不多、负载变化不大和可靠性要求不太高的场合。当运动部件卡住或压力脉动变化较大时，误动作不可避免。

2. 行程控制顺序动作回路

行程控制顺序动作回路是利用运动部件到达一定位置时会发出信号来控制液压缸顺序动作的回路。

图 7-27 所示为电气行程开关控制顺序动作回路。当电磁铁 1YA 通电工作时，液压缸 1 的活塞向右运动；当液压缸 1 的挡块随活塞右行到行程终点并触动电气行程开关 1ST 时，电磁铁 2YA 通电工作，液压缸 2 的活塞向右运动；当液压缸 2 的挡块随活塞右行至行程终点并触动电气行程开关 2ST 时，电磁铁 1YA 断电，电磁换向阀开始换向，液压缸 1 的活塞向左运动；当液压缸 1 的挡块触动电气行程开关 3ST 时，电磁铁 2YA 断电，电磁换向阀换向，液压缸 2 的活塞向左运动。这种顺序动作回路中，电气行程开关和电磁换向阀的质量决定了该回路可靠性，同时便于变更液压缸的动作行程和顺序，且可利用电气互锁来保证动作顺序的可靠性。

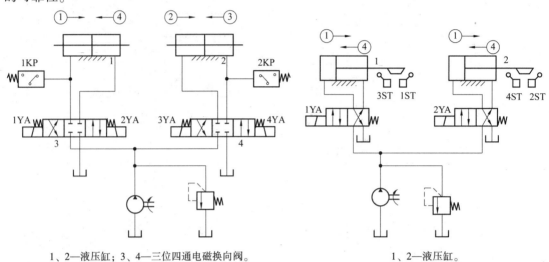

1、2—液压缸；3、4—三位四通电磁换向阀。

图 7-26 压力继电器控制顺序动作回路

1、2—液压缸。

图 7-27 电气行程开关控制顺序动作回路

7.3.2 同步动作控制回路

同步动作控制回路(简称同步回路)的功能是使多个液压缸在运动中保持相同的位置或速度。在多缸液压系统中，尽管各液压缸的有效工作面积和输入流量相同，但液压缸存在制造误差或所受负载不均衡，均会导致各液压缸的泄漏量不相同，这样就会使各液压缸不能保持同步动作。同步回路可摆脱上述的影响，消除累积误差而保证同步运行。

1. 串联液压缸的同步回路

1) 普通串联液压缸的同步回路

图 7-28 所示为普通串联液压缸的同步回路。第一个液压缸回油腔排出的油液被送入第二个液压缸的进油腔，若两个缸的有效工作面积相等，则两活塞必然有相同的位移，从而实现同步运动。但是，由于制造误差和泄漏等因素的影响，同步精度较低。

2) 带补偿装置的串联液压缸同步回路

图 7-29 所示为带补偿装置的串联液压缸同步回路。液压缸 A 腔和 B 腔面积相等使进、出流量相等，而补偿措施使同步误差在每一次下行运动中都可消除。例如，换向阀 5 在右位工作时，液压缸下降，若液压缸 1 的活塞先到达行程终点，其挡块触动电气行程开关 1ST，使换向阀 4 通电，压力油便通过该阀和单向阀向液压缸 2 的 B 腔补入，推动活塞继续运动到底，误差即被消除。若液压缸 2 的活塞先到达行程终点时，其挡块触动电气行程开关 2ST，

换向阀 3 通电工作，控制压力油使液控单向阀反向通道打开，液压缸 1 的 A 腔通过液控单向阀与油箱接通而回油，使液压缸 1 的活塞能继续下行到达行程终点而消除位置误差。这种串联液压缸同步回路只适用于负载较小的液压系统。

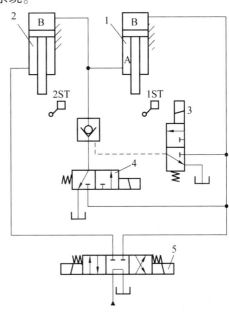

1、2—液压缸；3、4—二位三通电磁换向阀；5—三位四通电磁换向阀。

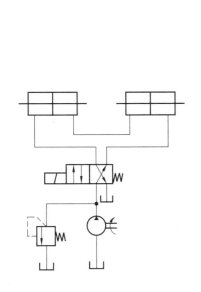

图 7-28　普通串联液压缸的同步回路　　**图 7-29　带补偿装置的串联液压缸同步回路**

2. 并联液压缸的同步回路

1）并联调速阀的同步回路

如图 7-30 所示，用两个调速阀分别串联在两个液压缸的回油路（进油路）上，再并联起来，用以调节两缸运动速度，即可实现同步。这也是一种常用的比较简单的同步方法，但因为两个调速阀的性能不可能完全一致，同时还受到载荷的变化和泄漏的影响，同步精度较低。

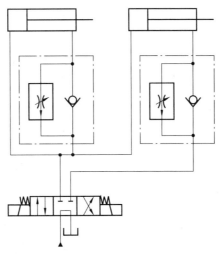

图 7-30　并联调速阀的同步回路

2)电液比例调速阀同步回路

图 7-31 所示为电液比例调速阀同步回路。该回路中采用了一个普通调速阀 3 和一个电液比例调速阀 4,它们设置在由单向阀组成的桥式回路中,并分别控制液压缸 1 和 2 的速度。当两个活塞出现位置误差时,检测装置(图中未画出)就会发出信号,自动控制电液比例调速阀通流截面积的大小,进而使液压缸 2 的活塞随着液压缸 1 活塞的运动而实现同步运动。此回路的同步精度高,位置误差可控制在 0.5 mm 以内,已能满足大多数工作部件同步精度的要求。电液比例调速阀在性能上虽比不上伺服阀,但其费用低,对环境适应性强,因此用它来实现同步控制被认为是一个新的发展方向。

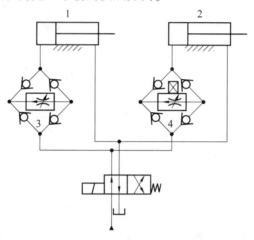

1、2—液压缸;3—普通调速阀;4—电液比例调速阀。

图 7-31 电液比例调速阀同步回路

7.3.3 互不干扰控制回路

互不干扰控制回路的功能是使几个液压缸在完成各自的循环动作过程中彼此互不影响。在多缸液压系统中,往往由于其中一个液压缸快速运动造成系统压力下降,从而影响其他液压缸慢速运动的稳定性。因此,对于慢速要求比较稳定的多缸液压系统,需采用互不干扰控制回路,使各自液压缸的工作压力互不影响。

图 7-32 所示为多缸快慢速互不干扰控制回路。图中各液压缸(仅示出两个液压缸)分别要完成快进、工进和快退的自动循环。此回路采用双泵供油,高压小流量泵 1 提供各缸工进时所需的液压油,低压大流量泵 2 为各缸快进或快退时输送低压油,它们分别由溢流阀 3 和 4 调定供油压力。当电磁铁 3YA、4YA 通电工作时,液压缸 13(或 14)左右两腔由两位五通电磁换向阀 7、11(或 8、12)连通,由泵 2 供油来实现差动快进过程,此时泵 1 的供油路被阀 7(或 8)切断。设液压缸 13 先完成快进,由行程开关使电磁铁 1YA 通电工作,电磁铁 3YA 断电,此时泵 2 对液压缸 13 的进油路切断,而泵 1 的进油路打开,液压缸 13 由调速阀 5 调速实现工进,液压缸 14 仍作快进,互不影响。当各缸都转为工进后,它们全由泵 1 供油。此后,若液压缸 13 又率先完成工进,行程开关应使阀 7 和阀 11 的电磁铁都通电,液压缸 13 即由泵 2 供油快退。当各电磁铁皆通电时,各缸停止运动,并被锁止于所在位置。

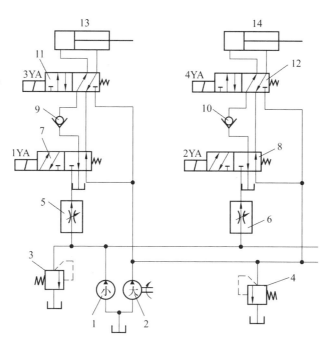

1—高压小流量泵；2—低压大流量泵；3、4—溢流阀；5、6—调速阀；7、8、11、12—两位五通电磁换向阀；
9、10—单向阀；13、14—流压缸。

图7-32　多缸快慢速互不干扰控制回路

7.4　其他回路

7.4.1　锁紧回路

锁紧回路的功用是通过切断执行元件的进油、出油通道使液压缸能在任意位置上停留，且停留后不会因外力作用而移动位置的回路。

图7-33所示为采用液控单向阀(又称双向液压锁)的锁紧回路。当换向阀处于左位时，压力油经单向阀1进入液压缸左腔，同时压力油也进入单向阀2的控制油口K，打开阀2，使液压缸右腔的回油可经阀2及换向阀流回油箱，使活塞向右运动；反之，活塞向左运动，到了需要停留的位置，只要使换向阀处于中位，因阀的中位为H型机能，所以阀1和阀2均关闭，使活塞双向锁紧。在这个回路中，由于液控单向阀的阀座一般为锥阀式结构，所以密封性好，泄漏极少，锁紧的精度主要取决于液压缸的泄漏。这种回路被广泛用于工程机械、起重运输机械及起落架的收放等有锁紧要求的场合。

当液压马达是执行元件时，切断其进、出油口后应该停止转动，但由于液压马达设有一泄油口直接通回油箱，当液压马达受到重力负载力矩的作用而变成泵工况时，其出油口油液将经泄油口流回油箱，使液压马达出现滑转。为此，在切断液压马达进、出油口的同时，需通过液压制动器来保证液压马达可靠地停转，如图7-34所示。

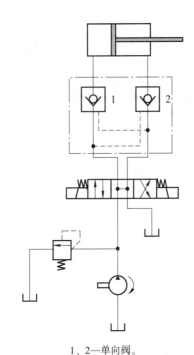

1、2—单向阀。

图 7-33 采用液控单向阀的锁紧回路

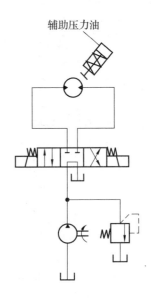

辅助压力油

图 7-34 采用液压制动器的锁紧回路

7.4.2 制动回路

制动回路的功能是使执行元件平稳地由运动状态转换成静止状态；要求对油路中出现异常高压和负压作出迅速反应，应使制动时间尽可能短，冲击尽可能小。

图 7-35 为采用溢流阀的液压缸制动回路。在液压缸的两侧油路上分别设有反应灵敏的小型直动式溢流阀 2 和 4，换向阀切换时，活塞在溢流阀 2 或 4 的调定压力值下实现制动。如果活塞向右运动换向阀突然切换时，活塞右侧油液压力由于运动部件的惯性而突然升高，当压力超过阀 4 的调定压力时，阀 4 打开溢流，缓和管路中的液压冲击，同时液压缸左腔通过单向阀 3 补油。活塞向左运动，由溢流阀 2 和单向阀 5 起缓冲和补油作用。溢流阀 2 和 4 的调定压力一般比主油路溢流阀 1 的调定压力高 5%~10%。

7.4.3 节能回路

节能的目的是提高能量的利用率，因而节能回路的功用就是要用最小的输入能量来完成一定的输出。前面所讲述的回路中，如旁路节流调速回路(见图 7-9)、液压缸差动连接快速运动回路(见图 7-18)、双泵供油快速运动回路(见图 7-19)和采用蓄能器的快速运动回路(见图 7-20)等都具有一定的节能效果。

图 7-36 所示为两负载串联的节能回路。在这种回路中，当各执行元件需要单独工作时，工作压力分别由各自的溢流阀调定。当需要同时工作时，由于前一个回路的溢流阀受到后一个回路的压力信号控制，泵转入叠加负载下工作，这时泵的流量只要满足流量大的那个执行元件即可，工作压力提高到接近泵的额定压力，提高了泵的运行效率。这种节能回路结构简单，且采用定量泵供油，因而比较经济。由于负载叠加，两个执行元件的负载不能太大。

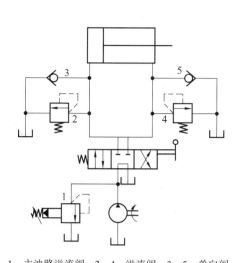

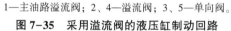

1—主油路溢流阀；2、4—溢流阀；3、5—单向阀。

图 7-35　采用溢流阀的液压缸制动回路

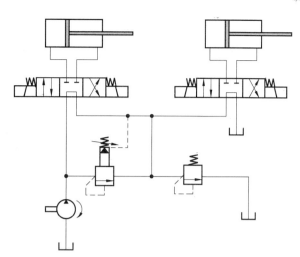

图 7-36　两负载串联的节能回路

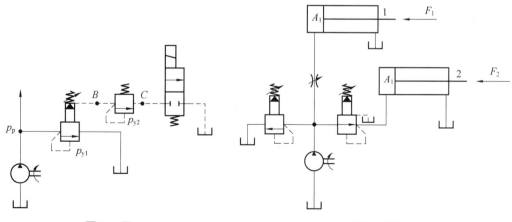

习　题

7-1　什么是液压基本回路？常见的液压基本回路有几类？各起什么作用？

7-2　容积节流调速回路的优点是什么？

7-3　如何调节执行元件的运动速度？常用的调速方法有哪些？

7-4　在题 7-4 图所示回路中，若溢流阀的调定压力分别为 $p_{y1} = 6$ MPa，$p_{y2} = 4.5$ MPa。泵出口处的负载阻力为无限大，若不计管道损失和调压偏差，试问：

（1）换向阀下位接入回路时，泵的工作压力为多少？B 点和 C 点的压力各为多少？

（2）换向阀上位接入回路时，泵的工作压力为多少？B 点和 C 点的压力各为多少？

7-5　如题 7-5 图所示，已知两液压缸的活塞面积相同，液压缸无杆腔面积 $A_1 = 20 \times 10^{-4}$ m²，但负载分别为 $F_1 = 8\,000$ N，$F_2 = 4\,000$ N，若溢流阀的调定压力为 $p_y = 4.5$ MPa，试分析减压阀的调定压力分别为 1 MPa、2 MPa、4 MPa 时，两液压缸的动作情况。

题 7-4 图

题 7-5 图

7-6 在题 7-6 图所示回路中，已知活塞运动时的负载 $F=1.2$ kN，活塞面积 $A=15\times10^{-4}$ m^2，溢流阀调整值 $p_p=4.5$ MPa，两个减压阀的调整值分别为 $p_{j1}=3.5$ MPa 和 $p_{j2}=2$ MPa，如油液流过减压阀及管路时的损失可忽略不计，试确定活塞在运动时和停在终端位置处时 A、B、C 三点的压力值。

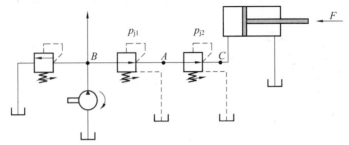

题 7-6 图

7-7 在变量泵-定量马达的回路中，已知变量泵的转速 $n_p=1\,500$ r/min、排量 $V_{p\,max}=8$ mL/r，定量马达排量 $V_M=10$ mL/r，安全阀调定压力 $p_a=40\times10^5$ Pa，设变量泵和定量马达的容积效率和机械效率 $\eta_{pv}=\eta_{pm}=\eta_{Mv}=\eta_{Mm}=0.95$，试求：

(1) 定量马达转速 $n_M=1\,000$ r/min 时泵的排量；

(2) 定量马达负载转矩 $T_M=8$ N·m 时的转速 n_M；

(3) 泵的最大输出功率。

7-8 在题 7-8 图所示的调速阀节流调速回路中，已知 $q_p=25$ L/min，$A_1=100\times10^{-4}$ m^2，$A_2=50\times10^{-4}$ m^2，F 由零增至 30 000 N 时活塞向右移动速度基本无变化，$v=0.2$ m/min，若调速阀要求的最小压差为 $\Delta p_{min}=0.5$ MPa，试问：

(1) 不计调压偏差时溢流阀调定压力 p_y 是多少？泵的工作压力是多少？

(2) 液压缸可能达到的最高工作压力是多少？

(3) 回路的最高效率为多少？

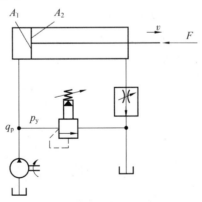

题 7-8 图

7-9 如题 7-9 图所示，夹紧液压缸 Ⅰ 的无杆腔面积 $A_1=50\times10^{-4}$ m^2，要求夹紧力为 5 000 N；工作台液压缸 Ⅱ 的无杆腔面积 $A_3=50\times10^{-4}$ m^2，有杆腔 $A_4=25\times10^{-4}$ m^2。快进速度 $v=5$ m/min，负载为 8 000 N(此时无背压)；工进时速度 $v_工=0.6$ m/min，负载为 20 000 N，此时背压为 1 MPa，大流量泵卸载压力为 0.2 MPa(管路和元件损失不计)，试问：

(1)减压阀、溢流阀、液控单向阀的调定压力各为多少?

(2)两液压泵的输出流量各为多少(不计泄漏)?

(3)液压泵所需的电动机功率(已知液压泵的效率为0.8)为多少?

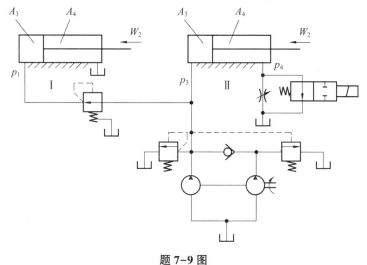

题7-9图

7-10 在题7-10图所示油路中,若溢流阀和减压阀的调定压力分别为5.0 MPa和2.0 MPa,试分析活塞在运动期间和碰到挡铁后,溢流阀进油口、减压阀出油口处的压力各为多少。(主油路关闭不通,活塞在运动期间液压缸负载为0,不考虑能量损失)

7-11 在题7-11图所示回路中,顺序阀和溢流阀的调定压力分别为3.0 MPa与5.0 MPa,问在下列情况下,A、B两处的压力各等于多少?

(1)液压缸运动时,负载压力为4.0 MPa;

(2)液压缸运动时,负载压力为1.0 MPa;

(3)活塞碰到缸盖时。

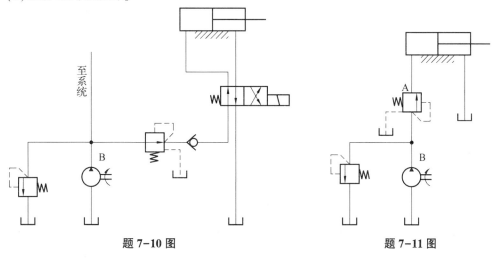

题7-10图 题7-11图

7-12 在题7-12图所示进油节流调速系统中,液压缸大、小腔面积分别为$A_1 = 100 \times 10^{-4}$ m^2、$A_2 = 50 \times 10^{-4}$ m^2,负载$F_{max} = 25\ 000$ N。

(1)如果节流阀的压降在F_{max}时为30×10^5 Pa,问液压泵的工作压力p_p和溢流阀的调定压力各为多少?

(2)若溢流阀按上述要求调好后,负载 $F_{max}=25\ 000$ N 降为 15 000 N 时,液压泵工作压力和活塞的运动速度各有什么变化?

7-13　在题 7-13 图所示回油节流调速系统中,已知液压泵的供油流量 $q_p=25$ L/min,负载 $F=40\ 000$ N,溢流阀调定压力 $p_p=5.4$ MPa,液压缸无杆腔面积 $A_1=80\times10^{-4}$ m²,有杆腔面积 $A_2=40\times10^{-4}$ m²,液压缸工进速度 $v=0.18$ m/min,不考虑管路损失和液压缸的摩擦损失,试问:

(1)液压缸工进时液压系统的效率是多少?

(2)当负载 $F=0$ 时,活塞的运动速度和回油腔的压力是多少?

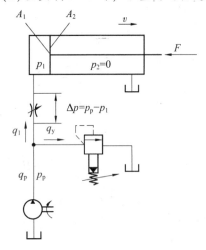

题 7-12 图

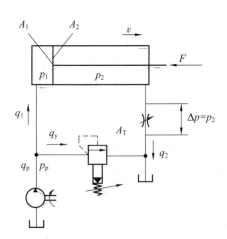

题 7-13 图

第八章
典型液压系统

液压传动技术有很多突出的优点，被广泛应用在航空、工程机械、机床、轻工、建筑、冶金石化、船舶等众多领域。液压系统是根据液压设备的工作要求，选用各种不同功能的基本回路构成的，一般用图形的方式来表示。液压系统图表示了系统内所有各类液压元件的连接情况以及执行元件实现各种运动的工作原理。

对液压系统进行分析，最主要的就是阅读液压系统图。阅读一个复杂的液压系统图，大致可以按以下步骤进行：

(1)了解主机的功用、工况及其对液压系统的要求，明确液压设备的工作循环；

(2)初步阅读液压系统图，了解系统中包含哪些元件，若有多个执行元件，应将系统分解为若干个子系统；

(3)单独分析各子系统，了解液压基本回路的组成情况，分析各元件的功用以及各元件之间的互相关系，理清油液的流通路线；

(4)根据系统中对各执行元件间的互锁、同步、防干扰等要求，分析各个子系统之间的联系，以及如何实现这些要求；

(5)根据各个液压基本回路的性能，对系统进行综合分析，归纳总结出整个液压系统的特点。

本章介绍几个典型的液压系统，通过对这些系统的学习和分析，进一步加深对各类液压元件和基本回路的理解和综合应用，掌握液压系统的分析方法和一般设计原则，为液压系统的使用、调试和维护工作奠定基础。

8.1 组合机床动力滑台液压系统

8.1.1 概述

组合机床是一种高效率的专用机床，由具有一定功能的通用部件和专用部件组成，其中通用部件包括机械动力滑台和液压动力滑台，加工范围较广，自动化程度较高，多用于大批量生产中。液压动力滑台由滑座、滑鞍、液压缸和各种挡铁所组成，根据加工需要可在滑台上配置动力头、主轴箱或各种专用的切削头等工作部件，以完成钻、扩、铰、铣、倒角、加工螺纹等加工工序，并可实现多种进给工作循环。

根据组合机床的加工特点，液压动力滑台的液压系统应具备以下性能要求：在变负载或断续负载的条件下工作时，能保证动力滑台的进给速度稳定，特别是最小进给速度的稳定性；能承受规定的最大负载，并具有较大的工进调速范围以适应不同工序的需要；能实现快速进给和快速退回；效率高、发热少，并能合理利用能量以解决工进速度和快进速度之间的矛盾；在其他元件的配合下能方便地实现多种工作的循环。

液压动力滑台是系列化产品，不同规格的滑台，其液压系统的组成和工作原理基本相同。现以 YT4543 型液压动力滑台为例分析其液压系统的工作原理和特点。图 8-1 所示为 YT4543 型液压动力滑台的液压系统图。YT4543 型液压动力滑台要求进给速度范围为$(0.11 \sim 10) \times 10^{-3}$ m/s，最大移动速度为 0.12 m/s，最大进给力为 4.5×10^4 N。该液压系统的动力元件和执行元件为限压式变量泵和单杆活塞式液压缸，系统中有换向回路、速度回路、快速运动回路、速度换接回路、卸荷回路等液压基本回路。回路的换向由电液换向阀完成，同时其中位机能具有卸荷功能，快速进给由液压缸的差动连接来实现，用限压式变量泵和串联调速阀来实现二次进给速度的调节，用行程阀和电磁阀实现速度的换接，为了保证进给的尺寸精度，采用了止位钉停留来限位。该系统能够实现的自动工作循环为：快进→第一次工进→第二次工进→止位钉停留→快退→原位停止。该系统中电磁铁和行程阀的动作顺序如表 8-1 所示。

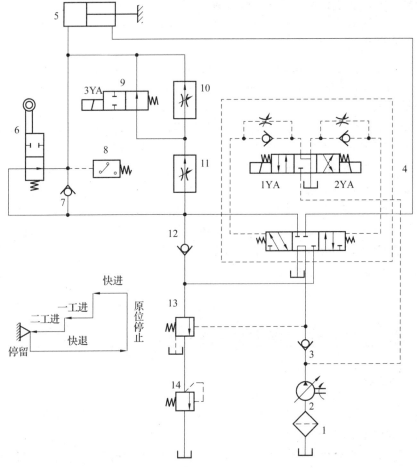

1—过滤器；2—变量泵；3、7、12—单向阀；4—电液换向阀；5—液压缸；6—行程换向阀；
8—压力继电器；9—二位二通电磁换向阀；10、11—调速阀；13—液控顺序阀；14—背压阀。

图 8-1　YT4543 型液压动力滑台的液压系统图

表 8-1 YT4543 型液压动力滑台液压系统中电磁铁和行程阀动作顺序

工作循环	1YA	2YA	3YA	行程阀
快进	+	–	–	–
第一次工进	+	–	–	+
第二次工进	+	–	+	+
止位钉停留	+	–	+	+
快退	–	+	–	+/–
原位停止	–	–	–	–

注：表中"+"表示电磁铁得电或行程阀被压下，"–"表示电磁铁失电或行程阀抬起，后同。

8.1.2 YT4543 型液压动力滑台液压系统的工作原理

1. 快进

按下启动按钮，电液换向阀 4 的电磁铁 1YA 通电，使电液换向阀 4 的先导阀左位工作，控制油液经先导阀左位，再经单向阀进入主液动换向阀的左端，使其左位接入系统；变量泵 2 输出的油液经主液动换向阀左位进入液压缸 5 的左腔(无杆腔)，因为此时为空载，系统压力不高，液控顺序阀 13 仍处于关闭状态，故液压缸右腔(有杆腔)排出的油液经主液动换向阀左位也进入了液压缸的无杆腔；这时，液压缸 5 为差动连接，限压式变量泵输出流量最大，动力滑台实现快进。系统控制油路和主油路中油液的流动路线如下。

1)控制油路

(1)进油路：过滤器 1→变量泵 2→电液换向阀 4 的先导阀的左位→左单向阀→电液换向阀 4 的主阀的左端。

(2)回油路：电液换向阀 4 的右端→右节流阀→电液换向阀 4 的先导阀的左位→油箱。

2)主油路

(1)进油路：过滤器 1→变量泵 2→单向阀 3→电液换向阀 4 的主阀的左位→行程换向阀 6 下位→液压缸 5 左腔。

(2)回油路：液压缸 5 右腔→电液换向阀 4 的主阀的左位→单向阀 12→行程换向阀 6 下位→液压缸 5 左腔。

2. 第一次工进

当快进终了时，滑台上的挡块压下行程换向阀 6，行程换向阀上位工作，阀口关闭，这时电液换向阀 4 仍工作在左位，泵输出的油液通过电液换向阀 4 后只能经调速阀 11 和二位二通电磁换向阀 9 右位进入液压缸 5 的左腔。由于油液经过调速阀而使系统压力升高，因此将液控顺序阀 13 打开，并关闭单向阀 12，液压缸差动连接的油路被切断，液压缸 5 右腔的油液只能经液控顺序阀 13、背压阀 14 流回油箱，这样就使滑台由快进转换为第一次工进。由于工作进给时液压系统油路压力升高，所以限压式变量泵的流量自动减小，滑台实现第一次工进，工进速度由调速阀 11 调节。此时控制油路不变，其主油路如下。

(1)进油路：过滤器 1→变量泵 2→单向阀 3→电液换向阀 4 的主阀的左位→调速阀 11→二位二通电磁换向阀 9 右位→液压缸 5 左腔。

(2)回油路：液压缸 5 右腔→电液换向阀 4 的主阀的左位→液控顺序阀 13→背压阀 14→

油箱。

3. 第二次工进

第二次工进时的控制油路和主油路的回油路与第一次工进时的基本相同，所不同之处是当第一次工进结束时，滑台上的挡块压下行程开关，发出电信号使电磁换向阀 9 的电磁铁 3YA 通电，电磁换向阀 9 左位接入系统，切断了该阀所在的油路，经调速阀 11 的油液必须通过调速阀 10 进入液压缸 5 的左腔。此时液控顺序阀 13 仍开启。由于调速阀 10 的阀口开口量小于调速阀 11，系统压力进一步升高，限压式变量泵的流量进一步减小，进给速度降低，滑台实现第二次工进。工进速度可由调速阀 10 调节，其主油路如下。

（1）进油路：过滤器 1→变量泵 2→单向阀 3→电液换向阀 4 的主阀的左位→调速阀 11→调速阀 10→液压缸 5 左腔。

（2）回油路：液压缸 5 右腔→电液换向阀 4 的主阀的左位→液控顺序阀 13→背压阀 14→油箱。

4. 止位钉停留

当滑台完成第二次工进时，动力滑台与止位钉相碰撞，液压缸停止不动。这时液压系统压力进一步升高，当达到压力继电器 8 的调定压力后，压力继电器 8 动作，发出电信号传给时间继电器，由时间继电器延时控制滑台停留时间。在时间继电器延时结束之前，动力滑台将停留在止位钉限定的位置上，且停留期间液压系统的工作状态不变。停留时间可根据工艺要求由时间继电器来调定。设置止位钉的作用是提高动力滑台行程的位置精度。这时的油路同第二次工进的油路，但实际上，液压系统内的油液已停止流动，液压泵的流量已减至很小，仅用于补充泄漏油。

5. 快退

动力滑台停留时间结束后，时间继电器发出电信号，使电磁铁 2YA 通电，电磁铁 1YA、3YA 断电。这时电液换向阀 4 的先导阀右位接入系统，主阀也换为右位工作，主油路换向。因滑台返回时为空载，液压系统压力低，变量泵的流量又自动恢复到最大值，故滑台快速退回，其油路如下。

1）控制油路

（1）进油路：过滤器 1→变量泵 2→电液换向阀 4 的先导阀的右位→右单向阀→电液换向阀 4 的主阀的右端。

（2）回油路：电液换向阀 4 的主阀的左端→左节流阀→电液换向阀 4 的先导阀的右位→油箱。

2）主油路

（1）进油路：过滤器 1→变量泵 2→单向阀 3→电液换向阀 4 的主阀的右位→液压缸 5 右腔。

（2）回油路：液压缸 5 左腔→单向阀 7→电液换向阀 4 的主阀的右位→油箱。

6. 原位停止

当动力滑台快退到原始位置时，挡块压下行程开关，使电磁铁 2YA 断电，这时电磁铁 1YA、2YA、3YA 都失电，电液换向阀 4 的先导阀及主阀都处于中位，液压缸 5 两腔被封

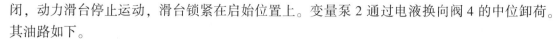

闭，动力滑台停止运动，滑台锁紧在启始位置上。变量泵 2 通过电液换向阀 4 的中位卸荷。其油路如下。

1）控制油路

过滤器 1→变量泵 2→电液换向阀 4 的中位(堵塞)。

2）主油路

(1)进油路：过滤器 1→变量泵 2→单向阀 3→电液换向阀 4 的先导阀的中位→油箱(卸荷状态)。

(2)回油路：液压缸 5 左腔→单向阀 7→电液换向阀 4 的先导阀的中位(堵塞)；液压缸 5 右腔→电液换向阀 4 的先导阀的中位(堵塞)。

8.1.3 YT4543 型液压动力滑台液压系统的特点

通过对 YT4543 型液压动力滑台液压系统的分析，可知该系统具有以下特点。

(1)该系统采用了由限压式变量泵和调速阀组成的进油路容积节流调速回路，这种回路能够使动力滑台得到稳定的低速运动和较好的速度负载特性，而且由于系统无溢流损失，系统效率较高。另外，回路中设置了背压阀，可以改善动力滑台运动的平稳性，并能使滑台承受一定的反向负载。

(2)该系统采用了限压式变量泵和液压缸的差动连接回路来实现快速运动，使能量的利用比较经济合理。动力滑台停止运动时，电液换向阀使液压泵在低压下卸荷，减少了能量损失。

(3)系统采用行程换向阀和液控顺序阀实现快进与工进的速度换接，动作可靠，速度换接平稳。同时，调速阀可起到加载的作用，可在刀具与工件接触之前就能可靠地转入工作进给，因此不会引起刀具和工件的突然碰撞。

(4)在行程终点采用了止位钉停留，不仅提高了进给时的位置精度，还扩大了动力滑台的工艺范围，更适用于镗削阶梯孔、刮端面等加工工序。

(5)由于采用了调速阀串联的二次进油路节流调速方式，因此可使启动和速度换接时的前冲量较小，并便于利用压力继电器发出信号进行控制。

8.2 数控车床液压系统

8.2.1 概述

装有数字程序控制系统的车床简称数控车床。在数控车床上进行车削加工时，其自动化程度高，能获得较高的加工质量。目前，在数控车床上大多采用了液压传动技术，下面介绍 MJ-50 型数控车床的液压系统，图 8-2 所示为该液压系统图。

该机床中由液压系统实现的动作：卡盘的夹紧与松开、刀架的夹紧与松开、刀架的正转与反转、尾座套筒的伸出与缩回。液压系统中各电磁阀的电磁铁动作由数控系统的 PLC 实现，各电磁铁动作顺序如表 8-2 所示。

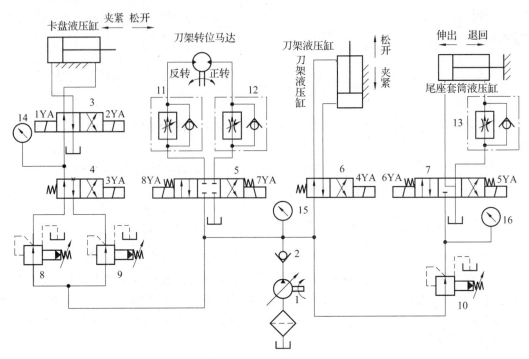

1—变量泵；2—单向阀；3、4、5、6、7—换向阀；8、9、10—减压阀；11、12、13—单向调速阀；14、15、16—压力表。

图 8-2 MJ-50 型数控车床的液压系统图

表 8-2 各电磁铁动作顺序

各种项目			电磁铁							
			1YA	2YA	3YA	4YA	5YA	6YA	7YA	8YA
卡盘正卡	高压	夹紧	+	−	−					
		松开	−	+	−					
	低压	夹紧	+	−	+					
		松开	−	+	+					
卡盘反卡	高压	夹紧	−	+	−					
		松开	+	−	−					
	低压	夹紧	−	+	+					
		松开	+	−	+					
刀架	正转								−	+
	反转								+	−
	松开					+				
	夹紧					−				
尾座	套筒伸出						−	+		
	套筒退回						+	−		

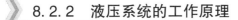

8.2.2 液压系统的工作原理

数控车床的液压系统采用单向变量泵供油，系统压力调至 4 MPa，压力由压力表 15 显示。泵输出的压力油经过单向阀进入系统，其工作原理分析如下。

1. 卡盘的夹紧与松开

当卡盘处于正卡(或称外卡)且在高压夹紧状态时，夹紧力的大小由减压阀 8 来调整，夹紧力由压力表 14 来显示。当电磁铁 1YA 通电时，换向阀 3 左位工作，系统压力油经减压阀 8 和换向阀 4、3 到液压缸右腔，液压缸左腔的油液经换向阀 3 直接回油箱。这时，活塞杆左移，卡盘夹紧。反之，当电磁铁 2YA 通电时，换向阀 3 右位工作，系统压力油经减压阀 8 和换向阀 4、3 到液压缸左腔，液压缸右腔的油液经换向阀 3 直接回油箱，活塞杆右移，卡盘松开。

当卡盘处于正卡且在低压夹紧状态时，夹紧力的大小由减压阀 9 来调整。这时，电磁铁 3YA 通电，换向阀 4 右位工作。换向阀 3 的工作情况与高压夹紧时相同。卡盘反卡(或称内卡)时的工作情况与正卡相似，不再赘述。

2. 回转刀架的换刀

回转刀架换刀时，首先是刀架松开，然后刀架转位到指定的位置，最后刀架复位加紧，当电磁铁 4YA 通电时，换向阀 6 右位工作，刀架松开。当电磁铁 8YA 通电时，液压马达带动刀架正转，转速由单向调速阀 11 控制。当电磁铁 7YA 通电时，则液压马达带动刀架反转，转速由单向调速阀 12 控制。当电磁铁 4YA 断电时，换向阀 6 左位工作，液压缸使刀架夹紧。

3. 尾坐套筒的伸缩运动

当电磁铁 6YA 通电时，换向阀 7 左位工作，系统压力油经减压阀 10、换向阀 7 到尾座套筒液压缸的左腔，液压缸右腔油液经单向调速阀 13、换向阀 7 回油箱，缸筒带动尾座套筒伸出，伸出时的预紧力大小通过压力表 16 显示。反之，当电磁铁 5YA 通电时，换向阀 7 右位工作，液压系统压力油经减压阀 10、换向阀 7、单向调速阀 13 到液压缸右腔，液压缸左腔的油液经换向阀 7 流回油箱，套筒缩回。

8.2.3 液压系统的特点

液压系统的特点如下。

(1)采用单向变量液压泵向系统供油，能量损失小。

(2)用换向阀控制卡盘，实现高压和低压夹紧的转换，并且分别调节高压夹紧或低压夹紧压力的大小。这样，可根据工作情况调节夹紧力，操作方便简单。

(3)用液压马达实现刀架的转位，可实现无级调速，并能控制刀架正、反转。

(4)用换向阀控制尾座套筒液压缸的换向，以实现套筒的伸出或缩回，并能调节尾座套筒伸出工作时的预紧力大小，以适应不同的需要。

(5)压力表 14、15、16 可分别显示系统相应的压力，以便于故障诊断和调试。

8.3 飞机起落架液压系统

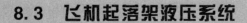

起落架系统是飞机的一个重要系统，在飞机安全起降过程中担负着极其重要的使命，其主要功用是停放、滑行和滑跑时支撑飞机，保证飞机地面灵活运动，吸收飞机在滑行和着陆时的振动冲击载荷以及着陆滑跑时刹车减速，因此起落架需要安装有承力支柱、收放机构、转弯机构、减震装置和刹车装置等。

随着飞机飞行速度和质量的不断提高，仅靠人力来操纵飞机起落架的收放、转弯、刹车等动作日益困难，需要采用电力、气动和液压来实现飞机起落架的助力操纵。液压传动操纵飞机起落架具有许多优点，如比功率大、自润滑、自冷却、安装方便等，因此，现代飞机起落架系统的操纵一般以液压作为正常工作时的动力源，以液压、冷气或电力作为备用动力源。下面分别介绍几个典型的起落架子系统控制回路。

8.3.1 起落架收放回路

为了减小飞行阻力，现代飞机的起落架大多是可以收放的，以提高飞机飞行速度、增加航程和改善飞行性能。起落架收放系统用于飞机起飞离地后，将起落架及起落架舱门收起并上锁，而在飞机着陆前，控制起落架放下并上锁。同时，在起落架收放过程中，控制各部件间的运动顺序相互协调，并使用节流和缓冲元件实现控制速度和防止撞击的目的。

起落架收放回路可控制起落架收放的顺序，放起落架时，一般作动顺序为：舱门开锁，舱门作动筒将舱门打开；起落架上位锁作动筒打开上位锁，起落架在收放作动筒作用下放下，并锁定在放下位；舱门作动筒将舱门关闭并锁定。收起落架时，顺序相反。起落架收放顺序因机型差异而略有不同，实现顺序控制的方法较多，目前常用的控制起落架收放顺序的液压回路有机控顺序阀起落架收放回路、电控起落架收放回路和液压延时器起落架收放回路。

1. 机控顺序阀起落架收放回路

图 8-3 所示为典型的机控顺序阀起落架收放回路。当驾驶舱内起落架收放手柄置于"放下"位置时，电液换向阀 1 切换至右位，供压部分来的高压油进入舱门放下管路，首先经过应急转换阀 2 进入舱门锁 3 使舱门开锁，然后进入舱门作动筒 7 打开舱门。当舱门打开到位后，联动机构会触动(放下)顺序阀 5 的顶杆，打开(放下)顺序阀，使压力油进入起落架放下管路，先打开起落架上位锁 8，同时进入起落架下位锁 10 使其归位准备上锁，然后进入起落架收放作动筒 9 放下起落架，当起落架放下到位后起落架下位锁进行锁定。在收放作动筒的回油腔出口处安装有节流阀 11，减小了起落架的放下速度，防止产生撞击。此外，通过对节流阀的调整，还可以保证左右主起落架的同步。当起落架放下后，驾驶员把收放手柄置于中立位置，起落架收放电磁阀断电，阀芯回到中立位置，此时作动筒收放管路与回油相通。应急放下起落架时采用压缩空气作为应急能源。该回路还在起落架收上管路上设置了一个应急排油阀 12，主要是防止应急放下起落架时，过多的油液瞬时进入液压系统油箱而将系统损坏，引起整个液压系统失效。

当起落架收放手柄置于"收上"位置时，电液换向阀切换至左位，压力油通至收上管路，首先打开起落架下位锁，然后进入起落架收放作动筒将起落架收起，作动筒的联动机构会触动(收上)顺序阀6，使压力油进入舱门作动筒将舱门关闭。在起落架收上的过程中，收上管路的压力油还进入自动刹车作动筒13，使高速旋转的主机轮在收入主起落架轮舱之前被刹停，防止高速旋转的机轮损坏轮舱内的设备和管路。

该起落架收放回路一般用于起落架收放运动过程复杂且舱门和起落架不易联动的飞机，舱门机构和起落架机构具有相互独立的控制回路，机构调整简单。回路采用顺序阀控制舱门和起落架的作动顺序，可以完全保障作动的正确性。因为其起落架上位锁和起落架下位锁开锁作动筒的复位弹簧腔分别与收上和放下管路相通，所以起落架收上或放下时，起落架上位锁或下位锁的作动筒完全复位，保证可靠上锁，同时还可以防止回油压力过高或在回油路的某种压力冲击下，使起落架上、下位锁意外开锁。

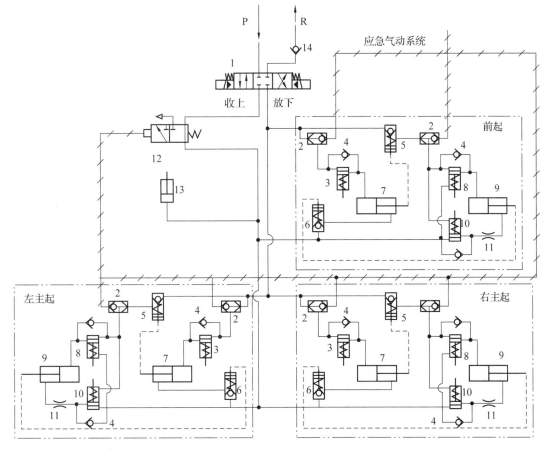

1—电液换向阀；2—应急转换阀；3—舱门锁；4—单向阀；5—(放下)顺序阀；6—(收上)顺序阀；7—舱门作动筒；8—起落架上位锁；9—起落架收放作动筒；10—起落架下位锁；11—节流阀；12—应急排油阀；13—自动刹车作动筒。

图8-3 机控顺序阀起落架收放回路

2. 电控起落架收放回路

随着电气传动和电子综合控制技术在飞机上应用，有些飞机采用控制组件内置程序来实现起落架各部件的顺序控制，起落架手柄不直接控制起落架和舱门电液换向阀，而是通过一个带逻辑电路的电子综合控制单元发出指令给换向阀，完成收放动作。

图8-4所示为电控起落架收放回路，电子综合控制单元通过控制双电液换向阀1(包括舱门电液换向阀和起落架电液换向阀)的通电状态，从而控制油液的流通情况，实现舱门和起落架的顺序作动。当驾驶员给出起落架"收上"指令时，电子综合控制单元首先使舱门电液换向阀切换至上位，压力油进入舱门打开管路，并分为两路：第一路进入舱门锁6使舱门开锁，第二路进入舱门作动筒5使舱门打开。待所有舱门打开到位以后，电子综合控制单元使起落架电液换向阀切换至上位，压力油进入起落架收上管路，并分为三路：第一路进入起落架下位锁3进行开锁；第二路进入起落架收放作动筒2，将起落架收起；第三路进入起落架上位锁4，使其归位准备上锁。当所有起落架收上锁好以后，电子综合控制单元再使舱门电液换向阀切换至下位，压力油进入关舱门管路，经过地面开舱门手动阀7之后分为两路：一路进入舱门锁使锁机构归位准备上锁；另一路进入舱门作动筒将舱门关闭并上锁。至此完成了开舱门—收起起落架—关舱门的整个过程。起落架的放下过程与此过程相反，通过电子综合控制单元控制电液换向阀的通电状态，先打开舱门，然后放下起落架并上锁，最后关闭舱门。

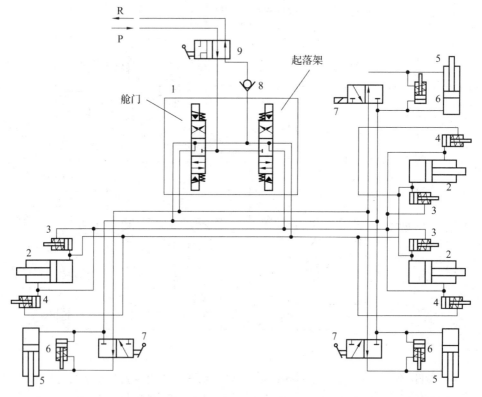

1—双电液换向阀；2—起落架收放作动筒；3—起落架下位锁；4—起落架上位锁；
5—舱门作动筒；6—舱门锁；7—地面开舱门手动阀；8—单向阀；9—自由放排油阀。

图8-4　电控起落架收放回路

为了便于地面维护起落架时打开舱门，该回路设置有地面开舱门手动阀，可以进行手动换向，将舱门作动筒的两腔接通，人工打开舱门锁后，便可在地面将舱门打开。自由放排油

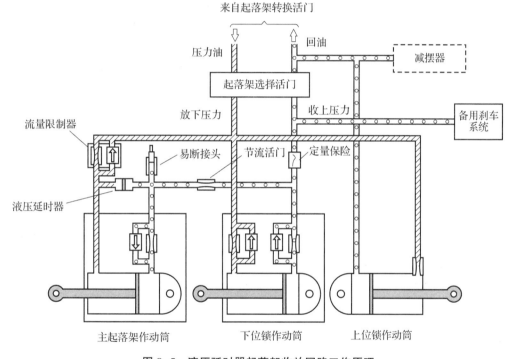

阀9可以在液压系统故障时，将双电液换向阀的压力油口和回油口同时通回油，使起落架通过机械开锁后，在重力和气动力的作用下放下并锁定。

3. 液压延时器起落架收放回路

波音737NG飞机采用液压延时器来控制起落架的收放，其工作原理如图8-5所示。当起落架收放手柄置于"放下"位置时，起落架选择活门为系统提供放下压力，压力油分别到达液压延时器、收放作动筒的放下端、上位锁作动筒的开锁端和下位锁作动筒的锁定端。在液压延时器内活塞及其下游节流活门的共同作用下，收放作动筒收上端的压力较高，从而给上位锁打开提供一个时间延迟，当上位锁完全打开，且液压延时器的活塞运动到头时，收放作动筒的收上端压力下降，起落架以正常方式放下。当起落架完全放下后，下位锁作动筒在压力油的作用下，将下位锁支柱移动到锁定位，将起落架锁住。

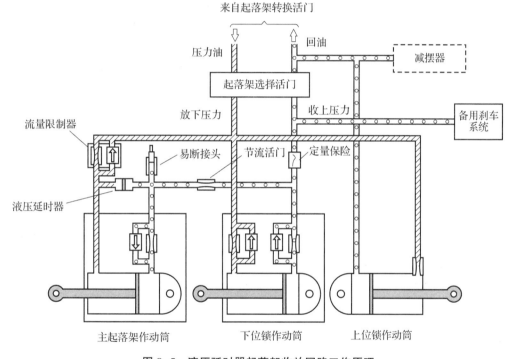

图 8-5　液压延时器起落架收放回路工作原理

主起落架作动筒收上压力接口的节流阀起到限制起落架放下速度的目的，单向活门允许在起落架收上过程中油液顺畅流入作动筒。流量限制器将流向主起落架作动筒的最大流量限制在 8 加仑/分钟（30 L/min），可确保液压系统压力保持正常，使其他飞机系统能够使用液压压力。另外，流量限制器还可以控制液压延时器的移动速率和起落架放下和收上的速率。易断接头是一个关闭活门，如果有损坏且转动的轮胎进入主起落架轮舱，外力将接头上的杆子打掉，把收上压力从主起落架作动筒卸掉，防止损坏轮舱内的部件。当来自易断头的液压油量上升到 180~250 立方英寸（3~4 L）时，收上压力管路上的定量保险会关闭，从而防止系统液压油的流失。起落架收放回路中的收上压力也到达备用刹车系统，使主起落架在收上过程中刹住机轮。

8.3.2　前轮转弯控制回路

起落架前轮转弯系统主要用于飞机在地面滑行时操纵飞机转弯,以及飞机起飞和着陆滑跑时小角度修正航向,此外,还要起到前轮减摆的作用。现代运输机的转弯操纵都是通过液压系统来作动的,不同飞机的转弯系统各不相同。根据操纵及反馈信号的差别,前轮转弯控制回路可以分为机械反馈前轮转弯控制回路和电液伺服前轮转弯控制回路两种类型,两类回路除了操纵信号传递及反馈,仍然具有较大的相似性。

1. 机械反馈前轮转弯控制回路

图 8-6 所示为机械反馈前轮转弯控制回路,其转弯操纵阀 2 有两种输入方式:控制手轮操纵输入和方向舵脚蹬操纵输入,其中手轮用于低速大角度转弯;脚蹬操纵用于高速滑跑时小范围修正飞机方向。因为飞机只有在地面时才需要前轮转弯,所以前轮转弯的压力由起落架放下管路提供。当驾驶员操纵手轮或脚蹬给转弯操纵阀一个输入信号时,电液换向阀 1 打开液压油路,将压力油供往转弯作动筒 5,驱动前轮转弯。该回路的反馈方式是通过反馈拉杆和钢索传动机构将转弯作动筒与转弯操纵阀相连,使两者在位置上相对应。

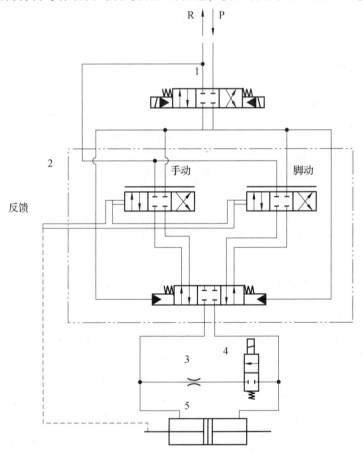

1—电液换向阀;2—转弯操纵阀;3—节流阀;4—电液换向阀;5—转弯作动筒。

图 8-6　机械反馈式前轮转弯控制回路

此外,在电液换向阀 4 通电的情况下,转弯作动筒的两腔通过节流阀 3 和电液换向阀相互沟通，可以保证在前轮存在摆振趋势时，通过节流阀进行阻尼，消除摆振。该回路比较简单，但从输入到反馈全是机械传动，使安装和调整复杂，维护比较困难。

2. 电液伺服前轮转弯控制回路

图 8-7 所示为电液伺服前轮转弯控制回路，该回路中前起落架的位置反馈不再采用前文中提到的钢索传动机构，而是通过位置传感器以电信号的形式传递到转弯控制组件 7 中。转弯控制组件不断比较操纵信号与起落架位置信号，并根据两者差别实时控制转弯控制活门 3 的通断。转弯控制活门采用电磁控制方式调节通向转弯作动筒 8 的液压，前轮在转弯作动筒的驱动下开始偏转。当起落架偏转位置信号与操纵信号对应时，转弯控制组件关闭通向转弯作动筒的液压油，转弯操纵完成。

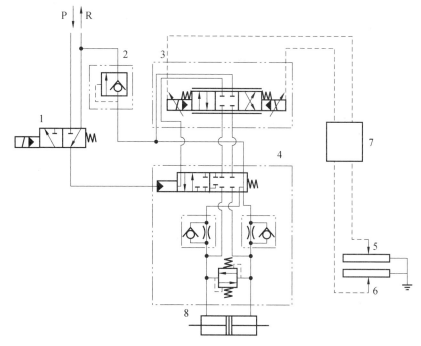

1—电液换向阀；2—回油补偿阀；3—转弯控制活门；4—转弯减摆器；5—手轮位置传感器；
6—反馈位置传感器；7—转弯控制组件；8—转弯作动筒。

图 8-7　电液伺服前轮转弯控制回路

当驾驶员切断转弯控制开关时，电液换向阀 1 断电，转弯控制回路与回油相通，转弯减摆器 4 的阀芯在弹簧力作用下移至最左端，使转弯作动筒的两腔通过阻尼阀相互连通，可在飞机高速滑跑过程中，提供前轮摆振阻尼。回油补偿阀 2 在回油压力超过一定数值时打开，可以对回油形成一定的阻尼，保证转弯操纵平稳。与机械反馈前轮转弯控制回路相比，该回路在安装、调整和维护方面更加简单方便。

3. 波音 737NG 前轮转弯控制回路

波音 737NG 采用机械反馈前轮转弯控制回路，其工作原理如图 8-8 所示。前轮转弯系统使用起落架放下压力来驱动前轮偏转，来自转弯手轮和方向舵脚蹬的转弯操纵通过加法杠杆产生一个输入，并通过钢索等传动机构驱动转弯计量活门摇臂，使活门阀芯偏离中立位，接通了转弯作动筒的液压油路。放下管路的压力油流经拖行关断活门、计量活门、旋转活门到达转弯作动筒，作动筒输出驱动前轮在 0°~78° 范围运动。

当前轮转动范围在 0~23° 时，一个作动筒端部获得压力，另一个作动筒杆端获得压力，使一个作动筒伸出而另一个作动筒缩入，并经过转弯环、扭力臂来转动前起落架机轮。当机轮转到 23°，缩入作动筒到达"死点位置"，相应的旋转活门控制油液流向转弯作动筒的两侧，向该作动筒的两端同时提供压力，作动筒停止运动。此后，伸出的作动筒将持续伸出来转动机轮，而缩入的作动筒通过旋转活门头端获得压力开始伸出，在两个作动筒伸出的作用下，前轮可持续转弯到极限的 78° 限制位。

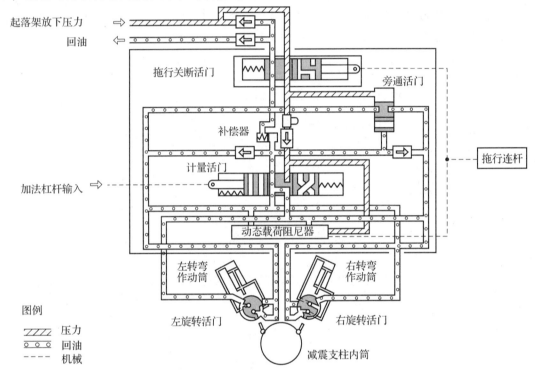

图 8-8　波音 737NG 前轮转弯控制回路工作原理

在转弯操纵过程中，活门的移动受加法杠杆混合转弯手轮输入和前起落架位置反馈来控制。当前轮转弯到指令位置时，加法杠杆将计量活门推回到中立位，切断供向转弯作动筒的液压压力，转弯作动筒使前轮保持在当前位置。补偿器是一个弹簧加载的活塞式蓄能器，保持转弯计量活门内的背压，将转弯系统回油管压力保持在 1.5~2 MPa，从而确保在系统没有输入时转弯作动筒停留在当前的位置。

除此之外，该回路还具有拖行释压、中立减摆、超压释压等相关功能。在拖飞机时，拖行关断活门将计量活门压力油口通液压油箱，以解除转弯作动筒液锁状态，转弯计量活门组件上的拖行连杆控制拖行关断活门。动态载荷阻尼器是一个液压机械的动态减震装置，可减小前轮的摆振。同时，拖行连杆也可在飞机拖行过程中，操纵动态载荷阻尼器将转弯作动筒活塞两侧连通，从而保障飞机牵引时不受液压阻力。当有外力转动前轮时，为了防止系统超压，旁通活门会打开，将转弯作动筒内活塞两端接通，起到保护转弯系统内部结构的作用。

8.3.3　起落架刹车控制回路

现代飞机通常在主起落架上装有刹车装置，可用来缩短飞机着陆的滑跑距离，并使飞机在地面上具有良好的机动性。刹车控制回路用来控制机轮刹车装置的工作，飞机着陆滑跑过程中，刹车压力必须根据外界条件的变化随时进行调节。为了在刹车过程中获得理想的刹车效率，防止刹车压力过大而引起严重打滑或机轮锁死，现代飞机刹车控制回路普遍采用防滞刹车系统，在刹车过程中自动精确控制刹车压力。

1. 刹车控制回路工作原理

图8-9所示为飞机刹车控制回路的简化图，当驾驶员踩下刹车脚蹬时，刹车计量活门根据驾驶员踩刹车脚蹬的输入信号，调节压力口、回油口与刹车管路的连通情况，控制油路流通面积(阀口开度)，输出与驾驶员踩脚蹬的力成正比的刹车压力，液压油经转换活门、防滞活门和液压保险后供向刹车作动筒，使刹车装置产生刹车力矩，使飞机减速。

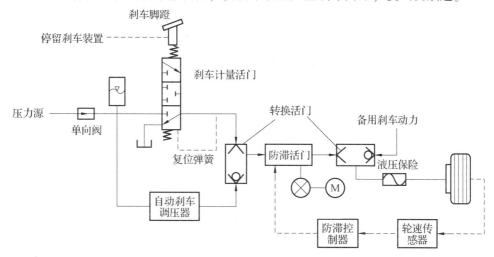

图 8-9　飞机刹车控制回路的简化图

机轮上的轮速传感器将轮速信号送到防滞控制器，防滞控制器根据轮速、飞机滑行速度计算机轮的滑移率，如果高于预定滑移率，则发出控制信号到防滞活门，适当降低向刹车装置的油液压力，使机轮的滑移率等于理想滑移率，从而达到最高的刹车效率。

当驾驶员松开刹车脚蹬后，在复位弹簧的作用下，刹车计量活门回到关闭位，油液经原路返回，经过刹车计量活门回到油箱。刹车蓄压器为刹车工作储存液压能量，抑制压力波动以及确保瞬时液压油进入刹车组件中。同时，当正常刹车系统失效或进行停留刹车时，刹车蓄压器还可以作为备用刹车源。

当正常刹车系统发生故障时，可通过转换活门将备用刹车动力源送到刹车装置，进行备用(应急)刹车。自动刹车调压器与正常刹车计量活门并联，通过转换活门接入正常刹车系统。

2. 波音737NG刹车控制回路

为了防止某液压系统失效的特殊情况，现代飞机都采用多套液压系统供压且多套管路平行向刹车装置传输液压油的方式，以提高刹车系统的可靠度。通常，飞机刹车系统具有三套液压源：正常液压源、备用液压源、刹车蓄压器。另外，刹车系统通常有两套独立的刹车液压管路：正常刹车液压管路和备用刹车液压管路。

图 8-10 所示为波音 737NG 的液压刹车控制回路工作原理，可以看出，在波音 737NG 中，A、B 液压系统及刹车蓄压器都可以向刹车装置供压。正常情况下，刹车装置采用 B 液压系统经过正常刹车管路供给液压油，同时 B 液压系统压力也为刹车蓄压器充压；在 B 液压系统失效后，A 液压系统通过备用刹车选择活门自动接通备用刹车管路，并通过刹车蓄压器隔离活门关断刹车蓄压器，将 A 液压系统液压油供向刹车装置；在 A 液压系统也失效后，刹车蓄压器隔离活门会打开，刹车蓄压器液压通过正常刹车管路向刹车装置供油。当刹车蓄压器压力上升到高于正常值 24 MPa 时，释压活门会打开以保护刹车蓄压器。

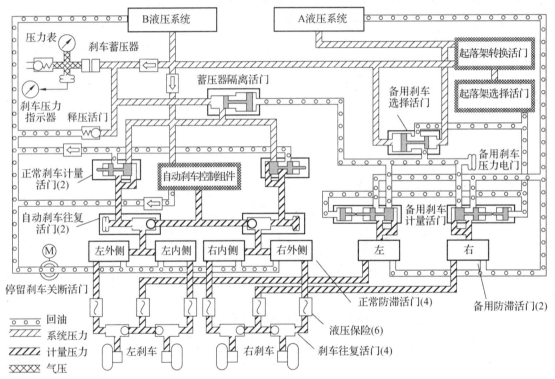

图 8-10　波音 737NG 的液压刹车控制回路工作原理

该系统有多种工作方式，主要包括人工刹车、自动刹车、停留刹车。人工刹车是指机组成员通过脚蹬完成刹车操纵，当机组人员踩下刹车脚蹬时，脚蹬通过一系列的传动机构连接到液压管路上的刹车计量活门，从而控制刹车计量活门调节出对应的刹车压力供向刹车装置。如果 B 液压系统正常，则备用刹车选择活门断开 A 液压系统备用刹车管路的液压，同时 B 液压系统压力油依次经过正常刹车计量活门、正常防滞活门、刹车往复活门后进入刹车装置。如果 B 液压系统压力低，而 A 液压系统正常，则备用刹车选择活门打开备用刹车管路，同时 A 液压系统作用蓄压器隔离活门，关闭蓄压器液压。A 液压系统压力油依次经过备用刹车计量活门、备用防滞活门、刹车往复活门后进入刹车装置。如果 A、B 液压系统的压力偏低，则在蓄压器压力作用下，蓄压器隔离活门将蓄压器压力油供向正常刹车管路，经正常刹车计量活门、正常防滞活门、刹车往复活门后进入刹车装置，管路中的单向活门防止蓄压器液压油反向流回 B 液压系统。正常刹车系统中的 4 个防滞活门独立地控制每一个刹车的刹车压力，备用刹车系统中的 2 个防滞活门控制每个主起落架机轮刹车装置的刹车压力。

自动刹车是在飞机着陆后或中断起飞过程中提供刹车压力来使飞机减速。自动刹车控制组件与正常刹车计量活门并联，它根据自动刹车控制面板的输入信号及飞机状态，自动调节供向正常刹车管路中的压力，通过自动刹车往复活门接入正常刹车管路。

停留刹车用于飞机在地面停放时，采用停留刹车锁定机构将刹车脚蹬及传动机构固定在刹车位，防止机轮意外滑动，停留刹车的液压源来自刹车蓄压器。停留刹车关断活门用来防止刹车蓄压器压力油经过正常防滞活门泄漏，当停留刹车关断活门关闭时，它关闭了来自正常防滞活门的回油管路，避免由于正常防滞活门内部的泄漏所引起的刹车系统压力损失。

8.4　飞机飞行操纵液压系统

飞行操纵系统是飞机上用来接收并传递驾驶员的操纵指令、驱动舵面运动、控制飞机飞行姿态的系统。驾驶员通过操纵飞机的各个活动舵面，实现飞机绕纵轴、横轴和竖轴的转动，以完成飞行姿态的控制。飞行操纵系统是最重要的飞机系统之一，其工作性能的好坏，直接影响着飞机的飞行性能，对于民航飞机来说，更在很大程度上影响飞机的飞行安全和乘坐舒适性。根据操纵面类型的不同，飞行操纵系统可分为主操纵系统和辅助操纵系统。主操纵系统用来操纵副翼、方向舵和升降舵，实现飞机绕三个坐标轴的运动。辅助操纵系统用来操纵增升装置、扰流板、水平安定面等舵面，用于改善飞机操纵性，提高飞行性能。

随着飞机尺寸、质量的增大，飞机性能的提高以及飞行速度的增加，作用在飞行操纵舵面上的气动载荷急剧增加，单凭驾驶员体力难以操纵飞机，因此，大型高速飞机主操纵系统需要额外的动力来帮助驾驶员操纵舵面。较早的助力式主操纵系统采用空气动力帮助驾驶员偏转舵面，但是随着飞行速度和高度的进一步提高，即使采用气动助力，驾驶员也难以操纵舵面。目前，除了少数飞机采用气动助力式或电动助力式主操纵系统，绝大多数民用运输机都采用液压助力式主操纵系统。辅助操纵系统的作动动力通常包括液压、气源或电力等多种形式，并将液压作为正常工作方式下的主要作动动力。

主操纵系统控制回路和辅助操纵系统控制回路不同，前者需要采用液压助力器来驱动舵面运动，而且必须给驾驶员有操纵力和位移的感觉，而后者没有。下面分别介绍几个典型的主操纵系统和辅助操纵系统控制回路。

8.4.1　主操纵系统控制回路

1. 主操纵系统控制回路工作原理

主操纵系统的控制回路与飞行控制系统相关联。图 8-11 所示为液压助力机械式主操纵系统控制回路工作原理。

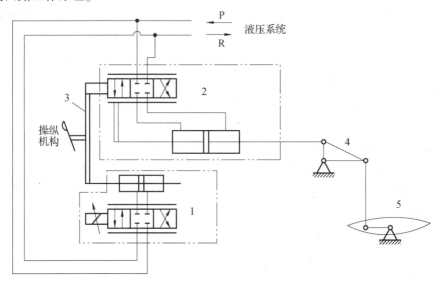

1—液压舵机；2—液压助力器；3—复合摇臂；4—三角摇臂；5—舵面。

图 8-11 液压助力机械式主操纵系统控制回路工作原理

液压舵机 1 的作用是将飞行操纵系统输入的电信号转变为驱动负载的机械位移输出信号。液压助力器 2 是一种以液压作为工作能源来驱动舵面运动的机械液压位置伺服功率放大装置，其输出的机械位移与输入指令的机械位移量成正比。液压舵机和操纵机构各自的位移/速度输出通过复合摇臂 3 叠加在一起给液压助力器的输入杆提供输入信号，经液压助力器放大后，从液压助力器的输出端输出，最终通过三角摇臂 4 等传动机构到达操纵舵面 5。

2. 波音 737NG 方向舵操纵回路

方向舵操纵系统是主飞行操纵系统之一，它控制飞机绕竖轴的转动，方向舵铰接安装在垂直安定面的后梁后部，并可左右移动以操纵方向。

图 8-12 所示为波音 737NG 的方向舵操纵回路工作原理，系统由 A、B 液压系统供压，当每个液压系统压力接通时，液压压力使每个旁通活门移动至工作位置，接通 A、B 液压系统油路到控制活门。当驾驶员踩方向舵脚蹬给系统输入信号时，由输入摇臂经内部综合杆，驱动控制活门的主滑阀移动。主滑阀偏离中立位后，接通油路到对应双腔作动筒，活塞杆在液压力作用下运动，驱动方向舵偏转。当活塞杆运动时，还通过外部综合杆反作用输入摇臂。因此，随着方向舵的偏转，控制活门逐渐返回至中立位置，关闭 A、B 系统的油路，作动筒活塞杆停止运动，方向舵就保持在对应的偏转角度上。当有一个液压系统失效时，相应的旁通活门在弹簧作用下移动到旁通位，使对应作动筒的两腔连通，防止液锁，从而使有压力的液压系统移动作动筒。

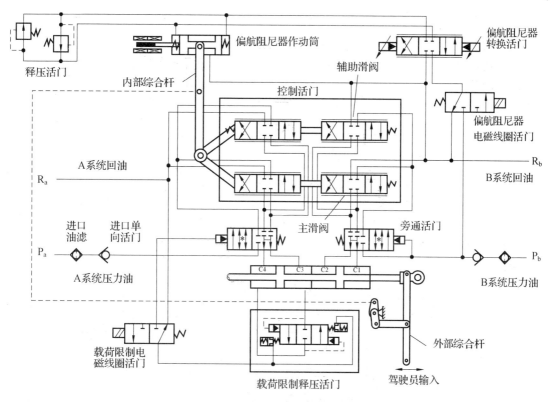

图 8-12 波音 737NG 的方向舵操纵回路工作原理

当飞机出现非指令性偏航时,偏航阻尼器接收并处理空速信号和方向舵侧滑角加速度信号,适时提供指令使方向舵相对飘摆振荡方向反向偏转,从而增大偏航运动阻尼,消除飘摆。当偏航阻尼器系统接通时,偏航阻尼器电磁线圈活门移动并将 B 系统压力传给偏航阻尼器转换活门,改变偏航阻尼器作动筒两端压力,作动筒移动。由于作动筒活塞和内部综合杆连接,因此偏航阻尼器作动筒的位移信号会加入驾驶员输入信号中,两个输入信号由内部综合杆综合以后再驱动控制活门的滑阀移动,并给双腔作动筒提供压力,从而驱动活塞及方向舵运动。当驾驶员的输入回传给偏航阻尼器作动筒时,释压活门打开,防止液锁以及可能对系统内部连杆所造成的损坏。

为了改善高速条件下的偏航操纵性,该方向舵操纵系统还设置有方向舵载荷限制器,用来限制方向舵的效能。当空速大于 70 m/s 时,载荷限制器电磁线圈通电,给载荷限制释压活门的锁定活塞提供压力,锁定活塞移动并松开载荷限制释压活门,使供往作动筒的 A 系统液压压力减小,方向舵的偏转角也随之被限制。

8.4.2 后缘襟翼操纵回路

飞机增升装置的作用是在低速时使飞机产生额外的升力,特别是在起飞和着陆过程中,可通过改变翼剖面的升力特性来增加升力,减小失速速度,从而改善飞机的起飞着陆性能。现代民航客机的增升装置一般包括后缘襟翼、前缘襟翼和前缘缝翼。增升装置的动力主要包括液压、气源、电力,驱动对应的液压马达和液压作动筒、气动马达、电动机等装置来作动增升装置。当后缘襟翼运动时，前缘装置会随动后缘襟翼，避免单独放出后缘襟翼时，因飞机迎角增大而导致飞机失速。

增升装置操纵回路主要是指后缘襟翼操纵回路，由于后缘襟翼有多个放出角度，在起飞和着陆时放出角度的要求也不同，其操纵回路主要实现二位或多位襟翼操纵，并保证左、右襟翼收放同步。一般情况下，有用终点开关加液压锁实现后缘襟翼的多位控制，也有用液压马达实现后缘襟翼的多位控制。

1. 终点电门控制后缘襟翼操纵回路

图 8-13 所示为终点电门控制后缘襟翼操纵回路。襟翼收放作动筒 3 的位置由终点开关控制，左、右襟翼通过等量协调活门（分流集流活门）2 达到同步。襟翼收放作动筒在收上位置由钢珠锁锁住，并在放下管路设置了液压锁 4，可防止襟翼在中间和放下位置时，由于气动载荷作用而自动收上。

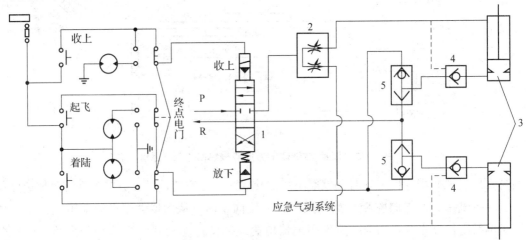

1—电液换向阀；2—等量协调活门；3—襟翼收放作动筒；4—液压锁；5—应急转换阀。

图 8-13 终点电门控制后缘襟翼操纵回路

当飞机准备起飞时，驾驶员按下机翼控制盒中的"起飞"按钮，电液换向阀 1 的放下电磁铁通电，压力油进入放下管路，经过应急转换阀 5 和液压锁进入襟翼收放作动筒的放下腔，襟翼收放作动筒在液压作用下开锁后伸出，将襟翼放下。当襟翼达到预定的起飞位置时，触动终点开关，使电液换向阀断电回至中立位，并接通"起飞"位置指示灯。此时，襟翼收放作动筒放下管路的液压锁可将襟翼锁定在"起飞"位置。在此过程中，襟翼收放作动筒的回油通过等量协调活门和电液换向阀流回油箱，等量协调阀控制两侧襟翼运动过程的同步。襟翼的收上过程为放下的逆过程，仍是靠等量协调阀实现左右襟翼的同步运动。

从图 8-13 可以看出，"着陆"位置控制线路和"起飞"位置控制线路是并联设置的，故"起飞"位置终点电门触动后并不会影响"着陆"控制线路的工作。这时，驾驶员按下"着陆"按钮，襟翼可以从"起飞"位置运动到"着陆"位置。为了保证飞机安全着陆，当液压能源不能工作时，还可以通过应急转换阀接通应急气动系统，采用冷气应急放下襟翼的措施。

2. 液压马达控制后缘襟翼操纵回路

图 8-14 所示为液压马达控制后缘襟翼操纵回路，当驾驶员操纵襟翼手柄置于"放下"位置时，电液换向阀 1 的下电磁铁通电，压力油进入襟翼放下管路，并分为两路：一路经过转换阀 2 进入制动装置作动筒 5，减小传动装置的输出转速；另一路经过液压锁 3 进入液压马达 4，使液压马达输出扭矩，驱动机械传动装置 6 并带动螺旋作动器，推动后缘襟翼放出。在该回路中，由于所有螺旋作动器是由一个输出轴带动，所以左右两侧襟翼可以保证绝对同步协调。液压马达是一个可逆马达，既可使襟翼放下，也可使其收上，襟翼的收上过程与放下过程在原理上是一致的。

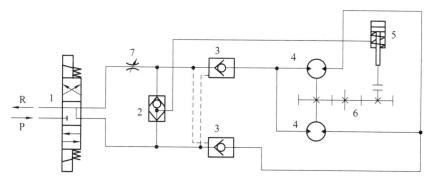

1—电液换向阀；2—转换阀；3—液压锁；4—液压马达；5—制动装置作动筒；

6—机械传动装置；7—限流阀。

图 8-14 液压马达控制后缘襟翼操纵回路

3. 波音 737NG 后缘襟翼操纵回路

波音 737NG 采用液压马达实现后缘襟翼的多位置控制。图 8-15 所示为波音 737NG 后缘襟翼操纵回路工作原理，增升装置在正常工作方式下通过液压马达作动，备用工作方式为电动机驱动。正常工作方式下，当系统通液压油时，液压油首先流过襟翼优先活门，如果液压系统的压力低于 17 MPa，该活门将流到后缘液压马达的液压流量减少到 4.4×10^{-5} m^3/s，这保证了液压系统的动力优先供给前缘装置。节流阀限制液压流量为 8.8×10^{-4} m^3/s，从而控制后缘襟翼的运动速度。襟翼控制组件由一个控制活门和襟翼卸载电磁线圈组成，当驾驶员驱动襟翼控制手柄时，通过传动机构机械地带动襟翼控制活门阀芯离开中立位置，使液压马达通液压油。

当后缘襟翼移动时，输出扭力管带动反馈鼓轮转动，再由随动钢索带动随动鼓轮运动，该鼓轮带动多个凸轮运动，其中一个凸轮通过传动杆，作动襟翼控制活门向中立位置方向运动。当后缘襟翼到达预定位置时，襟翼控制活门返回到中立位置，供往液压马达的液压油中断，液压马达停止转动，后缘襟翼停在预定的位置。另一个凸轮转动，使前缘襟翼/缝翼控制活门连杆移动，从而带动前缘襟翼/缝翼控制活门，将液压油引到前缘装置作动筒，使前缘襟翼和前缘缝翼放出，实现随动。

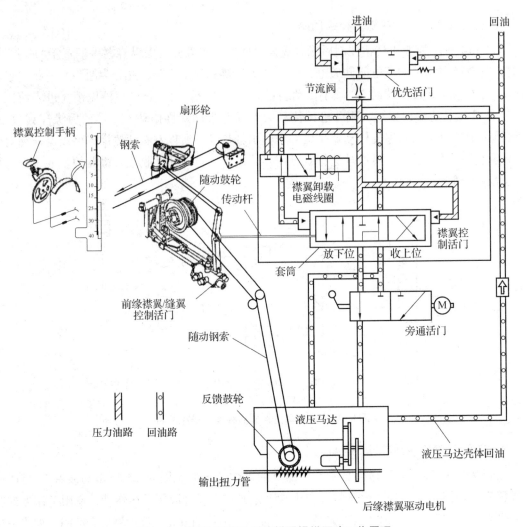

图 8-15　波音 737NG 后缘襟翼操纵回路工作原理

当襟翼受到过大的气动载荷时，襟翼卸载电磁线圈通电并带动控制活门中的套筒移动，使控制活门工作于收上位，给液压马达的收上一侧提供液压动力，使襟翼收上一个角度，达到卸载的目的。在正常工作方式下，旁通活门位于"正常"位置，可让襟翼控制活门的压力油供给到后缘襟翼液压马达。当旁通活门移到"旁通"位置时，可将液压马达两侧的管路相互接通，防止液锁，并允许备用襟翼操纵来驱动液压马达。

8.4.3　扰流板操纵回路

飞机扰流板一般安装在后缘襟翼之前，位于机翼上表面。扰流板通过液压系统向上升起时，能减小升力、增大阻力，使飞机速度降低，因此扰流板又称为减速板。扰流板可分为飞行扰流板和地面扰流板，地面扰流板只能在地面使用，起到卸除升力、减速的作用。飞行扰流板在空中和地面都可以使用，在地面使用时，与地面扰流板相似。在空中既可以作为减速板使用，也可以配合副翼进行横侧操纵。

1. 扰流板操纵回路工作原理

由于扰流板通常只有两个位置(升起位和放下位),因此作动装置为普通双向单杆液压作动筒。此类控制回路是纯方向性控制回路,下面以电液换向阀为例加以说明,如果将电液换向阀改为手动或液动(或气动)换向阀,则为手动或液动(气动)控制系统,工作原理不变。图 8-16 所示为两位电液换向阀扰流板操纵回路。

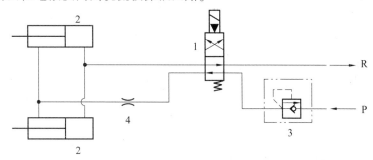

1—电液换向阀;2—扰流板作动筒;3—单向热膨胀阀;4—节流阀。

图 8-16　两位电液换向阀扰流板操纵回路

当电液换向阀 1 通电时,液压系统来的高压油液经单向膨胀阀 3 进入两个扰流板作动筒 2 的升起端,将扰流板张开,扰流板作动筒另一端的油液经节流阀 4 和电液换向阀流回油箱;当电液换向阀断电时,高压油液经电液换向阀去往两个扰流板作动筒的放下端,将扰流板放下,扰流板作动筒另一端通回油。进油管路串联的单向热膨胀阀是为防止该作动部件在飞机停机后,意外打开,也可将锁闭在扰流板作动筒的油液因温升使油液膨胀而引起的高压释放掉。回路中的节流阀用于控制扰流板作动筒的工作速度。

2. 波音 737NG 地面扰流板操纵回路

图 8-17 所示为波音 737NG 地面扰流板操纵回路工作原理,该飞机每侧机翼上有两个地面扰流板,一个在发动机吊架内侧,用两个扰流板作动筒作动,而另一个则位于副翼的内侧,由一个扰流板作动筒作动。地面扰流板有人工操纵和自动操纵两种方式,当人工操纵减速板手柄移动时,手柄给扰流板混合器和比例变换器提供机械输入,扰流板混合器机械带动地面扰流板控制活门。当减速板手柄移动 31°时,地面扰流板控制活门将 A 液压系统的液压压力提供给地面扰流板内部锁活门。

为了防止地面扰流板在空中升起,飞机在空中时,空/地电门将地面扰流板内部锁活门置于空中位,切断使扰流板升起的压力油路,将扰流板锁定在放下位;在飞机落地后,空/地电门将扰流板内部锁活门切换到地面位,使扰流板可在地面完全放出。当飞机在地面上时,来自右主起落架的张力连杆钢索带动地面扰流板内部锁活门,于是给地面扰流板作动筒提供液压动力,打开所有地面扰流板。在着陆或中断起飞期间,自动减速板组件通过继电器给自动减速板作动筒提供信号,使地面扰流板升起。

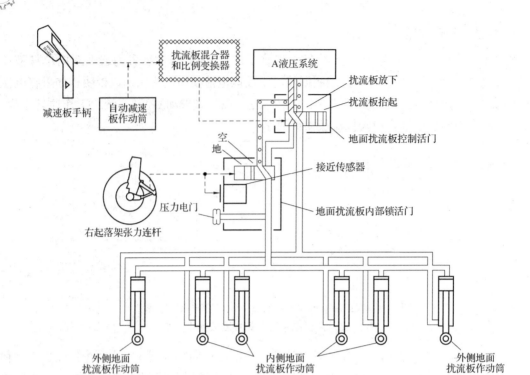

外侧地面
扰流板作动筒   内侧地面
扰流板作动筒   外侧地面
扰流板作动筒

图 8-17 波音 737NG 地面扰流板操纵回路工作原理

8-1 YT4543 型动力滑台液压系统由哪些液压基本回路组成？在该液压系统调试中，怎样调定快进速度、工进速度、变量泵与调速阀的共同工作点和液控顺序阀的开启压力？

8-2 如题 8-2 图所示，该液压系统能实现"快进→工进→快退→停止→泵卸荷"的工作要求，完成下列问题：

(1) 元件 2、3、5 的名称及在此系统中各起什么作用？

(2) 试写出该系统所用的两个基本回路名称，并说明其作用；

(3) 写出快进、Ⅰ工进、Ⅱ工进时主油路中油液流通情况；

(4) 填写题 8-2 表(通电用"+"，断电用"-")。

题 8-2 表

动作顺序	电磁铁				
	1YA	2YA	3YA	4YA	5YA
快进					
Ⅰ工进					
Ⅱ工进					
快退					
停止					
泵卸荷					

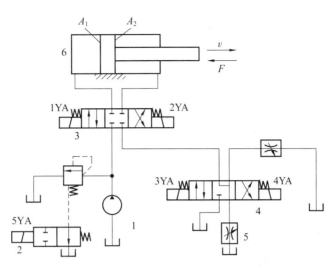

题 8-2 图

8-3　如题 8-3 图所示，该液压系统能够实现"快进→第一次工进→第二次工进→停留→快退→原位停止"的工作循环。完成下列问题：

(1)元件 2、7、10 的名称及在此系统中各起什么作用？

(2)试写出该系统所用的两个液压基本回路名称，并说明其作用；

(3)就液压系统的一个工作循环，填写题 8-3 表；

(4)写出快进、第一次工进、第二次工进时主油路中油液流通情况；

(5)该液压系统原位停止时系统处于什么状态？

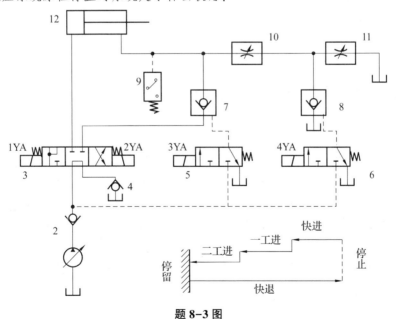

题 8-3 图

题8-3表

工作环节	电磁铁				
	1YA	2YA	3YA	4YA	YJ(9)
快进					
第一次工进					
第二次工进					
止挡块停留					
快退					
原位停止					

注："+"表示电磁铁得电；"−"表示电磁铁失电。

8-4　控制飞机起落架收放顺序的回路有哪几种？说明其工作原理。

8-5　结合图8-6说明波音737NG飞机起落架前轮转弯控制回路可以实现的功能有哪些。

8-6　现代民航飞机后缘襟翼通常有多个放出位置，请说明实现后缘襟翼多位置控制的回路有哪几种，并说明其工作原理。

第九章 气压传动

气压传动是以压缩空气为工作介质传递运动和动力的一门技术，由于气压传动具有防火、防爆、节能、高效、无污染等优点，因此应用较为广泛。气压传动简称为气动。

气压传动与液压传动都是利用流体为工作介质来实现传动的，它们在基本工作原理、系统组成、元件结构及图形符号等方面有很多相似之处，所以在学习气压传动这部分内容时，前述的液压传动的知识，有很大的参考和借鉴作用。

9.1 气压传动概述

9.1.1 气压传动系统的工作原理

图 9-1 所示为气动剪切机的工作原理，图示位置为剪切机剪切前的状态。

空气压缩机 1 产生的压缩空气，经空气冷却器 2、油水分离器 3 降温及初步净化后，送入储气罐 4 备用；压缩空气从储气罐中引出，先经过分水滤气器 5 再次净化，然后经减压阀 6、油雾器 7 到达气动换向阀 9。小部分气体经节流通路 a 进入气动换向阀的下腔 A，使上腔弹簧压缩，气动换向阀阀芯处于上端；大部分压缩空气经气动换向阀后由 b 路进入气缸 10 的上腔，而气缸的下腔经 c 路、气动换向阀与大气相通，故气缸活塞处于最下端位置。当送料装置将工料 11 送入剪切机并到达规定位置时，工料压下行程阀 8。此时气动换向阀阀芯下腔压缩空气经 d 路、行程阀排入大气，在弹簧的推动下，气动换向阀阀芯向下运动至下端；压缩空气经气动换向阀后由 c 路进入气缸下腔，上腔经 b 路、气动换向阀与大气相通，气缸活塞向上运动，剪刃随之上行剪断工料。工料剪下后，即与行程阀脱开，行程阀阀芯在弹簧作用下复位，d 路堵死，气动换向阀阀芯上移，气缸活塞向下运动，又恢复到剪切前的状态。

可见，剪切机剪刃克服阻力剪断工料的机械能来自压缩空气的压力能；提供压缩空气的是空气压缩机；气路中的气动换向阀、行程阀起到改变气体流动方向，进而控制气缸运动方向的作用。因此，气压传动系统的工作原理就是利用空气压缩机将原动机输出的机械能转变为空气的压力能，然后在控制元件的控制及辅助元件的配合下，利用执行元件把空气的压力能转变为机械能，从而完成直线或回转运动并对外做功。

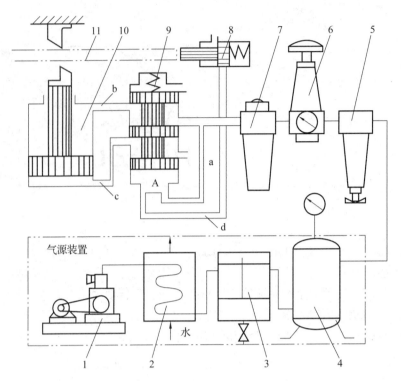

1—空气压缩机；2—空气冷却器；3—油水分离器；4—储气罐；5—分水滤气器；6—减压阀；
7—油雾器；8—行程阀；9—气动换向阀；10—气缸；11—工料。

图 9-1　气动剪切机的工作原理

9.1.2　气压传动系统的组成

根据气动元件和装置的不同功能，可将气压传动系统分成以下五部分。

（1）气源装置：获得压缩空气的装置和设备，如各种空气压缩机。它将原动机供给的机械能转变为气体的压力能，还包括储气罐等辅助设备。

（2）气动执行元件：将压缩空气的压力能转变为机械能的装置，如作直线运动的气缸，作回转运动的气马达等。

（3）气动控制元件：控制压缩空气的流量、压力、方向以及执行元件工作程序的元件，如各种压力阀、流量阀、方向阀、逻辑阀元件等。

（4）气动辅助元件：使压缩空气净化、润滑、消声以及用于元件连接等所需的装置和元件，如各种空气过滤器、干燥器、油雾器、消声器、管件等。

（5）工作介质：在气压传动中起传递运动、动力及信号的作用。气压传动的工作介质为压缩空气。

9.1.3　气压传动的优点与缺点

1. 气压传动的优点

（1）空气随处可取，取之不尽，节省了购买、储存、运输介质的费用和麻烦；用后的空气直接排入大气，对环境无污染，处理方便，不必设置回收管路，因而也不存在介质变质、补充和更换等问题。

(2)因空气黏度小(约为液压油的 1/10 000),在管内流动阻力小,压力损失小,便于集中供气和远距离输送。即使有泄漏,也不会像液压油一样污染环境。

(3)与液压相比,气动反应快,动作迅速,维护简单,管路不易堵塞。

(4)气动元件结构简单,制造容易,适于标准化、系列化、通用化。

(5)气动系统对工作环境适应性好,特别在易燃、易爆、多尘埃、强磁、辐射、振动等恶劣工作环境中工作时,安全可靠性优于液压、电子和电气系统。

(6)空气具有可压缩性,使气动系统能够实现过载自动保护,也便于储气罐贮存能量,以备急需。

(7)排气时气体因膨胀而温度降低,因而气动设备可以自动降温,长期运行也不会发生过热现象。

2. 气压传动的缺点

(1)空气具有可压缩性,当载荷变化时,气动系统的动作稳定性差,但可以采用气液联动装置解决此问题。

(2)工作压力较低(一般为 0.4~0.8 MPa),又因结构尺寸不宜过大,因而输出功率较小。

(3)气动信号传递的速度比光、电信号慢,故不宜用于要求高传递速度的复杂回路中,但对一般机械设备,气动信号的传递速度是能够满足要求的。

(4)排气噪声大,需加消声器。

9.2 气源装置

9.2.1 气源装置的作用和工作原理

气源装置是气动系统的一个重要组成部分,它为气动系统提供具有一定压力和流量的压缩空气,同时要求提供的气体清洁、干燥。若不能完全满足以上条件,就会加速气动系统的中期老化过程。

气源装置通常由以下几个部分组成:

(1)产生压缩空气的气压发生装置,即空气压缩机;

(2)储存、净化压缩空气的装置和设备;

(3)传输压缩空气的管路系统。

图 9-2 所示为气源装置的组成。

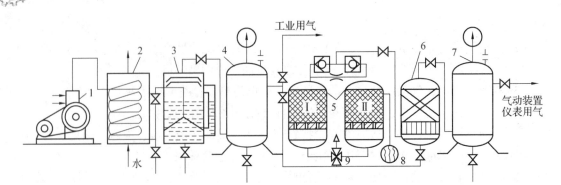

1—空气压缩机；2—后冷却器；3—油水分离器；4、7—储气罐；5—干燥器；6—空气过滤器；8—加热器；9—四通阀。

图 9-2　气源装置的组成

图 9-2 中，1 为空气压缩机，用以产生压缩空气，一般由电动机带动。其吸气口装有空气滤清器，以减少进入空气压缩机中气体的杂质。2 为后冷却器，用以冷却压缩空气，使汽化的水、油凝结出来。3 为油水分离器，用以分离并排出冷却凝结的水滴、油滴、杂质等。4 为储气罐，用以储存压缩空气，稳定压缩空气的压力，并除去部分油分和水分。5 为干燥器，用以进一步吸收或排除压缩空气中的水分及油分，使之变成干燥空气。6 为空气过滤器，用以进一步过滤压缩空气中的灰尘、杂质颗粒。7 为储气罐。储气罐 4 输出的压缩空气可用于一般要求的气压传动系统，储气罐 7 输出的压缩空气可用于要求较高的气动系统（如气动化仪表及射流元件组成的控制回路等）。

9.2.2　气动系统对压缩空气质量的要求

要想使气动仪器和设备可靠、有效、无故障地工作，则压缩空气的质量应满足一定的要求。对压缩空气的质量要求主要涉及压力、流量、含水量、固体杂质的含量、含油量和含菌量等方面。

为了保证气动元件与装置能够正常工作并延长其使用寿命，气动系统对压缩空气主要有以下要求。

（1）压缩空气要具有一定的压力和足够的流量。

（2）要求压缩空气具有一定的净化程度，对于不同使用条件，压缩空气中所含杂质——油、水及灰尘及颗粒的平均直径，一般应满足：对于气缸、膜片式气动元件、截止式气动元件，不大于 50 μm；对于气动马达、硬配滑阀，不大于 25 μm；对于射流元件，不大于 10 μm；对于一般气动仪表，不大于 20 μm。

（3）压缩空气的压力波动不能太大，尤其对于一些气动仪表，压力要稳定在一定范围之内。

9.2.3　空气压缩机

1. 空气压缩机的分类

空气压缩机是气动系统的动力源，它是将机械能转换为气体压力能的装置，简称空压机，俗称气泵。它的种类很多，一般按工作原理不同分为容积式空气压缩机和速度式空气压缩机两大类型。容积式空气压缩机是通过运动部件的位移，周期性地改变密封容积来提高气体压力的，它有活塞式、膜片式、叶片式、螺杆式等几种类型。速度式空气压缩机是通过改变气体的速度，提高气体的动能，然后将动能转化为压力能来提高气体压力的，它主要有离心式、轴流式和混流式等。在气压传动中最常使用的机型为活塞式空气压缩机。

2. 空气压缩机的工作原理

常用的活塞式空气压缩机有卧式和立式两种结构形式。卧式活塞空气压缩机的工作原理如图 9-3 所示。曲柄 8 作回转运动，通过连杆 7 和活塞杆 4，带动气缸活塞 3 作往复直线运动。当气缸活塞向右运动时，气缸 2 容积增大而形成局部真空，吸气阀 9 打开，空气在大气压的作用下由吸气阀进入气缸腔内，此过程称为吸气过程；当气缸活塞向左运动时，吸气阀关闭，随着气缸活塞的左移，气缸内的空气受到压缩而使压力升高，在压力达到足够高时，排气阀 1 即被打开，压缩空气进入排气管内，此过程为排气过程。图示为单缸卧式活塞空气压缩机，大多数空气压缩机是多活塞的组合。

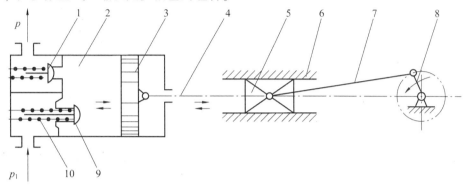

1—排气阀；2—气缸；3—气缸活塞；4—活塞杆；5、6—十字头和滑道；7—连杆；8—曲柄；9—吸气阀；10—弹簧。

图 9-3 卧式活塞气压缩机的工作原理

3. 空气压缩机的选用

空气压缩机的选用应以气动系统所需要的工作压力和流量两个参数为依据。在选择空气压缩机时，其额定压力应等于或略高于所需要的工作压力。一般气动系统需要的工作压力为 0.5~0.8 MPa，因此选用额定压力为 0.7~1 MPa 的低压空气压缩机。此外，还有中压空气压缩机，额定压力为 1 MPa；高压空气压缩机，额定压力为 10 MPa；超高压空气压缩机，额定压力为 100 MPa。其流量以气动设备最大耗气量为基础，并考虑管路、阀门泄漏以及各种气动设备是否同时连续用气等因素。空气压缩机按流量一般可分为微型（流量小于 1 m³/min）、小型（流量为 1~10 m³/min）、中型（流量为 10~100 m³/min）、大型（流量大于 100 m³/min）。

9.2.4 压缩空气净化装置

在气压传动中使用的低压空气压缩机多采用油润滑，它排出的压缩空气温度一般在 140~170 ℃之间，使空气中的水分和部分润滑油变成气态，再与吸入的灰尘混合，便形成了水汽、油气和灰尘等的混合气体。如果将含有这些杂质的压缩空气直接输送给气动设备使用，就会给整个系统带来不良影响。因此，在气动系统中，设置除水、除油、除尘和干燥等压缩空气净化装置，对保证气动系统正常工作是十分必要的。在某些特殊场合，压缩空气还需要经过多次净化后方能使用。常用压缩空气净化装置有后冷却器、油水分离器、干燥器、空气过滤器、储气罐等。

1. 后冷却器

后冷却器安装在压缩机的出口处。它的作用是将压缩机排出的压缩气体温度由 140~170 ℃降至 40~50 ℃，使其中的水汽、油雾凝结成水滴，以便对压缩空气实施进一步净化处理。

后冷却器常采用水冷式的换热装置，其结构形式有列管式、散热片式、套管式、蛇管式和板式等。其中，蛇管式冷却器最为常用，其结构如图9-4(a)所示。图9-4(b)为列管式的结构示意。热的压缩空气由管内流过，冷却水在管外的水套中流动进行冷却。为了提高降温效果，在安装使用时要特别注意冷却水与压缩空气的流动方向。

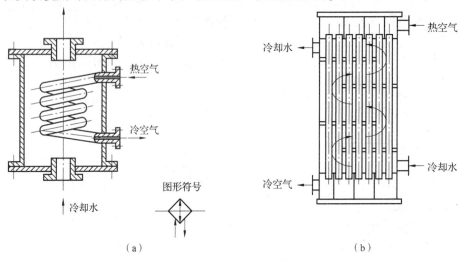

（a）   （b）

图9-4　后冷却器的结构示意图

(a)蛇管式；(b)列管式

2. 油水分离器

油水分离器的作用是将压缩空气中的冷凝水和油污等杂质分离出来，使压缩空气得到初步净化。如图9-5所示，该油水分离器采用了惯性分离原理，因固态、液态的物质密度比气态物质的密度大得多，依靠气流撞击隔离壁时的折转和旋转离心作用，使气体上浮，液态和固态物下沉，固液态杂质积聚在容器底部，经排污阀排出。为了提高油水分离的效果，气流回转后的上升速度越小越好，但为了不使容器内径过大，速度宜为 1 m/s 左右。

3. 干燥器

干燥器的作用是为了满足精密气动装置用气的需要，把已初步净化的压缩空气进一步净化，吸收和排出其中的水分、油分及杂质，使湿空气变成干空气。

干燥器的形式有机械式、离心式、吸附式、加热式、冷冻式等几种。目前应用最广泛的是吸附式和冷冻式。冷冻式干燥器是利用制冷设备使空气冷却到一定的露点温度，析出空气中的多余水分，从而达到所需要的干燥程

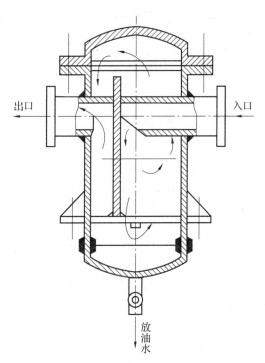

图9-5　采用惯性分离原理的油水分离器的结构示意图

度，适用于处理低压、大流量并对于干燥程度要求不高的压缩空气。压缩空气的冷却，除用制冷设备外，也可以用直接蒸发或用冷却液间接冷却的方法。

吸附式干燥器是利用硅胶、活性氧化铝、焦炭或分子筛等具有吸附性能的干燥剂来吸附压缩空气中的水分，而使其达到干燥的目的。吸附式干燥器的除水效果最好。

图9-6为吸附式干燥器的结构示意图和图形符号。它的外壳为一个金属圆筒，里面分层设置有栅板、吸附剂、滤网等。其工作原理：湿空气从进气管1进入干燥器内，通过上吸附层21、铜丝过滤网20、上栅板19、下吸附层16之后，其中的水分被吸附剂吸收而干燥，然后再经过铜丝过滤网15、下栅板14、毛毡层13、铜丝过滤网12过滤气流中的灰尘和其他固体杂质，最后干燥、洁净的压缩空气从出气管8输出。当干燥器使用一段时间后，吸附剂吸水达到饱和状态而失去继续吸湿能力，因此需设法除去吸附剂中的水分，使其恢复干燥状态，以便继续使用，这就是吸附剂的再生。由于水分和干燥剂之间没有化学反应，所以不需要更换干燥剂，但必须定期再生干燥。其过程是先将干燥器的进、出气管关闭，使之脱离工作状态，然后从再生空气进气管7输入干燥的热空气（温度一般为180~200 ℃）。热空气通过吸附层时将其所含水分蒸发成水蒸气并一起由再生空气排气管4、6排出。经过一定的再生时间后，吸附剂被干燥并恢复吸湿能力。这时，将再生空气的进、排气管关闭，将压缩空气的进、出气管打开，干燥器便继续进入工作状态。因此，为保证供气的连续性，一般气源系统设置两套干燥器，一套用于空气干燥，另一套用于吸附剂再生，两套交替工作。

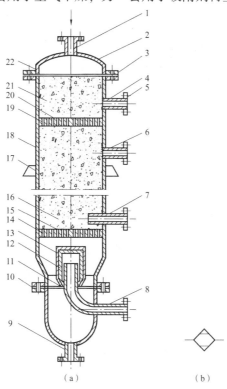

（a）　　　　　　　　　（b）

1—进气管；2—顶盖；3、5、10—法兰；4、6—再生空气排气管；7—再生空气进气管；
8—出气管；9—排水管；11、22—密封垫；12、15、20—铜丝过滤网；13—毛毡层；
14—下栅板；16、21—下、上吸附层；17—支撑板；18—外壳；19—上栅板。

图9-6　吸附式干燥器的结构示意图和图形符号

（a）结构示意图；（b）图形符号

4. 空气过滤器

空气过滤器的作用是滤除压缩空气中的杂质微粒，除去液态的油污和水滴，使压缩空气进一步净化，达到气动系统所要求的净化程度，但不能除去气态物质。常用的有一次过滤器和二次过滤器(也称分水滤气器)。一次过滤器滤灰效率为50%～70%，二次过滤器滤灰效率为70%～90%，在要求高的场合，还可使用高效过滤器，过滤效率达99%。一次过滤器，气流由切线方向进入筒内，在离心力作用下分离出液滴，然后气体由下而上通过多孔钢板、毛毡、硅胶、焦炭、滤网等过滤吸附材料，干燥清洁的空气从筒顶输出。

分水滤气器滤灰能力较强，属于二次过滤器。它和减压阀、油雾器一起被称为气动三联件，是气动系统不可缺少的辅助元件，当然这只有当总气源来的压缩空气的质量不能满足使用要求时才使用它们。压缩空气的处理单元必须与经它处理的压缩空气的消耗量相适应。其排水方式有手动和自动之分。普通分水滤气器的结构示意图和图形符号如图9-7所示。其工作原理：压缩空气从输入口进入后，经导流片1的切线方向缺口强烈旋转，这样夹杂在气体中的液态油、水及固态杂质受离心作用，被甩到存水杯3内壁上发生高速碰撞，而从气体中分离出来，流至杯底。然后除去液态油水和较大杂质的压缩空气，再通过滤芯2进一步除去微小固态颗粒而从出口流出。挡水板4用来防止水杯底部液态油水被卷回气流中。通过排水阀5可将杯底液态油水排出。使用中应注意通过过滤器的流量过小、流速太低、离心力太小不能有效清除油水和杂质；流量过大、压力损失太大，水分离效率也降低。故应尽可能按实际所需标准状态下流量选分水滤气器的额定流量。使用时应定期将冷凝水排放掉，滤芯应随时清洗或更换。

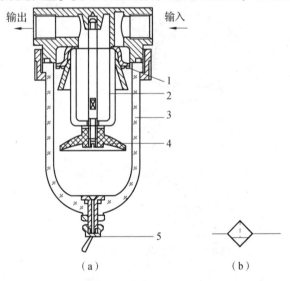

1—导流片；2—滤芯；3—存水杯；4—挡水板；5—排水阀。

图9-7 普通分水滤气器的结构示意图和图形符号

(a)结构示意图；(b)图形符号

经过分支管道输出的压缩空气仍然含有少量粉尘和水分。除此以外，还含有碳化了的油的细粒子、管子的锈斑以及其他杂质，如管道密封件磨损了的材料，呈胶状的物质等。所有这些物质都会致使气动设备受害，增加气动组件的橡胶密封件和零件的磨损，使密封件产生膨胀和腐蚀，从而使阀被卡住。因此，通常在气动回路的最前端，安装分水滤气器以去除这些杂质，使空气得以保持清洁。为了保证气动设备工作稳定及高速运动的需求，压缩空气在进入气动设备前还要安装调压阀与油雾器进行调压与加润滑剂的处理。分水滤气器、调压阀与油雾器通常称为气动三联件，一般安装在气动设备的最前端。其安装次序依进气方向为分水过滤器、减压阀、油雾器，如图9-8所示。压缩空气经过气动三联件的最后处理，将进入各气动元件及气动系统，因此，气动三联件是压缩空气质量的最后保证。

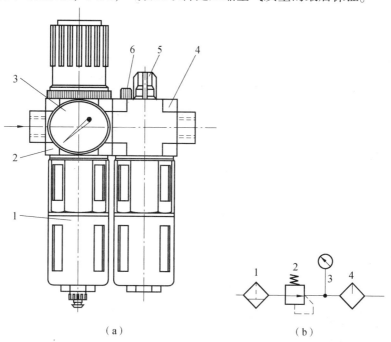

（a）　　　　　　　　　　（b）

1—分水滤气器；2—减压阀；3—压力表；4—油雾器；5—滴油量调节螺钉；6—油杯放气螺塞；7—放水螺塞。

图9-8　气动三联件的结构示意图和图形符号

（a）结构示意图；（b）图形符号

1）分水滤气器使用注意事项

（1）安装前要充分吹洗干净配管中的切屑、灰尘等，防止密封圈材料碎片混入。使用密封条时，应顺时针方向将其缠绕在管螺纹上，端部空出1.5~2个螺牙宽度。

（2）使用压力过高时，为防止水杯破裂伤人，应选用带金属罩的过滤器。

（3）水杯材质为PC，要避免在有机溶剂及含化学药品毒气的环境中使用。若要在上述雾气的环境中使用，应换成金属水杯。

（4）因气动系统的气源压力本身有限，必须使气体在通过各个部位的流速不能过高，以免增大压力损失，故分水滤气器的规格应按相关规定选取。即入、出口压力关系应满足：

$$\frac{p_入 - p_出}{p_入} = 5\%$$

2）主要性能指标

（1）过滤精度：指通过滤芯的最大颗粒直径。常用的规格有5~10 μm，10~20 μm，25~40 μm，50~75 μm四种，需要精过滤的还有0.01~0.1 μm，0.1~0.3 μm，0.3~3 μm，3~5 μm四种规格，以及其他规格(如气味过滤等)。

（2）分水效率：指分离出来的水分与输入空气中所含水分之比。一般要求分水滤气器的分水效率大于80%。

（3）流量特性：指在一定入口压力下，通过元件的标准额定流量与元件两端压力降之间的关系。使用时，最好在压力损失不大于 0.02 MPa 的范围内选定通过的流量。在额定流量下，输入压力与输出压力之差不超过输入压力的 5%。

5. 储气罐

储气罐的作用是储存空气压缩机排出的压缩空气，减少压力波动；调节空气压缩机的输出气量与用户耗气量之间的不平衡状况，保证连续、稳定的流量输出；进一步沉淀分离压缩空气中的水分、油分和其他杂质颗粒。储气罐一般采用焊接结构，其结构形式有立式和卧式两种，立式结构应用较为普遍。实际使用时，储气罐应附有安全阀、压力表和排污阀等附件。此外，储气罐还必须符合锅炉和压力容器安全规则的有关规定，如使用前应按标准进行水压试验等。

9.2.5 其他辅助元件

1. 油雾器

油雾器是气压传动系统中一个特殊的注油装置，其作用是把润滑油雾化后，随气流进入到需要润滑的部件。气流撞壁，使润滑油附着在部件上，以达到润滑的目的。用这种方法注油，具有润滑均匀、稳定、耗油量少和不需要大的贮油设备等特点。油雾器的结构示意图和图形符号如图 9-9 所示。

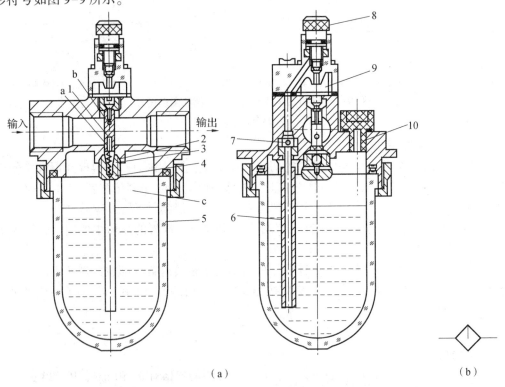

（a）　　　　　　　　　　　　　　　　（b）

1—立杆；2—截止阀阀芯；3—弹簧；4—截止阀阀座；5—储油杯；6—吸油管；

7—单向阀；8—节流阀；9—视油器；10—油塞。

图 9-9　油雾器的结构示意图和图形符号

（a）结构示意图；（b）图形符号

压缩空气从输入口进入后，通过立杆 1 上的小孔 a 进入截止阀阀座 4 的腔内，在截止阀阀芯 2 上下表面形成压力差，此压力差被弹簧 3 的部分弹簧力所平衡，而使截止阀阀芯处于中间位置，因而压缩空气就进入贮油杯 5 的上腔 c，油面受压，压力油经吸油管 6 将单向阀 7 的阀芯托起，其阀芯上部管道有一个边长小于阀芯(钢球)直径的四方孔，使阀芯不能将上部管道封死，压力油能不断地流入视油器 9 内，再滴入立杆 1 中，被通道中的气流从小孔 b 中引射出来，雾化后从输出口输出。视油器上部的节流阀 8 用以调节滴油量，可在 0 ~ 200 滴/min 范围内调节。

普通型油雾器能在进气状态下加油，这时只要拧松油塞 10，储油杯上腔 c 便通大气，同时，输入进来的压缩空气将截止阀阀芯压在截止阀阀座上，切断压缩空气进入 c 腔的通道。又由于吸油管中单向阀的作用，压缩空气也不会从吸油管倒灌到储油杯中，所以就可以在不停气状态下向油塞口加油。加油完毕，拧上油塞。由于截止阀稍有泄漏，储油杯上腔 c 的压力又逐渐上升到将截止阀打开，油雾器又重新开始工作，油塞 10 上开有半截小孔，当油塞向外拧出时，并不等全打开，小孔已经与外界相通，储油杯中的压缩空气逐渐向外排空，以免在油塞打开的瞬间产生压缩空气突然排放现象。

2. 消声器

气动系统一般不设排气管道，用后的压缩空气直接排入大气。这样因气体的体积急剧膨胀，会产生刺耳的噪声。排气的速度和功率越大，噪声也越大，一般可达 100 ~ 120 dB。这种噪声使工作环境恶化，危害人身健康。一般来说，噪声高达 85 dB 就要设法降低，为此在换向阀的排气口安装消声器来降低噪声。

图 9-10 为吸收型消声器的结构示意图和图形符号。当气流通过由聚苯乙烯颗粒或铜珠烧结而成的消声罩时，气流与消声材料的细孔相摩擦，声能量被部分吸收转化为热能，从而降低了噪声强度。这种消声器可良好地消除中、高频噪声。

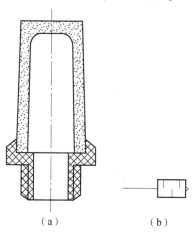

（a）   （b）

图 9-10 吸收型消声器的结构示意图和图形符号

（a）结构示意图；（b）图形符号

9.3 气动执行元件

气动执行元件是气动系统组成之一，是将压缩空气的压力能转化为机械能的元件。气动执行元件可分为气缸和气动马达。气缸用于实现直线往复运动，输出力和直线位移；气动马达用于实现连续回转运动，输出力矩和角位移。

9.3.1 气缸

1. 气缸的分类

气缸是气动系统的执行元件之一。它是将压缩空气的压力能转换为机械能并驱动工作机构作往复直线运动或摆动的装置。与液压缸比较，它具有结构简单，制造容易，工作压力低和动作迅速等优点，故应用十分广泛。气缸的结构、形状有多种形式，分类方法也很多，常用的有以下几种。

(1)按压缩空气作用在活塞端面上的方向，可分为单作用气缸和双作用气缸。单作用气缸只有一个方向的运动靠气压传动，活塞的复位靠弹簧弹力或重力；双作用气缸活塞的往返运动全都靠气压传动来完成。

(2)按结构特征可分为活塞式气缸、叶片式气缸、薄膜式气缸、气液阻尼气缸等。

(3)按安装方式可分为固定式气缸、轴销式气缸、回转式气缸和嵌入式气缸。

(4)按功能可分为普通气缸(主要指活塞式单作用气缸和活塞式双作用气缸)和特殊气缸(包括气液阻尼气缸、薄膜式气缸、冲击式气缸、增压气缸、步进气缸、同转气缸等)。

2. 气缸的工作原理和用途

1)单作用气缸

图 9-11 为单作用气缸的结构示意图和图形符号。所谓单作用气缸是指压缩空气仅在气缸的一端进气并推动活塞或柱塞运动，而活塞或柱塞的返回是借助其他外力，如弹簧力、重力等。单作用气缸多用于短行程及对活塞杆推力、运动速度要求不高的场合。这种气缸的特点：结构简单，由于只需向一端供气，耗气量小；复位弹簧的反作用力随压缩行程的增大而增大，因此活塞的输出力随活塞运动的行程增加而减小；缸体内安装弹簧，增加了缸筒长度，缩短了活塞的有效行程。

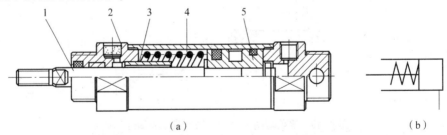

（a）   （b）

1—活塞杆；2—过滤片；3—止动套；4—弹簧；5—活塞。

图 9-11　单作用气缸的结构示意图和图形符号

(a)结构示意图；(b)图形符号

2）薄膜气缸

如图9-12所示，薄膜气缸主要由缸体1、膜片2、膜盘3和活塞杆4等组成，它是利用压缩空气通过膜片推动活塞杆作往复直线运动的。单作用式薄膜气缸需借弹簧力回程；双作用式薄膜气缸有两个进气口，靠气压回程。膜片的形状有盘形和平形两种，材料是夹物橡胶、钢片或磷青铜片。采用第一种材料制作的膜片较常见，金属膜片只用于行程较小的气缸中。

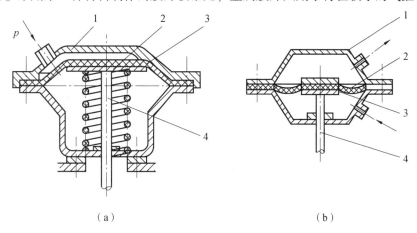

（a）　　　　　　　　　　　　　（b）

1—缸体；2—膜片；3—膜盘；4—活塞杆。

图9-12　薄膜式气缸的结构示意图

（a）单作用式；（b）双作用式

薄膜气缸具有结构紧凑和简单、制造容易、成本低、泄漏少、寿命长、效率高等优点，但是膜片的变形量有限，故其行程较短，一般不超过50 mm。若为平膜片，有时其行程仅为几毫米。此外，这种气缸活塞杆的输出力随气缸行程的加大而减小。薄膜式气缸常应用在汽车刹车装置、调节阀和夹具上等。

3）回转气缸

图9-13为回转气缸的结构示意图。回转气缸由导气头体9、缸体3、活塞4、活塞杆1等组成。其缸体连同缸盖及导气头芯6可被携带回转，活塞及活塞杆只能作往复直线运动，导气头体外接管路，固定不动。回转气缸主要用于机床夹具和线材卷曲等装置上。

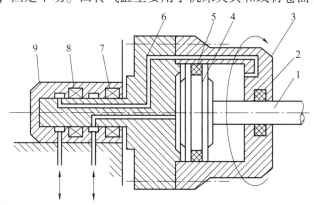

1—活塞杆；2、5—密封装置；3—缸体；4—活塞；6—缸盖及导气头芯；7、8—轴承；9—导气头体。

图9-13　回转式气缸的结构示意图

4）冲击气缸

冲击气缸是一种较新型的气动执行元件。它是将压缩空气的能量转化为活塞高速运动能量的一种气缸，并且能在瞬间产生很大的冲击能量而做功，因而应用于打印、铆接、锻造、冲孔、下料、锤击等加工中。常用的冲击气缸有普通型冲击气缸、快排型冲击气缸、压紧活塞型冲击气缸。下面介绍普通型冲击气缸。

图9-14为普通型冲击气缸的结构示意图。普通型冲击气缸与一般气缸相比较增加了储能腔和具有排气小孔的中盖，中盖与缸体固接在一起，它与活塞把气缸分隔成储能腔、尾腔和头腔三部分，中盖中心开有一个喷气口。

普通型冲击气缸结构简单、成本低，耗气功率小，且能产生相当大的冲击力，应用十分广泛。它可完成下料、冲孔、弯曲、打印、铆接、模锻和破碎等多种作业。为了有效地应用普通型冲击气缸，应注意正确地选择工具，并正确地确定气缸尺寸，选用适用的控制回路。其工作过程如图9-15所示，分为三个阶段。

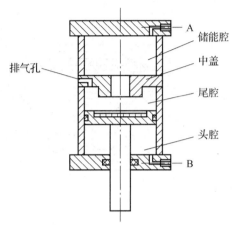

图9-14　普通型冲击气缸的结构示意图

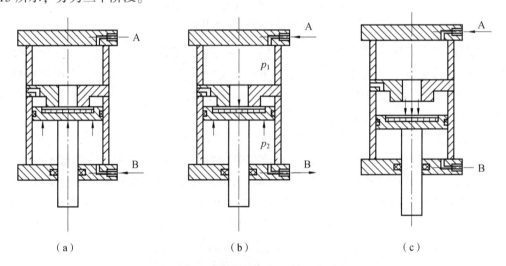

（a）　　　　　　　　（b）　　　　　　　　（c）

图9-15　普通型冲击气缸的工作过程

（a）准备阶段；（b）蓄能阶段；（c）冲击做功阶段

第一阶段是准备阶段，如图9-15（a）所示。气动回路（图中未画出）中的气缸控制阀处于原始状态，压缩空气由B孔进入头腔，储能腔与尾腔通大气，活塞处于上限位置，活塞上安有密封垫片，封住中盖上的喷嘴口，中盖与活塞间的环形空间经小孔与大气相通。

第二阶段是蓄能阶段，如图9-15（b）所示。控制阀接受信号被切换后，储能腔有A孔进气，作用在与中盖喷嘴口接触的活塞的一小部分面积上的压力 p_1 逐渐增大，进行充气蓄能。与此同时，头腔排气，压力 p_2 逐渐降低，使作用在头腔侧活塞面上的作用力逐渐减少。

第三阶段是冲击做功阶段，如图9-15（c）所示。当活塞上下两边不能保持平衡时，活塞即离开喷嘴向下运动，在活塞离开喷嘴的瞬间，储能腔内的气体压力突然加到尾腔的整个活塞面上，于是活塞在较大的气体压力的作用下加速向下运动，瞬间以很高的速度（同样条件下普通气缸速度的5~10倍），即以很高的动能冲击工件做功。

经过上述三个阶段后，控制阀复位，冲击气缸又开始另一个循环。

3. 气缸的使用注意事项

（1）根据工作任务的要求，选择气缸的结构形式、安装方式并确定活塞杆的推力和拉力。

（2）为避免活塞与缸盖之间产生频繁冲击，一般不使用满行程，而使其行程余量为30~100 mm。

（3）气缸工作时的推荐速度为0.5~1 m/s，工作压力为0.4~0.6 MPa，环境温度在5~60 ℃范围内。低温时，需要采取必要的防冻措施，以防止系统中的水分出现冻结现象。

（4）装配时要在所有密封件的相对运动工作表面涂上润滑脂；注意动作方向，活塞杆不允许承受偏心负载或横向负载，并且气缸在1.5倍的压力下进行试验时不应出现漏气现象。

9.3.2　气动马达

气动马达属于气动执行元件，它是把压缩空气的压力能转换为机械能的转换装置。它的作用相当于电动机或液压马达，即输出力矩，驱动机构作旋转运动。

1. 气动马达的分类和工作原理

最常用的气动马达有叶片式气动马达、活塞式气动马达、薄膜式气动马达三种。

气动马达的工作原理与液压马达相似。这里仅以叶片式气动马达的工作原理为例作一简要说明。如图9-16所示，叶片式气动马达一般有3~10个叶片，它们可以在转子槽内作径向运动。转子和输出轴被固联在一起，并与定子间有一个偏心距e。当压缩空气从A口进入定子内腔以后，压缩空气将作用在叶片底部，将叶片推出，使叶片在气压推力和离心力的综合作用下，抵在定子内壁上，形成一个密封容积。此时，压缩空气作用在叶片的外伸部分而产生一定力矩。由于各叶片向外伸出的面积不等，所以转子在不平衡力矩作用下将逆时针方向旋转。做功后的气体由定子孔C排出，剩余的残余气体经孔B排出。改变压缩空气输入进气孔（即改为由B孔进气），气动马达将反向旋转。

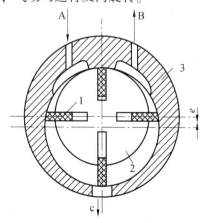

1—叶片；2—转子；3—定子。

图9-16　叶片式气动马达的结构示意图

2. 气动马达的特点

(1)工作安全，可以在易燃、易爆、高温、振动、潮湿、灰尘等恶劣环境下工作，同时不受高温及振动的影响。

(2)具有过载保护作用。可长时间满载工作，而温升较小，过载时马达只是降低转速或停车，当过载解除后，立即可重新正常运转。

(3)可以实现无级调速。通过控制调节节流阀的开度来控制进入气动马达的压缩空气的流量，就能控制调节气动马达的转速。

(4)具有较高的启动转矩，可以直接带负载启动，启动、停止迅速。

(5)功率范围及转速范围均较宽。功率小至几百瓦，大至几万瓦；转速可从每分钟几转到上万转。

(6)结构简单、操作方便、可正反转，维修容易、成本低。

(7)速度稳定性较差、输出功率小、耗气量大、效率低、噪声大。

气动马达主要应用于矿山机械、专机制造、工程机械、造纸、船舶、航空航天、化工、油田、炼钢、医疗等行业，许多气动工具如风钻、风动砂轮、风扳手、风铲等均装有气动马达。

9.4 气动控制元件

在气动系统中，气动控制元件是用来控制和调节压缩空气的方向、压力和流量的阀类，使气动执行元件获得要改变的运动方向、要求的力和动作的速度并按规定的程序工作。

气动控制阀按其作用和功能的不同可分为方向控制阀、压力控制阀、流量控制阀三大类，另外，还有与方向控制阀基本相同，能实现一定逻辑功能的逻辑元件。

9.4.1 方向控制阀

方向控制阀是用来控制管道内压缩空气的流动方向和气流通断的元件。其工作原理是利用阀芯和阀体之间的相对位置的改变来实现通道的接通或断开，以满足系统对通道的不同要求。在方向控制阀中，只允许气流沿一个方向流动的称为单向型方向控制阀；可以改变气流流动方向的称为换向型方向控制阀，简称换向阀。

1. 单向型方向控制阀

单向型方向控制阀的作用是只允许气流向一个方向流动，包括单向阀、梭阀、双压阀和快速排气阀等。

1)单向阀

图 9-17 为单向阀的结构示意图和图形符号。当气流从 P 口进入时，气压力克服弹簧力和阀芯与阀体之间的摩擦力，使阀芯左移，阀口打开，气流正向通过。为保证气流稳定流动，P 腔与 A 腔应保持一定压力差，使阀芯保持开启状态。当气流反向进入 A 腔时，阀口关闭，气流反向不通。图 9-18(a)所示为单向阀关闭状态，从 A 向 P 方向气体不通。图 9-18(b)所示为单向阀处于开启状态，气流从 P 向 A 方向流动。

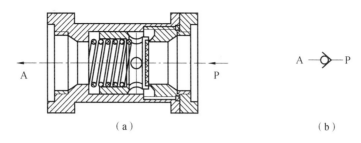

（a）　　　　　　　　　　　　　（b）

图9-17　单向阀的结构示意图和图形符号

（a）结构示意图；（b）图形符号

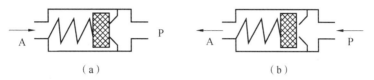

（a）　　　　　　　　　　　　　（b）

图9-18　单向阀的工作状态

（a）关闭状态；（b）开启状态

2）梭阀

梭阀相当于两个单向阀组合成的阀，其作用相当于"或"门逻辑功能。图9-19为梭阀的结构示意图和图形符号。当需要两个输入口 P_1 和 P_2 均能与输出口 A 相通，而又不允许 P_1 和 P_2 相通时，就可以采用梭阀。在图9-20（a）中，当 P_1 口进气时，阀芯被推向右侧，P_2 口被关闭，A 口有气体输出；在图9-20（b）中，当 P_2 口进气时阀芯被推向左侧，P_1 口被关闭，A 口有气输出。若 P_1 和 P_2 同时进气，哪端压力高，A 就与哪端相通，另一端自动关闭。

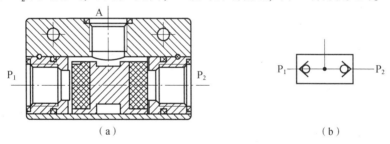

（a）　　　　　　　　　　　　　（b）

图9-19　梭阀的结构示意图和图形符号

（a）结构示意图；（b）图形符号

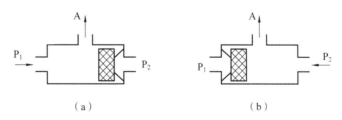

（a）　　　　　　　　　　　　　（b）

图9-20　梭阀的工作状态

（a）P_2 口关闭；（b）P_1 口关闭

3）双压阀

图9-21为双压阀的结构示意图和图形符号。双压阀也是由两个单向阀组合而成，其作用相当于"与"门逻辑功能，故又称为与门梭阀。同样有两个输入口 P_1、P_2 和一个输出口 A。

如图 9-22(a)所示，当 P_1 口进气、P_2 口通大气时，阀芯右移，使 P_1、A 口间通路关闭，A 口无输出；反之，如图 9-22(b)所示，阀芯左移，A 口也无输出；如图 9-22(c)所示，只有当 P_1、P_2 口均有输入时，A 口才有输出，当 P_1 口与 P_2 口输入的气压不等时，气压低的通过 A 口输出。双压阀常应用在安全互锁回路中。

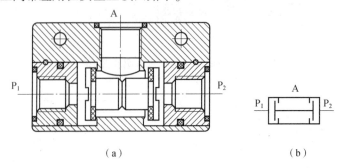

(a)   (b)

图 9-21　双压阀的结构示意图和图形符号

(a)结构示意；(b)图形符号

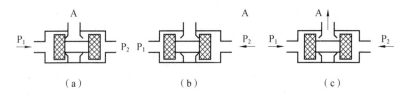

(a)   (b)   (c)

图 9-22　双压阀的工作状态

(a)P_1 口进气；(b)P_2 口进气；(3)P_1、P_2 口均进气

4)快速排气阀

图 9-23 为快速排气阀的结构示意图和图形符号。当压缩空气进入进气口 P 时，使膜片 1 向下变形，打开 P 与 A 的通路，同时关闭排气口 O。当进气口 P 没有压缩空气进入时，在 A 口与 P 口压差的作用下，膜片向上复位，关闭 P 口，使 A 口通过 O 口排气。快速排气阀通常安装在换向阀与气缸之间，使气缸的排气过程不需要通过换向阀就能够快速完成，从而加快了气缸往复运动的速度。

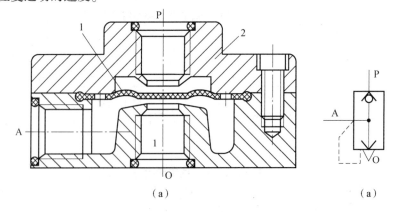

(a)   (a)

1—膜片；2—阀体。

图 9-23　快速排气阀的结构示意图和图形符号

(a)结构示意图；(b)图形符号

2. 换向型方向控制阀

换向型控制阀是指可以改变气流流动方向的方向控制阀，按控制方式可分为气压控制、电磁控制、人力控制和机械控制等，按阀芯结构可分为截止式、滑阀式和膜片式等。

1）气压控制换向阀

气压控制换向阀利用气体压力使主阀芯运动而使气流改变方向。在易燃、易爆、潮湿、粉尘大、强磁场、高温等恶劣工作环境下，用气压力控制阀芯动作比用电磁力控制要安全可靠。气压控制换向阀可分成加压控制换向阀、泄压控制换向阀、差压控制换向阀、延时控制换向阀等方式。

（1）加压控制换向阀。

加压控制是指加在阀芯上的控制信号压力值是逐渐上升的控制方式，当气压增加到阀芯的动作压力时，主阀芯换向。加压控制换向阀有单气控换向阀和双气控换向阀两种。

图 9-24 所示为单气控换向阀的工作状态和图形符号，它是截止式二位三通换向阀。图 9-24（a）为无控制信号 K 时的状态，阀芯在弹簧与 P 腔气压作用下，P、A 断开，A、O 接通，阀处于排气状态；图 9-24（b）为有加压控制信号 K 时的状态，阀芯在控制信号 K 的作用下向下运动，A、O 断开，P、A 接通，阀处于工作状态。

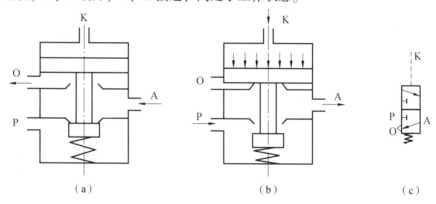

图 9-24　单气控换向阀的工作状态和图形符号
（a）无控制信号 K 时；（b）有控制信号 K 时；（c）图形符号

图 9-25 所示为双气控换向阀的工作状态和图形符号，它是滑阀式二位五通换向阀。图 9-25（a）为控制信号 K_1 存在、控制信号 K_2 不存在时的状态，阀芯停在右端，P、B 接通，A、O_1 接通；图 9-25（b）为控制信号 K_2 存在、控制信号 K_1 不存在时的状态，阀芯停在左端，P、A 接通，B、O_2 接通。

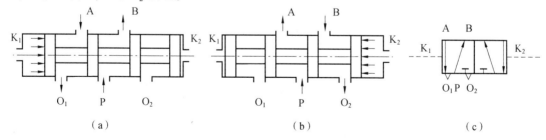

图 9-25　双气控换向阀的工作状态和图形符号
（a）控制信号 K_1 存在时；（b）控制信号 K_2 存在时；（c）图形符号

（2）泄压控制换向阀。

泄压控制是指加在阀芯上的控制信号的压力值是渐降的控制方式，当压力降至某一值时阀便被切换。泄压控制换向阀的切换性能不如加压控制换向阀好。

（3）差压控制换向阀。

差压控制是利用阀芯两端受气压作用的有效面积不等，在气压作用力的差值作用下，使阀芯动作而换向的控制方式。

图9-26所示为二位五通差压控制换向阀的图形符号，当K无控制信号时，P与A相通，B与O_2相通；当K有控制信号时，P与B相通，A与O_1相通。差压控制换向阀的阀芯靠气压复位，不需要复位弹簧。

（4）延时控制换向阀。

延时控制换向阀的工作原理是利用气流经过小孔或缝隙被节流后，再向气室内充气，经过一定的时间，当气室内压力升至一定值后，再推动阀芯动作而换向，从而达到信号延迟的目的。

二位三通延时控制换向阀由延时部分和换向部分两部分组成。如图9-27所示，其工作原理：当K无控制信号时，P与A断开，A与O相通，A腔排气；当K有控制信号时，控制气流先经可调节流阀，再到气容。由于节流后的气流量较小，气容中气体压力增长缓慢，经过一定时间后，当气容中气体压力上升到某一值时，阀芯换位，使P与A相通，A腔有输出。当气控信号消除后，气容中的气体经单向阀迅速排空。调节节流阀开口大小，可调节延时时间的长短。这种阀的延时时间在0~20 s范围内，常用于易燃、易爆等不允许使用时间继电器的场合。

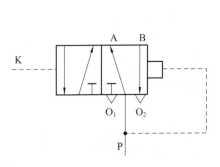

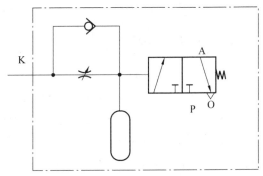

图9-26　二位五通差压控制换向阀的图形符号　　图9-27　二位三通延时控制换向阀的工作原理

2）电磁控制换向阀

电磁控制换向阀是由电磁铁通电对衔铁产生吸力，利用这个电磁力实现阀的切换以改变气流方向的阀。电磁控制换向阀易于实现电、气联合控制，能实现远距离操作，故得到了广泛的应用。

电磁控制换向阀可分成直动式电磁换向阀和先导式电磁换向阀。

（1）直动式电磁换向阀。

由电磁铁的衔铁直接推动阀芯换向的气动换向阀称为直动式电磁换向阀。直动式电磁换向阀有单电控直动式电磁换向阀和双电控直动式电磁换向阀两种。

图9-28所示为单电控直动式电磁换向阀的工作状态和图形符号，它是二位三通电磁

阀。图 9-28(a)为电磁铁断电时的状态，阀芯靠弹簧力复位，使 P、A 断开，A、O 接通，阀处于排气状态。图 9-28(b)为电磁铁通电时的状态，电磁铁推动阀芯向下移动，使 P、A 接通，阀处于进气状态。

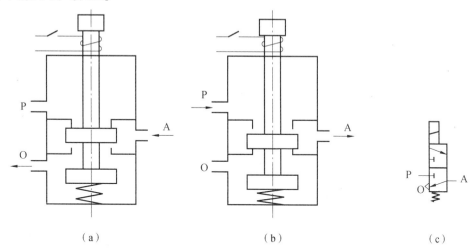

图 9-28　单电控直动式电磁换向阀的工作状态和图形符号

(a)电磁铁断电时；(b)电磁铁通电时；(c)图形符号

图 9-29 所示为双电控直动式电磁换向阀的工作状态和图形符号，它是二位五通电磁换向阀。如图 9-29(a)所示，电磁铁 1 通电、电磁铁 2 断电时，阀芯 3 被推到右位，A 口有输出，B 口排气；若电磁铁 1 断电，阀芯位置不变，即具有记忆能力。如图 9-29(b)所示，电磁铁 2 通电、电磁铁 1 断电时，阀芯被推到左位，B 口有输出，A 口排气；若电磁铁 2 断电，空气通路不变。这种阀的两个电磁铁只能交替得电工作，不能同时得电，否则会产生误动作。

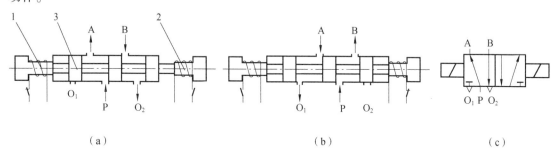

图 9-29　双电控直动式电磁换向阀的工作状态和图形符号

(a)电磁铁 1 通电，电磁铁 2 断电时；(b)电磁铁 2 通电，电磁铁 1 断电时；(c)图形符号

(2)先导式电磁换向阀。

先导式电磁换向阀由电磁先导阀和主阀两部分组成，电磁先导阀输出先导压力，此先导压力再推动主阀阀芯使阀换向。当阀的通径较大时，若采用直动式电磁换向阀，则所需电磁铁要大，体积和电耗都大，为克服这些弱点，宜采用先导式电磁换向阀。

先导式电磁换向阀按控制方式可分为单电控和双电控两种；按先导压力来源可分为内部先导式和外部先导式两种，它们的图形符号如图 9-30 所示。

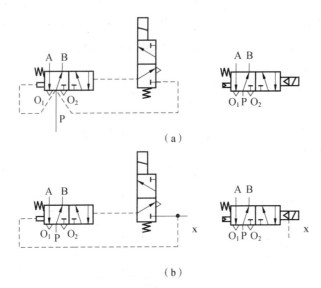

图 9-30　先导式电磁换向阀的图形符号

（a）内部先导式；（b）外部先导式

3）人力控制换向阀

人力控制换向阀与其他方向控制阀相比，使用频率较低、动作速度较慢。因操作力不大，故阀的通径小、操作灵活，可按人的意志随时改变控制对象的状态，可实现远距离控制。

人力控制换向阀在手动、半自动和自动控制系统中得到广泛的应用。在手动气动系统中，一般直接操纵气动执行机构。在半自动和自动系统中多作为信号阀使用。

人力控制换向阀的主体部分与气控阀类似，按其操纵方式可分为手动阀和脚踏阀两类。

4）机械控制换向阀

机械控制换向阀是利用执行机构或其他机构的运动部件，借助凸轮、滚轮、杠杆和撞块等机械外力推动阀芯，实现换向的阀。

9.4.2　压力控制阀

压力控制阀主要用来控制气动系统中压缩气体的压力或依靠空气压力来控制执行元件动作顺序，以满足气动系统对不同压力的需要及执行元件工作顺序的不同要求。压力控制阀是利用压缩空气作用在阀芯上的力和弹簧力相平衡的原理来进行工作的。压力控制阀主要有减压阀、溢流阀和顺序阀。

1. 减压阀

气动系统中，一般由空气压缩机先将空气压缩并储存在储气罐内，然后经管路输送给各气动装置使用。储气罐输出的压力一般比较高，同时压力波动也比较大，只有经过减压作用，将其降至每台装置实际所需要的压力，并使压力稳定下来才可使用。因此，减压阀是气动系统中一种必不可少的调压元件。按调节压力方式不同，减压阀有直动式减压阀和先导式减压阀两种。

1）直动式减压阀

图 9-31 为 QTY 型直动式减压阀的结构示意图和图形符号。其工作原理：阀处于工作状态时，压缩空气从左侧入口流入，流经阀口后再从阀出口流出。旋转调整手柄 1 向下，调压弹簧 2、3 共同推动弹簧座 4，膜片 5 和阀芯 7 向下移动，阀口开启，左侧气流经阀口的开度

大小，以调节减压阀输出压力的高低。减压阀出口有一阻尼孔6，出口气流可由该孔进入膜片室，在膜片上产生一个向上的推力与调压弹簧3的弹簧力相平衡，因此保证了在进口压力波动时，出口压力却能保持基本稳定。如果向上的推力上升，弹簧力也会随之上升，从而使膜片向上推力加大，阀芯便上移，阀口开度就减小，节流作用加强，使输出端压力又降下来；同样，如果向上的推力下降，弹簧力也会下降，膜片推力减小，阀芯下移，阀口开度加大，输出压力又回升上去。可见，减压阀具有减压和稳压的两种作用。

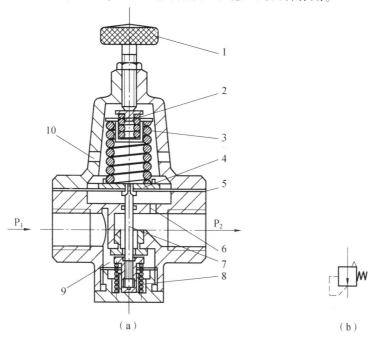

1—调整手柄；2，3—调压弹簧；4—弹簧座；5—膜片；6—阻尼孔；7—阀芯；8—复位弹簧；
9—进气阀口；10—排气口。

图 9-31 直动式减压阀的结构示意图和图形符号

（a）结构示意图；（b）图形符号

2) 先导式减压阀

先导式减压阀的结构示意图和图形符号如图9-32所示。它由先导阀和主阀两部分组成。当气流从左端流入阀体后，一部分经进气阀口9流向输出口，另一部分经固定节流口1进入中气室5，经喷嘴2、挡板3及孔道反馈至下气室6，再经阀杆7的中心孔排至大气中。

若把手柄旋到某一固定位置，使喷嘴与挡板间的距离在工作范围内，减压阀就开始进入工作状态。中气室内的压力随喷嘴与挡板间距离的减小而增大，于是推动阀芯打开进气阀口，则气流流到出口处，同时经孔道反馈到上气室4，并与调压弹簧的压力保持平衡。

若输入压力瞬时升高，输出压力也相应升高，通过孔口的气流使下气室内的压力也升高，于是破坏了膜片原有的平衡，使阀杆上升，节流阀口减小，节流作用增强，输出压力下降，使膜片两端的作用力重新达到平衡，输出压力又恢复到原来的调定值。

当输出压力瞬时下降时，经喷嘴和挡板的放大后也会引起中气室内的压力有效明显地升高，而使阀芯下移，阀口开大，输出压力升高，并稳定到原数值上。

选择减压阀时应根据气源的压力来确定阀的额定输入压力，气源的最低压力应高于减压阀最高输出压力0.1 MPa以上。减压阀一般安装在空气过滤器之后，油雾器之前。

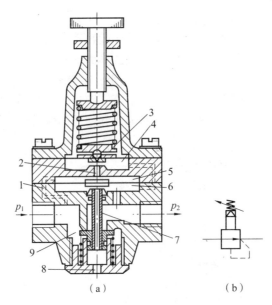

1—固定节流口；2—喷嘴；3—挡板；4—上气室；5—中气室；6—下气室；7—阀杆；8—排气孔；9—进气阀口。

图 9-32　先导式减压阀的结构示意图和图形符号

(a)结构示意图；(b)图形符号

2. 溢流阀

溢流阀的作用是当气动系统压力超过调定值时，便自动排气，使系统的压力下降，以保证系统能够安全可靠地工作，因而，也称其为安全阀。按控制方式划分，溢流阀有直动式溢流阀和先导式溢流阀两种；按结构形式分，有活塞式溢流阀、膜片式溢流阀和球阀式溢流阀等。

1）直动式溢流阀

如图 9-33 所示，将阀 P 口与系统相连接，当系统中空气压力升高，大于溢流阀调定压力时，阀芯便在下腔气压力作用下克服上面的弹簧力抬起，阀口开启，使部分气体经阀口 O 排至大气，将系统压力稳定在调定值，保证系统安全可靠。当系统压力低于调定值时，在弹簧的作用下阀口处于关闭状态。开启压力的大小与调整弹簧的预压缩量有关。

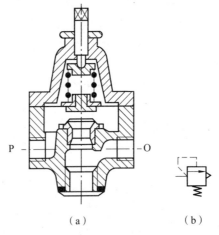

图 9-33　直动式溢流阀的结构示意图和图形符号

(a)结构示意图；(b)图形符号

2）先导式溢流阀

如图9-34所示，溢流阀的先导阀为减压阀，经它减压后的空气从上部K口进入阀内，以代替直动式溢流阀中的弹簧来控制溢流。先导式溢流阀适用于管路通径较大及实施远距离控制的场合。选用溢流阀时，其最高工作压力应略高于所需的控制压力。

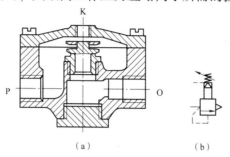

图9-34　先导式溢流阀的结构示意图和图形符号
（a）结构示意图；（b）图形符号

3）溢流阀的应用

如图9-35所示回路中，因气缸行程较长，运动速度较快，如仅靠减压阀的溢流孔排气，则很难保持气缸右腔压力的恒定。为此，在回路中装设一个溢流阀，使减压阀的调定压力低于溢流阀的设定压力，缸的右腔在行程中由减压阀供给减压后的压缩空气，左腔经换向阀排气。通过溢流阀与减压阀配合使用，可以控制并保持缸内压力的恒定。

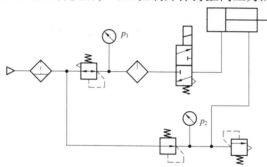

图9-35　溢流阀的应用回路

3. 顺序阀

顺序阀是依靠气路中压力的作用来控制执行元件按顺序动作的压力控制阀，如图9-36所示。它根据弹簧的预压缩量来控制其开启压力。当输入压力达到或超过开启压力时，克服弹簧力，活塞上移，于是A才有输出；反之A无输出。

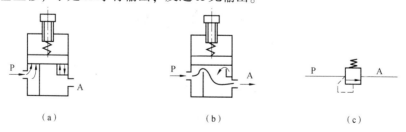

图9-36　顺序阀的工作状态和图形符号
（a）关闭状态；（b）开启状态；（c）图形符号

1) 单向顺序阀

顺序阀很少单独使用，往往与单向阀配合在一起构成单向顺序阀。

图 9-37 所示为单向顺序阀的工作状态和图形符号，当压缩空气由 P 口进入阀左腔，作用在活塞 3 上的压力小于弹簧 2 的作用力时，阀处于关闭状态。而当作用于活塞上的压力大于弹簧的作用力时，活塞被顶起，压缩空气则经过阀左腔流入右腔并经 A 口流出，然后进入其他控制元件或执行元件，此时单向阀关闭。当切换气源时，如图 9-37(b) 所示，左腔内的压力迅速下降，顺序阀关闭，此时右腔内的压力高于左腔内的压力，在该气体压力差的作用下，单向阀被打开，压缩空气则由右腔经单向阀 4 流入左腔并向外排出。单向顺序阀的结构示意图如图 9-38 所示。

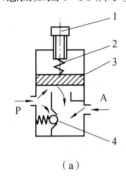
（a）

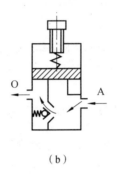
（b）

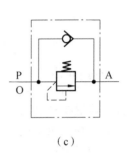
（c）

1—调节手柄；2—弹簧；3—活塞；4—单向阀。

图 9-37　单向顺序阀的工作状态和图形符号

（a）关闭状态；（b）开启状态；（c）图形符号

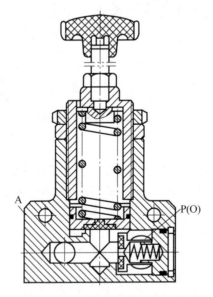

图 9-38　单向顺序阀的结构示意图

2) 顺序阀的应用

图 9-39 所示为用顺序阀控制两个气缸进行顺序动作的回路。压缩空气先进入左边气缸中，待建立一定压力后，打开顺序阀，压缩空气才开始进入右边气缸并使其动作。切断气

源，由右边的气缸返回的气体经单向阀和排气孔排空。

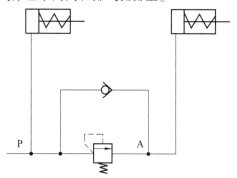

图 9-39　顺序阀的应用回路

9.4.3　流量控制阀

流量控制阀是靠控制和调节进入执行元件气流的流量，实现对气动执行元件的运动速度（或转速）控制和调节的基本元件。流量控制阀主要是通过改变阀的通流截面积来实现流量控制调节的。它包括普通节流阀、单向节流阀和排气节流阀等。

1. 普通节流阀

普通节流阀的作用是通过改变阀的通流截面积来调节流量的大小。图 9-40 为普通节流阀的结构示意图和图形符号。气体由输入口 P 进入阀内，经阀座与阀芯间的节流通道从输出口 A 流出，通过节流螺杆可使阀芯上下移动，而改变节流口通流截面积，实现流量的调节。由于这种节流阀结构简单，体积小，故应用范围较广。

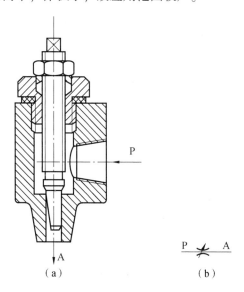

（a）　　　　　　　　　　　　（b）

图 9-40　普通节流阀的结构示意图和图形符号

（a）结构示意图；（b）图形符号

2. 单向节流阀

单向节流阀是由单向阀和节流阀并联组合而成的组合式流量控制阀。图 9-41 所示为单向节流阀的工作状态，当气流由 P 至 A 正向流动时，单向阀在弹簧和气压作用下处于关闭状态，气流经节流阀节流后流出；而当由 A 至 P 反向流动时，单向阀打开，不起节流作用。单向节流阀的结构示意图和图形符号如图 9-42 所示。

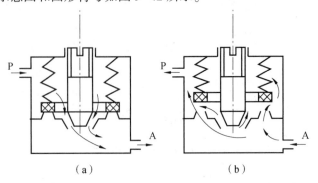

图 9-41　单向节流阀的工作状态

(a)正向流动状态；(b)反向流动状态

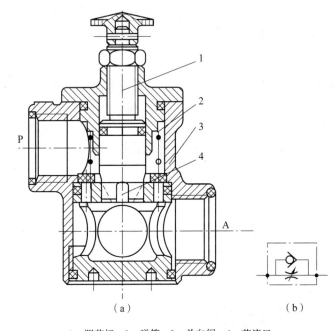

1—调节杆；2—弹簧；3—单向阀；4—节流口。

图 9-42　单向节流阀的结构示意图和图形符号

(a)结构示意图；(b)图形符号

3. 排气节流阀

图 9-43 为排气节流阀的结构示意图和图形符号。排气节流阀也是靠调节通流截面积来调节流量的。由于节流口后有消声器件，所以它必须安装在执行元件的排气口处，用来控制执行元件排入大气中气体的流量，从而控制执行元件的运动速度，同时还可以降低排气噪声。从图 9-43(a)中可以看出，气流从 A 口进入阀内，由节流口 1 节流后经消声材料制成的消声套排出。调节手轮 3，即可调节通过的流量。

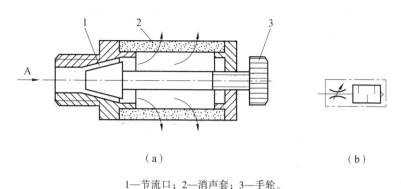

（a）　　　　　　　　　　　　　　（b）

1—节流口；2—消声套；3—手轮。

图 9-43　排气节流阀的结构示意图和图形符号

(a)结构示意图；(b)图形符号

9.5　气动基本回路

气动基本回路是由相关气动元件组成的，用来完成某种特定功能的典型管路结构。它是气动系统的基本组成单元，一般按其功能分类：用来控制执行元件运动方向的回路被称为方向控制回路；用来控制系统或某支路压力的回路被称为压力控制回路；用来控制执行元件速度的回路被称为调速回路；此外，还有一些其他回路，如安全保护回路、定时回路、顺序动作回路等。实际上，任何复杂的气动控制回路均由以上这些基本回路组成。由于这些基本回路的功能与相应的液压基本回路的功能相似，因此不再重复表述。这里仅对这些基本回路的原理图及特点加以简单说明。

9.5.1　方向控制回路

1. 单作用气缸换向回路

图 9-44(a)所示为由二位三通电磁阀控制的单作用气缸换向回路，当电磁铁得电时，气压使活塞伸出工作，而电磁铁失电时，活塞杆在弹簧作用下缩回。图 9-44(b)所示为三位五通电磁阀控制的单作用气缸换向回路，电磁铁失电后能自动复位，故能使气缸停留行程中任意位置。

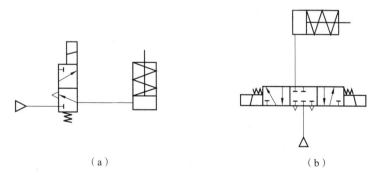

（a）　　　　　　　　　　　　　　（b）

图 9-44　单作用气缸换向回路

2. 双作用气缸换向回路

图 9-45(a)所示为用二位五通气控换向阀的换向回路。当有气控时，活塞杆伸出；无气控时，活塞杆缩回；图 9-45(b)所示为用两个二位三通气控阀分别接到气缸的左右两腔的换向回路。当有气控时，活塞杆伸出，无气控时，活塞杆缩回。图 9-45(c)所示为用手动二位三通阀控制二位五通气动换向阀进行换向的换向回路。按钮按下时，活塞杆伸出；按钮松开时，活塞杆缩回。图 9-45(d)、(e)、(f)分别是采用不同换向阀的换向回路，换向阀的两端控制端(电磁铁或按钮)不能同时动作，应考虑采用互锁方式防止换向阀出现误动作。图 9-45(f)所示回路中，中位具有停留功能，可用于气缸短暂的驻留，但停留时间难以保持长久，定位精度也不高。

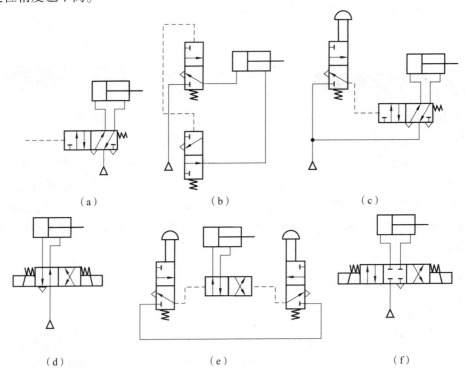

(a)　　　　　　　　(b)　　　　　　　　(c)

(d)　　　　　　　　(e)　　　　　　　　(f)

图 9-45　双作用气缸换向回路

9.5.2　压力控制回路

压力控制回路的功用是使系统保持在某一规定的压力范围内。常用的有一次压力控制回路，二次压力控制回路和高低压转换回路。

1. 一次压力控制回路

图 9-46 所示为一次压力控制回路。此回路用于控制储气罐的压力，使之不超过规定的压力值。常用外控溢流阀 1 或用电接点压力表 2 来控制空气压缩机的转、停，使储气罐内压力保持在规定范围内。

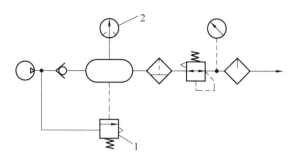

1—溢流阀；2—电接点压力表。

图 9-46 一次压力控制回路

2. 二次压力控制回路

图 9-47 所示为二次压力控制回路，图(a)是由气动三大件组成的，主要由溢流减压阀来实现压力控制；图(b)是由减压阀和换向阀构成的，对同一系统实现输出高低压力 p_1、p_2 的控制；图(c)是由减压阀来实现对不同系统输出不同压力 p_1、p_2 的控制。

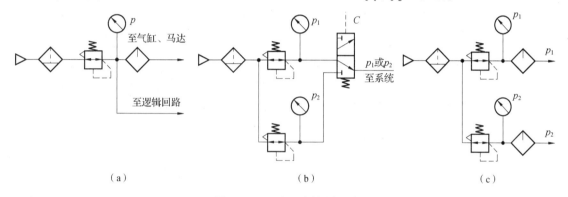

图 9-47 二次压力控制回路

9.5.3 调速回路

气动系统因使用的功率都不大，所以主要的调速方法是节流调速。

1. 单向调速回路

图 9-48 所示为双作用缸单向调速回路。图 9-48(a)为进气节流调速回路。在图示位置时，当气控换向阀不换向时，进入气缸 A 腔的气流流经节流阀，B 腔排出的气体直接经换向阀快排。当节流阀开度较小时，由于进入 A 腔的流量较小，压力上升缓慢。当气压达到能克服负载时，活塞前进，此时 A 腔容积增大，使压缩空气膨胀，压力下降，导致作用在活塞上的力小于负载，因而活塞停止前进。待压力再次上升时，活塞才再次前进。这种由于负载及供气的原因使活塞忽走忽停的现象，称为气缸的"爬行"。供气节流回路多用于垂直安装的气缸的供气回路中，在水平安装的气缸的供气回路中一般采用图 9-48(b)的排气节流调速回路。

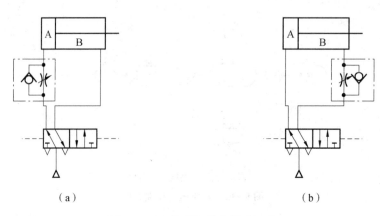

图 9-48　双作用缸单向调速回路

(a)进气节流调速回路；(b)排气节流调速回路

排气节流调速回路具有下述特点：

(1)气缸速度随负载变化较小，运动较平稳；

(2)能承受与活塞运动方向相同的负载(反向负载)。

2. 双向调速回路

图 9-49 为双向调速回路。图 9-49(a)所示为采用单向节流阀的双向节流调速回路。图 9-49(b)所示为采用排气节流阀的双向节流调速回路。它们都采用排气节流调速方式，当外负载变化不大时，进气阻力小，负载变化对速度影响小，比进气节流调速效果要好。

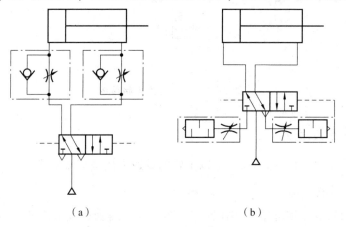

图 9-49　双向调速回路

(a)采用单向节流阀；(b)采用排气节流阀

3. 气液调速回路

图 9-50 所示为采用气液转换器的调速回路。当电磁阀处于下位接通时，气压作用在气缸无杆腔活塞上，有杆腔内的液压油经机控换向阀进入气液转换器，活塞杆快速伸出。当活塞杆压下机控换向阀时，有杆腔油液只能通过节流阀到气液转换器，从而使活塞杆伸出速度减慢。当电磁阀处于上位时，活塞杆快速返回。此回路可实现快进、工进、快退工况。

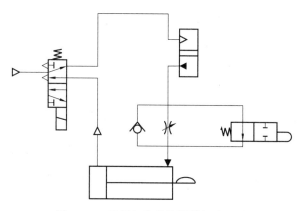

图 9-50　采用气液转换器的调速回路

9.5.4　其他回路

1. 安全保护回路

气动机构负荷过载或气压突然降低以及气动执行机构快速动作等原因都可能危及操作人员或设备的安全，因此在气动回路中，常常要加入安全保护回路。下面介绍几种常用的安全保护回路。

1）过载保护回路

图 9-51 所示为过载保护回路。按下手动换向阀 1，在活塞杆伸出的过程中，若遇到障碍 6，无杆腔压力升高，打开顺序阀 3，使阀 2 换向，阀 4 随即复位，活塞立即退回，实现过载保护。若无障碍，气缸向前运动时压下阀 5，活塞即刻返回。

2）互锁回路

图 9-52 所示为互锁回路。在该回路中，四通阀的换向受三个串联的机动三通阀控制，只有三个阀都接通，主阀才能换向。

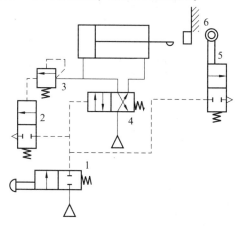

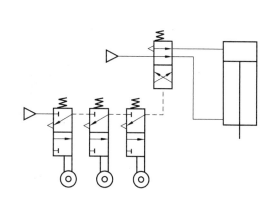

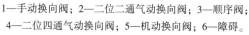

1—手动换向阀；2—二位二通气动换向阀；3—顺序阀；
4—二位四通气动换向阀；5—机动换向阀；6—障碍。

图 9-51　过载保护回路　　　　　　　图 9-52　互锁回路

3）双手同时操作回路

所谓双手同时操作回路就是使用两个启动阀的手动阀，只有同时按动两个阀才动作的回路。图 9-53(a)所示为采用二位四通气动换向阀控制的双手同时操作回路，图 9-53(b)所示为采用三位五通气动换向阀控制的双手同时操作回路。

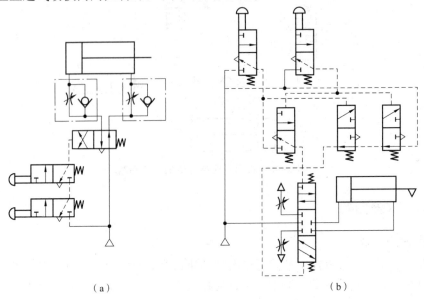

（a）   （b）

图 9-53　双手操作回路

2. 延时回路

图 9-54 所示为延时回路。图 9-54(a)为延时输出回路，当控制信号切换阀 4 后，压缩空气经单向节流阀 3 向储气罐 2 充气。当充气压力经过延时升高致使阀 1 换位时，阀 1 就有输出。图 9-54(b)为延时接通回路，按下阀 8，则气缸向外伸出，当气缸在伸出行程中压下阀 5 后，压缩空气经节流阀到储气罐 6，延时后才将阀 7 切换，气缸退回。

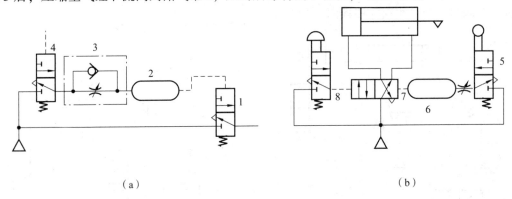

（a）   （b）

1、4—二位三通气动换向阀；2、6—储气罐；3—单向节流阀；5—机动换向阀；7—二位四通气动换向阀。

图 9-54　延时回路

（a）延时输出回路；（b）延时接通回路

3. 顺序动作回路

顺序动作是指在气动回路中，各个气缸按一定顺序完成各自的动作。

1）单缸往复动作回路

图 9-55 所示为三种单往复动作回路。图 9-55(a)是行程阀控制的单缸往复动作回路；

图 9-55(b)是压力控制的单缸往复动作回路；图 9-55(c)是利用延时回路形成的时间控制单缸往复动作回路。

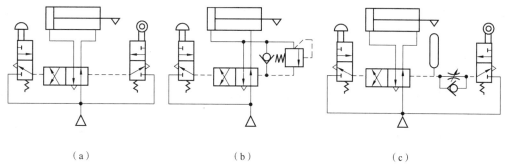

（a）　　　　　　　　　　（b）　　　　　　　　　　（c）

图 9-55　单缸往复动作回路

（a）行程阀控制；（b）压力控制；（c）时间控制

由以上可知，在单往复动作回路中，每按下一次按钮，气缸就完成一次往复动作。

2）连续往复动作回路

图 9-56 所示为连续往复动作回路，它能完成连续的动作循环。

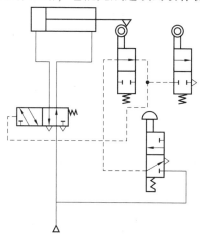

图 9-56　连续往复动作回路

9.6　气压传动系统应用实例

9.6.1　航空投、放减速伞系统

1. 基本构造

图 9-57 所示为某型战斗机的投、放减速伞系统的基本构造。该系统主要由冷气瓶、单向阀、节流器、伞钩作动筒、伞舱门作动筒、放伞电磁阀和投伞电磁阀等组成。图 9-58 所示为投、放减速伞电路。

2. 工作原理

操纵和使用减速伞时必须接通减速伞断路器，然后操纵减速伞操纵电门，就可以将伞放出或投放。

减速伞操纵电门有"放伞"(向上)、"投伞"(向下)和"断开"(中间)三个位置。在放伞和投伞电路之间并联了一个连锁继电器,如果误将操纵电门向下扳则电路不工作,从而保证放伞后才能投伞,这就消除了由错误操纵可能引起的不良后果。

1)放伞

飞机着陆后,滑跑速度小于 320 km/h,将减速伞操纵电门扳动到"放伞"(向上)位置,放伞电磁阀通电。冷气进入伞钩作动筒使伞钩由假锁状态转换为真锁状态。减速伞的引导伞放出,并将主伞拉出,使减速伞逐渐张开而产生空气阻力。

在操纵电门扳到"放伞"(向上)位置使放伞电路工作的同时,连锁继电器也通电工作,将其控制的投伞电路的触点闭合。

2)投伞

将减速伞操纵电门扳到"投伞"(向下)位置,投伞电磁阀通电。冷气进入伞钩作动筒的开锁腔,打开伞钩,投掉着陆减速伞。投伞后将电门扳回中间位置。

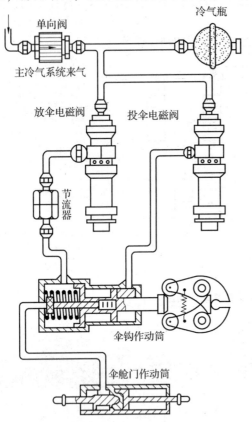

图 9-57 投、放减速伞系统的基本构造

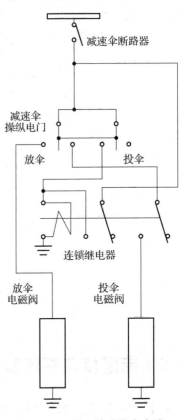

图 9-58 投、放减速伞电路

9.6.2 航空正常刹车系统

1. 基本构造

航空正常刹车系统由刹车操纵机构、刹车调压器、刹车分配器、刹车压力表、刹车放大器、放气阀、两用阀、惯性传感器和气压电门等组成,如图 9-59 所示。

2. 工作原理

当握刹车手柄时，通过钢索、摇臂的传动，使刹车调压器工作。这时，供气部分的冷气经减压器减压，由调压器调压到一定数值后，进入刹车分配器。如果脚蹬在中立位置，则冷气经刹车分配器通往两边刹车盘，两边刹车盘的刹车压力相等，飞机只减速或停止。如果蹬一边脚蹬，则冷气经分配器后，进入两边刹车盘的气压不等，这时作用在左、右机轮上的地面摩擦力也不相等，于是飞机转弯。图9-59所示的构造能保证：蹬右脚蹬时，右刹车盘内的气压较大，飞机右转弯；反之，飞机左转弯。两边刹车盘内的气压，由双针刹车压力表指示。

松开刹车手柄时，刹车盘内的冷气沿原路返回到调压器放出，刹车解除。

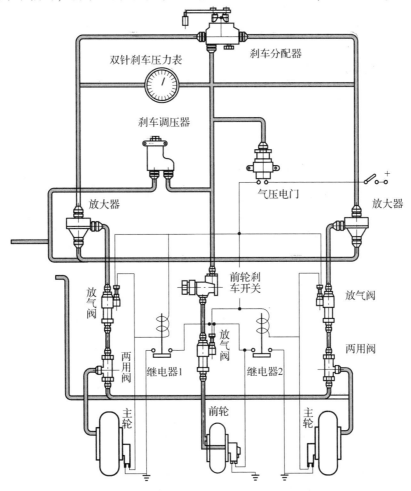

图 9-59　航空正常刹车系统的基本构造

9.6.3　气动机械手

气动机械手具有结构简单和制造成本低等优点，并可以根据各种自动化设备的工作需要，按照设定的控制程序动作。因此，它在自动生产设备和生产线上被广泛采用。

图9-60为气动机械手的结构示意图。该气动机械手有四个气缸，可在三个坐标内工作。图中A缸为夹紧缸，其活塞杆退回时夹紧工件，活塞杆伸出时松开工件。B缸为长臂伸缩缸，可实现伸出和缩回动作。C缸为立柱升降缸。D缸为立柱回转缸，此气缸有两个活

塞，分别装在带齿条的活塞杆两头，齿条的往复运动带动立柱上的齿轮旋转，从而实现立柱的回转。

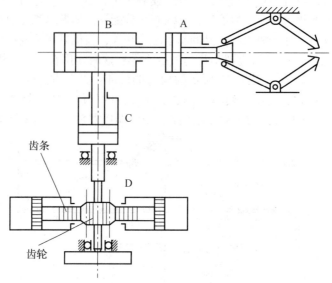

图 9-60　气动机械手的结构示意图

图 9-61 所示为气动机械手的控制回路，若要求该机械手的动作顺序为立柱下降 C_0—伸臂 B_1—夹紧工件 A_0—缩臂 B_0—立柱顺时针转 D_1—立柱上升 C_1—放开工件 A_1—立柱逆时针转 D_0，则该传动系统的工作循环分析如下：

（1）按下启动阀 q，主控阀 C 将处于 C_0 位，活塞杆退回，即得到 C_0；

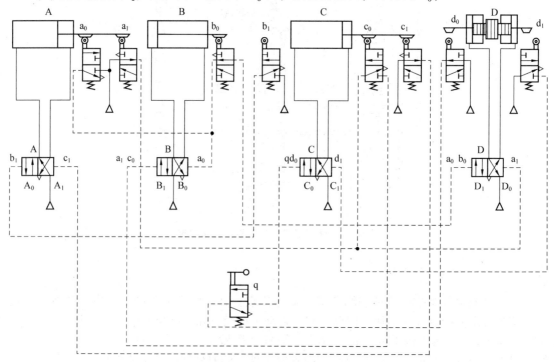

图 9-61　气动机械手的控制回路

（2）当C缸活塞杆上的挡铁碰到c_0时，控制气将使主控阀B处于B_1位，使B缸活塞杆伸出，即得到B_1；

（3）当B缸活塞杆上的挡铁碰到b_1时，控制气将使主动阀A处于A_0位，A缸活塞杆退回，即得到A_0；

（4）当A缸活塞杆上的挡铁碰到a_0时，控制气将使主动阀B处于位B_0位，B缸活塞杆退回，即得到B_0；

（5）当B缸活塞杆上的挡铁碰到b_0时，控制气使主动阀D处于D_1位，D缸活塞杆往右，即得到D_1；

（6）当D缸活塞杆上的挡铁碰到d_1，控制气使主控阀C处于C_1位，使C缸活塞杆伸出，得到C_1；

（7）当C缸活塞杆上的挡铁碰到c_1，控制气使主控阀A处于A_1位，使A缸活塞杆伸出，得到A_1；

（8）当A缸活塞杆上的挡铁碰到a_1，控制气使主控阀D处于D_0位，使D缸活塞杆往左，即得到D_0；

（9）当D缸活塞杆上的挡铁碰到d_0，控制气经启动阀q又使主控阀C处于C_0位，于是又开始新的一轮工作循环。

9.6.4　数控加工中心气动换刀系统

图9-62所示为某数控加工中心气动换刀系统的工作原理，该系统在换刀过程中实现主轴定位、主轴松刀、拔刀、向主轴锥孔吹气和插刀动作。

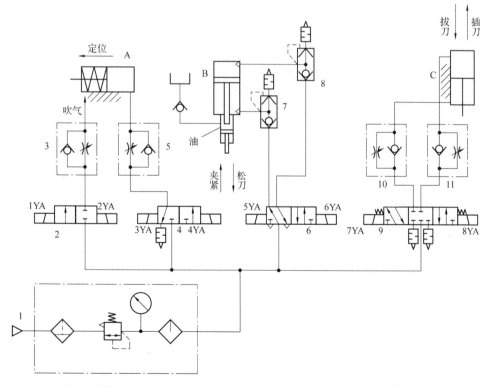

1—气动三联件；2、4、6、9—换向阀；3、5、10、11—单向节流阀；7、8—快速排气阀。

图9-62　某数控加工中心气动换刀系统的工作原理

动作过程：当数控系统发出换刀指令时，主轴停止旋转，同时 4YA 通电，压缩空气经气动三联件 1、换向阀 4、单向节流阀 5 进入主轴定位缸 A 的右腔，缸 A 的活塞左移，使主轴自动定位。定位后压下无触点开关，使 6YA 通电，压缩空气经换向阀 6、快速排气阀 8 进入气液增压缸 B 的上腔，增压腔的高压油使活塞伸出，实现主轴松刀，同时使 8YA 通电，压缩空气经换向阀 9、单向节流阀 11 进入缸 C 的上腔，缸 C 下腔排气，活塞下移实现拔刀。由回转刀库交换刀具，同时 1YA 通电，压缩空气经换向阀 2、单向节流阀 3 向主轴锥孔吹气。稍后，1YA 断电、2YA 通电，停止吹气，8YA 断电、7YA 通电，压缩空气经换向阀 9、单向节流阀 10 进入缸 C 的下腔，活塞上移，实现插刀动作。6YA 断电、5YA 通电，压缩空气经换向阀 6、快速排气阀 7 进入气液增压缸 B 的下腔，使活塞退回，主轴的机械机构使刀具夹紧。4YA 断电、3YA 通电，缸 A 的活塞靠弹簧力作用复位，回复到开始状态，换刀结束。

9.6.5　汽车车门的安全操作系统

图 9-63 所示为汽车车门的安全操作系统的工作原理。该系统用来控制汽车车门开关，且当车门在关闭中遇到障碍时，能使车门再自动开启，起安全保护作用。车门的开关靠气缸 12 来实现，气缸由气控换向阀 9 来控制。而气控换向阀又由 1、2、3、4 四个按钮换向阀操纵，气缸运动速度的快慢由单向节流阀 10、11 来调节。通过阀 1 或阀 3 使车门开启，通过阀 2 或阀 4 使车门关闭。起安全保护的机动换向阀 5 安装在车门上。

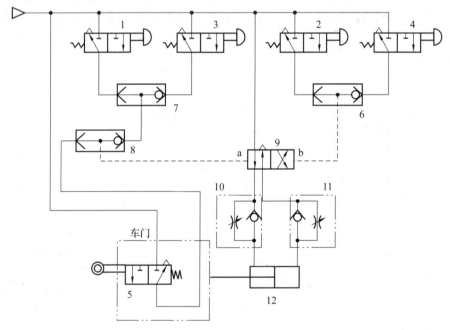

1、2、3、4—按钮换向阀；5—机动换向阀；6、7、8—梭阀；9—气控换向阀；10、11—单向节流阀；12—气缸。

图 9-63　汽车车门的安全操作系统的工作原理

当操纵阀 1 或阀 3 时，压缩空气便经阀 1 或阀 3 到梭阀 7、8，把控制信号送到阀 9 的 a 侧，使阀 9 向车门开启方向切换。压缩空气便经阀 9 左位和阀 10 中的单向阀到气缸有杆腔，推动活塞而使车门开启。当操纵阀 2 或阀 4 时，压缩空气则经阀 6 到阀 9 的 b 侧，使阀 9 向车门关闭方向切换，压缩空气则经阀 9 右位和阀 11 中的单向阀到气缸的无杆腔，使车门关闭。车门在关闭过程中若碰到障碍物，便推动阀 5，使压缩空气经阀 5 把控制信号经阀 8 送到阀9的a端，使车门重新开启。但是，若阀2或阀4仍然保持按下状态，则阀5起不到自动开启车门的安全作用。

习　题

9-1　简述活塞式空气压缩机的工作原理。

9-2　简述气压传动系统的结构及各组成部分的作用。

9-3　气源为什么要净化？气源装置主要由哪些元件组成？

9-4　油雾器有什么作用？它是怎样工作的？

9-5　储气罐的作用是什么？

9-6　什么是气源调节装置(气动三联件)？每个元件起什么作用？它们的安装顺序如何？

9-7　气动方向阀有哪几种类型？各自的功能是什么？

9-8　减压阀是如何实现调压的？

9-9　简述常见气缸的类型、功能和用途。

9-10　快速排气阀为什么能快速排气？

9-11　在气动元件中，哪些元件具有记忆功能？

9-12　简述冲击气缸的工作原理。

9-13　简述气动马达的特点和应用。

9-14　单杆双作用气缸的内径 $D=125$ mm，活塞杆的直径 $d=36$ mm，工作压力 $p=0.5$ MPa，气缸负载的效率为 $\eta=0.5$，求气缸的拉力和推力。

9-15　气缸有哪些种类？各有哪些特点？

9-16　换向型方向控制阀有哪几种控制方式？简述其主要特点。

9-17　梭阀的作用是什么？一般应用在什么场合？

参 考 文 献

[1]雷天觉. 新编液压工程手册[M]. 北京：北京理工大学出版社，1998.

[2]李新德. 液压系统故障诊断与维修技术手册[M]. 北京：中国电力出版社，2009.

[3]路甫祥. 液压气动技术手册[M]. 北京：机械工业出版社，2002.

[4]李寿昌. 液压与气压传动[M]. 北京：北京理工大学出版社，2019.

[5]左建民. 液压与气压传动[M]. 北京：机械工业出版社，2016.

[6]桂兴春. 液压与气压传动[M]. 北京：北京航空航天大学出版社，2011.

[7]柳阳明，陈丽英. 航空液压与气动[M]. 北京：航空工业出版社，2015.

[8]刘延俊. 液压与气压传动[M]. 2版. 北京：机械工业出版社，2007.

[9]简引霞. 航空液压与气动技术[M]. 北京：国防工业出版社，2008.

[10]王积伟，章宏甲，黄谊. 液压与气压传动[M]. 2版. 北京：机械工业出版社，2005.

[11]沈兴全. 液压传动与控制[M]. 3版. 北京：国防工业出版社，2010.

[12]符林芳，高利平. 液压与气压传动技术[M]. 北京：北京理工大学出版社，2016.

[13]李绍华，李继财. 液压与气压传动技术[M]. 北京：北京理工大学出版社，2020.

[14]陈桂芳. 液压与气压传动技术[M]. 北京：北京理工大学出版社，2019.

[15]姚平喜，唐全波. 液压与气压传动[M]. 武汉：华中科技大学出版社，2015.

[16]张萌，康红梅. 液压与气压传动[M]. 武汉：华中科技大学出版社，2015.

[17]张元越. 液压与气压传动[M]. 成都：西南交通大学出版社，2014.

[18]苟维杰. 液压与气压传动[M]. 长沙：国防科技大学出版社，2010.

[19]谢亚青，郝春玲. 液压与气动技术[M]. 上海：复旦大学出版社，2011.

[20]刘军营. 液压与气压传动[M]. 西安：西安电子科技大学出版社，2008.

[21]马雅丽，黄志坚. 蓄能器实用技术[M]北京：化学工业出版社，2007.

[22]王占林. 飞机高压液压能源系统[M]. 北京：北京航空航天大学出版社，2004.

[23]陈奎生. 液压与气压传动[M]. 武汉：武汉理工大学出版社，2001.

[24]曾亿山. 液压与气压传动[M]. 合肥：合肥工业大学出版社，2008.

[25]袁子荣，吴张永，袁锐波，等. 新型液压元件及系统集成技术[M]. 北京：机械工业出版社，2012.

[26]吴振顺. 气压传动与控制[M]. 哈尔滨：哈尔滨工业大学出版社，2009.